本专著出版受国家自然科学基金（U1504619）资助

现代信号检测与估计理论及方法

孙力帆◎著

中国水利水电出版社
www.waterpub.com.cn
·北京·

内 容 提 要

本书系统地讲述了数字信号估计与检测理论及其应用，内容包括信号检测与估计概论、信号检测与估计理论的基础知识、信号的统计检测理论、信号波形检测、信号参量估计理论、信号波形估计。本书结构合理，条理清晰，内容详实，深入浅出，覆盖面广，可读性强，是一本值得学习研究的著作。

图书在版编目（CIP）数据

现代信号检测与估计理论及方法 / 孙力帆著. -- 北京 : 中国水利水电出版社, 2016.10（2022.9重印）
ISBN 978-7-5170-4709-4

Ⅰ. ①现… Ⅱ. ①孙… Ⅲ. ①信号检测②参数估计 Ⅳ. ①TN911.23

中国版本图书馆CIP数据核字(2016)第216725号

责任编辑：杨庆川 陈 洁　　　封面设计：崔 蕾

书 名	现代信号检测与估计理论及方法 XIANDAI XINHAO JIANCE YU GUJI LILUN JI FANGFA
作 者	孙力帆 著
出版发行	中国水利水电出版社 （北京市海淀区玉渊潭南路1号D座 100038） 网址：www.waterpub.com.cn E-mail：mchannel@263.net（万水） sales@mwr.gov.cn 电话：(010)68545888(营销中心)、82562819（万水）
经 售	全国各地新华书店和相关出版物销售网点
排 版	北京鑫海胜蓝数码科技有限公司
印 刷	天津光之彩印刷有限公司
规 格	170mm×240mm 16开本 14.75印张 264千字
版 次	2016年10月第1版 2022年9月第2次印刷
印 数	1501-2500册
定 价	45.00 元

前　　言

随着现代通信理论、信息理论、计算机科学与技术及微电子技术与器件的飞速发展，随机信号统计处理的理论和技术也在向干扰环境更复杂、信号形式多样化、处理技术更先进、指标要求更高、应用范围越来越广的方向发展，且已成功应用于电子信息系统、航空航天系统、自动控制、模式识别、遥测遥控、生物医学工程等领域。

所谓信号的检测理论，是研究在噪声干扰背景中，所关心的信号是属于哪种状态的最佳判决问题。信号的估计理论，是研究在噪声干扰背景中，通过对信号的观测，如何构造待估计参数的最佳估计量问题。信号的波形估计理论则是为了改善信号质量，研究在噪声干扰背景中感兴趣信号波形的最佳恢复问题，或离散状态下表征信号在各离散时刻状态的最佳动态估计问题。信号的波形估计理论又称为信号的调制理论。这里，并未将信号的波形估计理论与信号的估计理论截然分开，而是将信号的参量估计看作信号波形估计的特例。下面通过实例加以说明。

我们考察空间飞行目标的定位问题。为此，向目标方向发射一束电磁能，观测反射的电磁波。首先，要判断有没有目标存在，这是检测问题；其次，如果判断目标存在，可能还希望知道有关目标的某些参数，例如，它的距离或速度，这是估计问题；同时，可能还需要获得目标的运动轨迹，这是波形估计问题，又称为调制问题。如果没有任何干扰，反射波通过传输媒质也未受到畸变，则问题很容易求解。只要监测反射信号，根据信号峰值出现的时间来观测发射和反射波间的延时即可。如果没有目标，也就没有尖峰信号；如果有目标，可以估计它的距离；同时，还要对噪声干扰中飞行目标的运动轨迹进行最佳恢复，即波形估计。

如果存在干扰，解答就不那么简单了。干扰可能起因于经过传输媒质时产生的畸变或测量设备的热噪声。干扰的作用掩盖了我们要监测的回波信号尖峰。没有目标时，我们可能得到一个虚假的回波尖峰；而有目标时，又可能辨别不出目标回波尖峰。无论哪种情况，由于有噪声存在，都有可能做出错误的判决。我们的任务是监测某一段时间的信号，做出关于目标是否存在的判决。这就是检测问题，它属于一般的统计判决问题。如果我们已判定目标存在，并试图根据观测到的延时来确定距离，这仍会有问题，因为干扰会使回波尖峰出现的时间位置不对。这时，我们面临根据含有噪声的观测结果来恢复信息（目标距离、波形参数）的问题，这就是前面提到的估计问题。

全书共 6 章。第 1 章、第 2 章概述信号检测与估计理论的主要基础知识。第 3 章、第 4 章研究信号状态的统计检测理论和信号波形的检测。第 5 章、第 6 章研究信号参量的统计估计理论和信号波形的最佳估计。

由于时间仓促，作者水平有限，本书难免存在疏漏之处，恳请广大读者批评指正，不吝赐教。

作　者

2016 年 6 月

目　　录

第 1 章　信号检测与估计概论

信号可以分为确定信号和随机信号。若信号的数学表达式为一确定的时间函数，称为确定信号，而赋予统计结构的信号称为随机信号。随着科学技术的发展，信号理论发展快速有效：确定信号处理的研究日趋完善；随机信号处理的研究也有很大进展。随机信号的处理采用统计的方法，其数学基础是统计学的判决理论和统计估计理论。

信号处理的目的就是从各种实际信号中提取有用信号，随机信号处理的过程是从受干扰和噪声污染的信号中提取有用信号的过程。这些信号包括电信号、光信号、声信号以及振动信号等，表现为一个或多个物理量，它们随着另外一些物理量（如时间、空间或频率等）的变化而变化。

本书系统地介绍了随机信号处理所共同需要的基础理论，以及随机信号处理在通信、雷达领域的应用方法；重点讨论了检测和估计理论的基本原理。

1.1　信号检测与估计理论的研究对象及应用

信息已经成为人类社会赖以生存和发展的重要资源，信息传输已经成为人类社会对信息资源开发和利用的手段。信息传输是由信息传输系统通过传输载有信息的信号来完成的。信号作为信息的载体，在产生和传输过程中，受到各种噪声的影响而产生畸变，信息接收者无法直接使用，需要接收设备对所接收的信号加以处理，才能提供给信息接收者使用。接收设备对所接收的信号进行处理的基本任务是检测信号、估计携带信息的信号参量和信号波形，由此导致信号检测与估计研究领域的产生。由于被传输的信号本身和各种噪声往往具有随机性，接收设备必须对信号进行统计处理。因此，信号检测与估计就是随机信号的统计处理理论，所要解决的问题是信息传输系统的基本问题。

随机信号处理在各个领域广泛应用，诸如探测、通信、控制、水声与地震信号处理、地球物理、生物医学、模式识别、系统识别、语音处理及图像处理等方面。

1.1.1 信号检测与估计理论的研究对象

信号检测与估计理论是现代信息理论的一个重要分支，是以信息论为理论基础，以概率论、数理统计和随机过程为数学工具，综合系统理论与通信工程的一门学科。主要研究在信号、噪声和干扰三者共存条件下，如何正确发现、辨别和估计信号参数，为通信、雷达、声呐、自动控制等技术领域提供了理论基础，并在统计识别、射电天文学、雷达天文学、地震学、生物物理学以及医学信号处理等领域获得了广泛应用。

为了利用电的信息传输方式获取并利用信息，人们常需要将信息调制到信号中，并将载有信息的信号传输给信息的需要者。信息传输是指从一个地方向另一个地方进行信息的有效传输与交换。为了完成这一任务，需要信号发送设备和信号接收设备。信号发送设备产生信号，并将信息调制到信号中，然后将信号发送出去；信号经过信道的传输到达信号接收设备。信号接收设备接收载有信息的信号，并将信息从信号中提取出来，然后将信息提供给信息需要者。

信息传输离不开信息传输系统。传输信息的全部设备和传输媒介所构成的总体称为信息传输系统。信息传输系统的任务是尽可能好地将信息调制到信号中，有效发送信号，从接收信号中恢复被传送的信号，将信息从信号中解调出来，达到有效、可靠传输信息的目的。信息传输系统的一般模型如图 1-1 所示。它通常由信息源、发送设备、信道、接收设备、终端设备以及噪声源组成。信息源和发送设备统称为发送端。接收设备和终端设备统称为接收端。图 1-1 所示的信息传输系统模型高度地概括了各种信息传输系统传送信息的全过程和各种信息传输系统的工作原理。它常称为香农(Shannon)信息传输系统模型，是广义的通信系统模型。图中的每一个方框都完成某种特定的功能，且每个方框都可能由很多的电路甚至是庞大的设备组成。

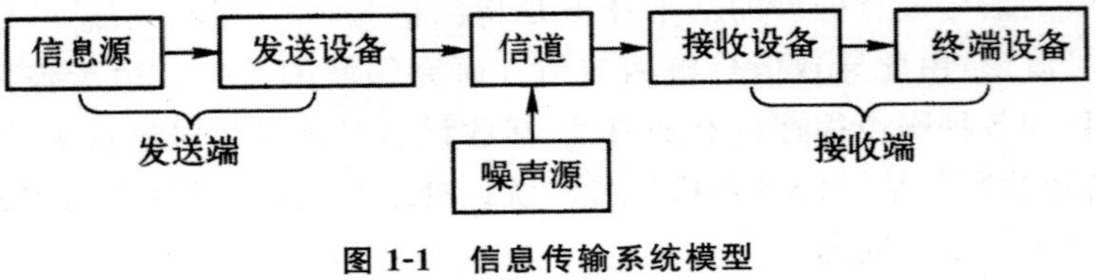

图 1-1 信息传输系统模型

信息源（简称信源）是指向信息传输系统提供信息的人或设备，简单地说就是信息的发出者。信源发出的信息可以有多种形式，但可以归纳为两类：一类是离散信息，如字母、文字和数字等；另一类是连续信息，如语音信号、图像信号等。信源也就可分为模拟信源和数字信源。

发送设备将信源产生的信息变换为适合于信道传输的信号，送往信道。

信道是将来自发送设备的信号传送到接收设备的物理媒介(质)，是介于发送设备和接收设备之间的信号传输通道，又称为传输媒介(质)。信道分为有线信道和无线信道两大类。

噪声是指信息传输中不需要的电信号的统称。噪声源是信道的噪声以及分散在信息传输系统中各种设备噪声的集中表示。信息传输系统中各种设备的噪声称为内部噪声；信道的噪声称为外部噪声。由于噪声主要是来自信道，通常将内部噪声等效到信道中，这种处理方式可以给分析问题带来许多方便，并不影响主要问题的研究。噪声是有害的，会干扰有用信号，降低信息传输的质量。

接收设备是从受到减损的接收信号中正确恢复出原始电信号的系统。如收音机、电视机、雷达接收机、通信接收机、声呐接收机及导航接收机等。信号检测与估计是接收设备的基本任务之一。

终端设备是将接收设备复原的原始电信号转换成相应信息的装置，如扬声器及显示器等。

信息传输系统模型是一个高度概括的模型，概括地反映了信息传输系统的共性。通信系统、遥测系统、遥感系统、生物信息传输系统都可以看作它的特例。信号检测与估计的讨论就是针对信息传输系统模型而开展的。

信号在传输过程中，不可避免地与噪声混杂在一起，受到噪声的干扰，使信号产生失真。噪声与信号混杂在一起的类型有 3 种：噪声与信号相加、噪声与信号相乘(衰落效应)、噪声与信号卷积(多径效应)。与信号相加的噪声称为加性噪声，与信号相乘的噪声称为乘性噪声，与信号卷积的噪声称为卷积噪声。加性噪声是最常见的干扰类型，数学上处理最为方便，加性噪声中信号检测与估计问题的研究最为成熟。加性噪声中信号检测与估计也是最基本的，因为乘性噪声和卷积噪声中信号检测与估计均可转换为加性噪声的情况。通过取对数的方法，可以将乘性噪声的情况转换为加性噪声的情况；通过先进行傅里叶变换，再取对数的方法，可以将卷积噪声的情况转换为加性噪声的情况。因此，本书主要讨论加性噪声中信号检测与估计问题。从而，本书所讨论的信号检测与估计的研究对象就是加性噪声情况下的信息传输系统模型。加性噪声情况下的信息传输系统模型如图 1-2 所示。

在信息传输系统中，匹配滤波器(Matched filter)、信号检测系统及信号估计系统通常是接收设备的基本组成部分，并且是串联的。接收设备的组成框图如图 1-3 所示。

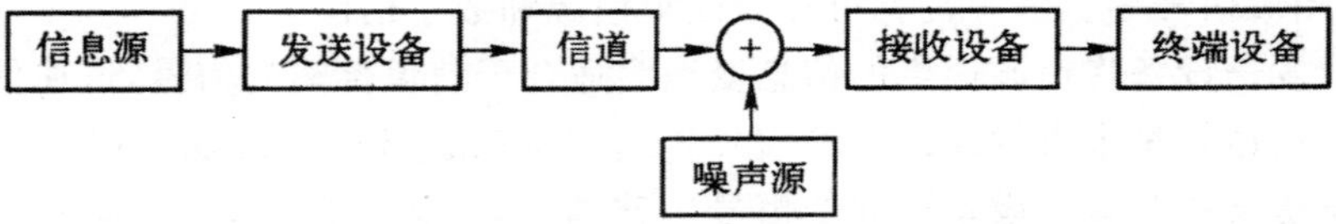

图 1-2　加性噪声情况下的信息传输系统模型

图 1-3　接收设备的组成框图

信息传输系统分类的方式很多。按照传输媒质,信息传输系统可分为有线信息传输系统和无线信息传输系统两大类。有线信息传输系统是用导线作为传输媒质完成通信的系统,如市内电话、海底电缆通信等。无线信息传输系统是依靠电磁波在空间传播达到传递信息目的的系统,如短波电离层传播、卫星中继等。

按照信道中传输的信号特征,信息传输系统分为模拟信息传输系统和数字信息传输系统。模拟信息传输系统是利用模拟信号来传递信息的信息传输系统。数字信息传输系统是利用数字信号来传递信息的信息传输系统。

对信息传输系统的性能要求,主要有两个方面:可靠性和有效性。要求信息传输系统能可靠地传输信息是系统的可靠性或抗干扰性;要求信息传输系统能高效率地传输信息是系统的有效性。有效性衡量系统传输信息的“速度”问题;可靠性衡量系统传输信息的“质量”问题。

使信息传输可靠性降低的主要原因有:

①信息传输不可避免地受到的外部噪声和内部噪声的影响。

②传输过程中携带信息的有用信号的畸变。

携带信息的电磁信号在大气层中传播时,由于大气层和电离层的吸收系数与折射系数的随机变化,必然导致电磁信号的振幅、频率和相位等参量的随机变化,从而引起电磁信号的畸变。

在大气层中传播的电磁信号会受到雷电、大气噪声、宇宙噪声、太阳黑子及宇宙射线等自然噪声的干扰,也会受到来源于各种电气设备的工业噪声和来源于各种无线电发射机的无线电噪声等人为噪声的干扰。这些自然噪声和人为噪声都属于信道的噪声,是外部噪声的主要来源。电磁信号除了受外部噪声的干扰外,还受发送设备和接收设备内部噪声的影响,使得在许多实际情形中,接收设备所接收的有用电磁信号埋没在噪声干扰之中,因而难以辨认。信息传输过程中存在的这些外部噪声和内部噪声的干扰,大大降低了信息传输的可靠性。噪声源是信息传输系统中各种设备以及信道中所固有的,并且是人们所不希望的。为了保障信息可靠地传输,就必须同这些不利因素进行斗争，降低这些不利因素的影响。信号检测与估计理论正是在人们长期从事这种斗争的实践过程中逐步形成和发展起来的。

经信道传送到接收端的信号是有用信号和噪声叠加的混合信号，因此接收设备的主要作用是从接收到的混合信号中，最大限度地提取有用信号，抑制噪声，以便恢复出原始信号。

信息传输的目的是通过信号传递信息，它要将有用的信息无失真、高效率地进行传输，同时还要在传输过程中将无用信息和有害信息加以有效抑制。接收设备的任务是从受到噪声干扰的信号中正确地恢复出原始的信息。信号检测与估计是研究信息传输系统中接收设备如何从噪声中把所需信号及其所需信息检测、恢复出来的理论。因此，信号检测与估计理论的研究对象是加性噪声情况信息传输系统中的接收设备。

1.1.2　信号检测与估计理论的应用

尽管信号检测与估计理论最早由雷达、通信、声呐等领域产生并发展起来的，但它已成为许多学科的理论基础，不仅在自动控制、模式识别、系统识辨、图像处理、语音识别中广泛应用，而且在地震、天文、生物医学工程、化学、物理等学科也得到应用。

在石油和天然气勘探中，常用爆破法产生地震波，通过接收这种地震波并加以处理，来获取地层所含石油和天然气的信息。这种通过爆破法获取地震波并进行分析的系统实际是以地层为信道的信息传输系统。应用信号检测与估计理论，可以研究出一套信息提取和分析方法。

监测地震波在大地中传播是一个信息传输系统。地震波在传输过程中，会受到各种干扰，这就需要寻求有效方法，尽量减小干扰的影响，以便从记录下来的地震信号中预测地震的位置和震级。

人的感官是一个信息处理系统，需要处理极其微弱信号，通常把刺激变量看作信号，把刺激中的随机物理变化或感官信息处理中的随机变化看作噪声。感官对刺激的分辨问题可等效为一个在噪声中检测信号的问题。因此，在生物物理中，信号检测与估计理论加深了人们对感官系统的认识和理解。只要知道了人的感官噪声的统计特性，便可应用信号检测与估计理论中有关结果。

在天文学中，利用接收到的天体辐射电磁波，分析射电现象，研究太阳、月亮、各行星等天体内部物理、化学性质，从而形成了一个信息传输系统。由于天体离地面很遥远，因此接收到的信号极其微弱，需要应用信号检测与估计理论。

1.2 信号检测与估计的内容及研究方法

1.2.1 信号检测与估计的内容

根据信号检测与估计的基本任务,信号检测与估计的内容主要包括三个方面:匹配滤波、信号检测及信号估计。

1. 匹配滤波

匹配滤波就是从含有噪声的接收信号中,尽可能抑制噪声,提高信噪比。匹配滤波是利用信号与噪声各自的统计特性和它们之间的相关性,来提高信噪比的。

2. 信号检测

信号在传输过程中受到噪声的影响,使得信号接收设备很难判断信号是否存在或哪种信号存在。信号检测就是在噪声环境中,判断信号是否存在或哪种信号存在,也可以说是信号状态的检测。

信号检测分为参量检测和非参量检测。以已知信道噪声概率密度为前提的信号检测称为参量检测。信道噪声概率密度为未知的情况下的信号检测称为非参量检测。

3. 信号估计

信号估计就是在噪声环境中,对信号的参量或波形进行估计。信号估计又包括两个方面的内容:信号参量估计和信号波形估计。

信号参量估计是指对信号所包含的参量(或信息)进行的估计,所关心的不是信号波形,而是信号的参量,属于静态估计。

信号波形估计是指在线性最小均方误差意义下,对信号波形进行的估计,所关心的是整个信号波形本身,属于动态估计。

信号检测与估计的内容,相互之间有着密切的联系,不可能截然分开。

1.2.2 信号检测与估计的研究方法

信号检测与估计的数学基础是数理统计中的统计推断或统计决策理

论。统计推断或统计决策均是利用有限的资料对所关心的问题给出尽可能精确可靠的结论，均是关于做判决的理论和方法，两者的差别仅在于是否考虑判决结果的损失。它们具有深刻的统计思想内涵和推理机制，是各种数理统计方法的基础。从数理统计的观点看，可以把从噪声干扰中提取有用信号的过程看用统计推断或统计决策方法，根据接收到的信号加噪声的混合波形，做出信号存在与否的判断，以及关于信号参量或信号波形的估计。

数理统计中的统计推断或统计决策针对的是随机变量，而信号检测与估计针对的是随机信号的统计推断或统计决策。

假设检验和参数估计是数理统计的两类重要问题，可以采用统计推断或统计决策的理论和方法来解决这两类问题。

①检测信号是否存在用的是统计推断或统计决策的理论和方法来解决随机信号的假设检验问题。假设检验是对若干个假设所进行的多择一判决，判决要依据一定的最佳准则来进行。

②估计信号根据接收混合波形的一组观测样本，来估计信号的未知参量。由于观测样本是随机变量，由它们构成的估计量本身也是一个随机变量，其好坏要用其取值在参量真值附近的密集程度来衡量。因此，参量估计问题是：如何利用观测样本来得到具有最大密集程度的估计量。信号参量估计是对数理统计中参数估计的拓展。

估计信号波形则属于滤波理论，即维纳(Wiener)和卡尔曼(Kalman)的线性滤波理论以及后来发展的非线性滤波理论。

信号检测与估计的研究方法：用概率论与数理统计方法，分析接收信号和噪声的统计特性，按照一定准则设计相应的检测和估计算法，并进行性能评估。主要体现在如下三个方面：用数理统计中的判决理论和估计理论进行各种处理和选择，建立相应的检测和估计算法；用概率密度函数、各阶矩、协方差函数、相关函数、功率谱密度函数等来描述随机信号的统计特性；用判决概率、平均代价、平均错误概率、均值、方差、均方误差等统计平均量来度量处理结果的优劣，建立相应的性能评估方法。

信号检测与估计研究方法的实施过程如下：

①将所要处理的问题归纳为一定的系统模型，依据系统模型，然后运用概率论、随机过程及数理统计等理论，用普遍化的形式建立相应的数学模型，以寻求普遍化的答案和结论或规律。

②依据数理统计中的统计推断或统计决策的理论和方法，采用最优化的方法寻求最佳检测、估计和滤波的算法。

③根据检测和估计的性能指标，分析最佳检测、估计和滤波算法的性能，以判别性能是否达到最优。

④结合工程实际，根据最佳检测、估计和滤波的算法构造最佳接收、估计和滤波的系统模型。

1.3 信号检测与估计理论的发展历程

信号检测与估计理论自 20 世纪 40 年代问世以来，得到了迅速的发展和广泛的应用，其发展历程可以大致分为 3 个阶段。

1.3.1 初创和奠基阶段

信号检测与估计理论是在第二次世界大战中逐步形成和发展起来的。美国科学家维纳(N. Wiener)和前苏联科学家柯尔莫格洛夫将随机过程及数理统计的观点引入通信和控制系统，揭示了信息传输和处理过程的统计本质，建立了最佳线性滤波器理论，即维纳滤波理论。这为信号检测与估计理论奠定了基础。但由于维纳滤波需要的存储量和计算量极大，很难进行实时处理，因而限制了其应用和发展。

同时，在雷达技术的推动下，诺思(D. O. North)于 1943 年提出了以输出最大信噪比为准则的匹配滤波器理论。1946 年，卡切尼科夫用概率论方法研究了信号检测问题，提出了错误判决概率为最小的理想接收机理论，证明了理想接收机应在其接收端重现出后验概率最大的信号，即将最大后验概率准则作为一个最佳准则。1948 年香农(C. E. Shanon)认识到对消息事先的不确定性正是通信的对象，并在此基础上建立了信息论的基础理论。1950 年伍德沃德(P. M. Woodward)将信息量的概念应用到雷达信号检测中，提出了理想接收机应能从接收到的信号加噪声的混合波形中提取尽可能多的有用信号，即理想接收机应是一个计算后验概率的装置。

1.3.2 迅猛发展阶段

20 世纪 50 年代中期，随着空间技术的发展，要求对卫星等空间飞行器的运动状态(如距离、方位、速度等)进行估计和预测，以实现精确测轨和跟踪，这就需要对地面跟踪站的大量观测数据进行实时处理。为此，人们将动态系统用微分方程描述，提出了滤波新算法。1960 年，卡尔曼(Kalman)将状态变量的概念引入最小均方误差估计中，得到离散线性动态系统状态估计的递推算法，在空间技术中获得了成功的应用，并随着计算机的迅速发展广泛地应用于其他领域。这就是著名的卡尔曼滤波理论。1961 年，卡尔曼和布西(Bucy)共同完成了连续系统的递推滤波算法。卡尔曼滤波理论的一个明显特点是出现了一个非线性微分方程，即里卡蒂(Riccati)方程，易于计算机求解，适于实时处理。因此，卡尔曼滤波理论在应用上具有更广泛的可能性和更美好的前景。

1.3.3　成熟阶段

第二次世界大战后，计算机、数字通信与自动化技术的飞速发展，将信息的传输、处理与存储技术推向了一个崭新的阶段，形成了研究信息形态、传输、处理与存储的信息科学。20 世纪 60 年代以来，微电子集成电路技术迅猛发展，为复杂信号的处理实现提供了可能性。现在，信号处理技术的研究不仅限于一般理论和方法的探讨，而更多地侧重于实现，新的实现方法和算法层出不穷。这些研究对信号处理理论的发展及其实际应用起到了至关重要的作用，将信号处理的发展推向高峰；同时，昭示人类社会已朝着智能信息化社会迈进。

第 2 章　信号检测与估计理论的基础知识

观测信号(接收信号)是随机信号,应当用统计信号处理的理论和方法进行处理。所以需要对随机信号进行分析,它是信号检测与估计理论的基础知识。

本章将重点讨论作为信号检测与估计理论基础知识的随机过程的主要统计特性和几种重要的概率密度函数。

2.1　条件概率与贝叶斯公式

随机变量是指这样的量,它在每次试验中预先不知取什么值,但知道以怎样的概率取值。对于某一次试验结果,随机变量取样本空间中一个确定的值。

为了研究离散随机变量 X 的统计特性,必须知道 X 所有可能取的值,以及取每个可能值的概率。概率表示随机变量 X 取某个值(如 x)可能性的大小,用 $P(x)$ 表示。

$$P(x) = P(X = x) \tag{2-1-1}$$

若用 $F(x)$ 表示随机变量 X 取值不超过 x 的概率,则称 $F(x)$ 为 X 的概率分布函数。

$$F(x) = P(X \leqslant x) \tag{2-1-2}$$

由于连续随机变量可能取的值不能一一列出,其分布函数表示取值落在某一区间的概率,常用概率密度函数 $p(x)$ 描述其统计特性。概率密度函数和概率分布函数的关系为

$$F(x) = P(X \leqslant x) = \int_{-\infty}^{x} p(x)\mathrm{d}x \tag{2-1-3}$$

$$p(x) = \frac{\mathrm{d}F(x)}{\mathrm{d}x} \tag{2-1-4}$$

两个随机变量 X 和 Y 可以是独立的(彼此毫无影响),也可以是不独立的。两个随机变量相互依赖的程度用条件概率密度函数来表示,若用 $p(x, y)$ 表示 X 和 Y 的联合概率密度函数,则由贝叶斯公式得

$$p(x,y) = p(x|y)p(y) = p(y|x)p(x) \tag{2-1-5}$$

如果 X 和 Y 彼此没有影响，则

$$p(x,y) = p(x) \tag{2-1-6}$$

$$p(y|x) = p(y) \tag{2-1-7}$$

其联合概率密度函数等于边缘（单独）概率密度函数的乘积，即

$$p(x,y) = p(x)p(y) \tag{2-1-8}$$

则称 X 和 Y 彼此独立。

贝叶斯公式也称为逆概率公式，常用于已知先验概率密度函数求后验概率密度函数。

例如，在某一时间内，测得观测值是信号与噪声之和，即

$$x = s + n$$

s 和 n 相互独立，且 s 和 n 的先验概率密度函数是已知的，即给定了 $p(s)$ 和 $p(n)$，要求出当观测值 x 给定时 s 的条件概率密度函数 $p(s|x)$。

由式(2-1-5)可得

$$p(s|x) = \frac{p(x|s)p(s)}{p(x)} = \frac{p(x|s)p(s)}{\int_{-\infty}^{+\infty} p(x|s)p(s)\mathrm{d}s} \tag{2-1-9}$$

其中，$p(x|s)$ 是 s 给定时 x 的条件概率密度函数。信号给定时，观测值 x 的随机特性是由噪声的分布规律 $p(n)$ 来决定的。

2.2　随机过程及其统计描述

2.2.1　连续随机信号的随机过程及其统计特性描述

1. 连续随机过程的基本概念

如果所研究的对象具有随时间演变的随机现象，对其全过程进行一次观测得到的结果是时间 t 的函数，但对其变化过程独立地重复进行多次观测，则所得到的结果仍是时间 t 的函数，而且每次观测之前不能预知所得结果，这样的过程就是一个随机过程。

类似于随机变量的定义，可给出随机过程的定义：设 E 是随机试验，它的样本空间 $S=\{\zeta\}$，若对于每个 $\zeta \in S$，总有一个确知的时间函数 $x(t,\zeta)$，$t \in T$ 与它相对应，这样对于所有的 $\zeta \in S$，就可得到一族时间 t 的

函数，称为随机过程。通常为了简便，书写时省去符号 ζ，而将随机过程记为 $X(t)$。族中的每一个函数称为这个随机过程的样本函数。

对于一个特定的试验结果 ζ_i，则 $x(t,\zeta_i)$ 是一个确知的时间函数，记为 $x_1(t)$，$x_2(t)$，…，称为样本空间中的一族样本函数。对于一个特定的时间 t，$x(t_i,\zeta)$ 取决于 ζ，是个随机变量，记为 $X_1(t)$，$X_2(t)$，…。根据随机过程的定义，可以用如图 2-2-1 所示的图形来描述一个连续的随机过程。

研究一族随机变量 $X_1(t)$，$X_2(t)$，… 的统计平均特性称为集平均，而研究某一样本函数的统计平均特性称为时间平均。

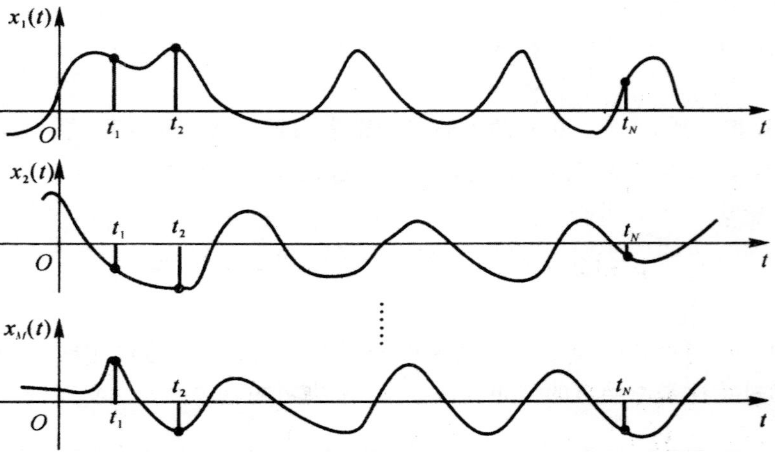

图 2-2-1　连续随机过程的 *M* 个样本函数图形

2. 连续随机信号的概率密度函数

连续随机信号 $x(t)$ 在 t_k 时刻采样的样本为 $x(t_k)=(x_k;t_k)(k=1,2,\cdots,N)$，每个样本都是一个离散随机信号。对于任意 N 和 $t_1,t_2,\cdots,t_N$，样本 $x(t_k)=(x_k;t_k)(k=1,2,\cdots,N)$ 构成 N 维离散随机信号矢量 $(\boldsymbol{x};\boldsymbol{t})=(x_1,x_2,\cdots,x_N;t_1,t_2,\cdots,t_N)^{\mathrm{T}}$，它的 N 维联合概率密度函数

$$p(\boldsymbol{x};\boldsymbol{t})=p(x_1,x_2,\cdots,x_N;t_1,t_2,\cdots,t_N) \tag{2-2-1}$$

称为连续随机信号 $x(t)$ 的 N 维概率密度函数。

当 $N=1$ 和任意 t_k，$N=2$ 和任意 t_j，t_k，以及 $N\geqslant 3$ 和任意 $t_1,t_2,\cdots,t_N$ 时，连续随机信号 $x(t)$ 的 1 维、2 维、…、N 维概率密度函数分别为

$$p(x_k,t_k)$$

$$p(\boldsymbol{x};\boldsymbol{t})=p(x_j,x_k;t_j,t_k)\quad j\neq k$$

$$p(\boldsymbol{x};\boldsymbol{t})=p(x_1,x_2,\cdots,x_N;t_1,t_2,\cdots,t_N)$$

它们是 $x(t)$ 全部统计特性的数学描述。

3. 随机过程的统计平均量

随机过程的概率密度函数描述需要很多信息，这些信息在实际中有时是很难全部得到的。然而，随机过程的许多主要特性可以用与它的概率密度函数有关的一阶和二阶统计平均量来表示，有的甚至完全由一阶和二阶统计平均量确定，如高斯随机过程。下面对随机过程的一阶和二阶统计量予以讨论。

将对随机变量数字特征的描述方法推广到随机过程，其区别在于随机变量的数字特征是确定的数值，而随机过程的数字特性是确定的时间函数。

(1)随机过程的均值

$$\mu_x(t) = E[X(t)] = \int_{-\infty}^{+\infty} x p(x;t)\mathrm{d}x \tag{2-2-2}$$

随机过程的均值函数 $\mu_x(t)$ 在 t 时刻的值表示随机过程在该时刻状态取值的理论平均值。如果 $X(t)$ 是电压或电流，则 $\mu_x(t)$ 可以理解为在 t 时刻的“直流分量”。

(2)随机过程的均方值

$$\varphi_x^2(t) = E[X^2(t)] = \int_{-\infty}^{+\infty} x^2 p(x;t)\mathrm{d}x \tag{2-2-3}$$

如果 $X(t)$ 是电压或电流，则 $\varphi_x^2(t)$ 可以理解为 t 时刻它在 1Ω 电阻上消耗的“平均功率”。

(3)随机过程的方差

$$\begin{aligned}\sigma_x^2(t) &= E[(X(t) - \mu_x(t))^2] \\ &= \int_{-\infty}^{+\infty} (x - \mu_x(t))^2 p(x;t)\mathrm{d}x\end{aligned} \tag{2-2-4}$$

式中，$\sigma_x(t)$ 称为随机过程的标准偏差。方差 $\sigma_x^2(t)$ 表示随机过程在 t 时刻其取值偏离其均值 $\mu_x(t)$ 的离散程度。如果 $X(t)$ 是电压或电流，则 $\sigma_x^2(t)$ 可以理解为 t 时刻它在 1Ω 电阻上消耗的“交流功率”。

容易证明

$$\sigma_x^2(t) = \varphi_x^2(t) - \mu_x^2(t) \tag{2-2-5}$$

(4)随机过程的自相关函数

$$\begin{aligned}R_X(t_j,t_k) &= E[X(t_j)X(t_k)] \\ &= \int_{-\infty}^{+\infty}\int_{-\infty}^{+\infty} x_j x_k p(x_j,x_k;t_j,t_k)\mathrm{d}x_j\mathrm{d}x_k\end{aligned} \tag{2-2-6}$$

随机过程的自相关函数 $R_X(t_j,t_k)$ 可以理解为随机过程的两个随机变量 $X(t_j)$ 与 $X(t_k)$ 之间含有均值时相关程度的度量。显然

$$R_X(t,t)=\varphi_x^2(t) \tag{2-2-7}$$

(5)随机过程的自协方差函数

$$C_X(t_j,t_k)=E[(X(t_j)-\mu_x(t_j))(X(t_k)-\mu_x(t_k))]$$
$$=\int_{-\infty}^{+\infty}\int_{-\infty}^{+\infty}(x_j-\mu_x(t_j))(x_j-\mu_x(t_k))p(x_j,x_k;t_j,t_k)\mathrm{d}x_j\mathrm{d}x_k \tag{2-2-8}$$

随机过程的自协方差函数 $C_X(t_j,t_k)$ 表示随机过程的两个随机变量 $X(t_j)$ 与 $X(t_k)$ 之间的相关程度。它们的自相关系数定义为

$$\rho_X(t_j,t_k)=\frac{C_X(t_j,t_k)}{\sigma_x(t_j)\sigma_x(t_k)} \tag{2-2-9}$$

容易证明

$$C_X(t_j,t_k)=R_X(t_j,t_k)-\mu_x(t_j)\mu_x(t_k) \tag{2-2-10}$$

且有

$$C_X(t,t)=\sigma_x^2(t) \tag{2-2-11}$$

(6)随机过程的互相关函数

对于两个随机过程 $X(t)$ 和 $Y(t)$，其互相关函数定义为

$$R_{XY}(t_j,t_k)=E[X(t_j)Y(t_k)]=\int_{-\infty}^{+\infty}\int_{-\infty}^{+\infty}x_jy_kp(x_j,t_j;y_k,t_k)\mathrm{d}x_j\mathrm{d}y_k \tag{2-2-12}$$

式中，$p(x_j,t_j;y_k,t_k)$ 是 $X(t)$ 和 $Y(t)$ 的二维混合概率密度函数。

(7)随机过程的互协方差函数

$$C_{XY}(t_j,t_k)=E[(X(t_j)-\mu_x(t_j))(Y(t_k)-\mu_y(t_k))]$$
$$=\int_{-\infty}^{+\infty}\int_{-\infty}^{+\infty}(x_j-\mu_x(t_j))(y_k-\mu_y(t_k))p(x_j,t_j;y_k,t_k)\mathrm{d}x_j\mathrm{d}y_k \tag{2-2-13}$$

随机过程 $X(t)$ 和 $Y(t)$ 的互协方差函数 $C_{XY}(t_j,t_k)$ 表示它们各自的随机变量 $X(t_j)$ 与 $Y(t_k)$ 之间的相关程度，实际上表示两个随机过程 $X(t)$ 和 $Y(t)$ 之间的相关程度。它们的互相关系数定义为

$$\rho_{XY}(t_j,t_k)=\frac{C_{XY}(t_j,t_k)}{\sigma_x(t_j)\sigma_y(t_k)} \tag{2-2-14}$$

容易证明

$$C_{XY}(t_j,t_k)=R_{XY}(t_j,t_k)-\mu_x(t_j)\mu_y(t_k) \tag{2-2-15}$$

例 2.2.1 设随机变量 Φ 在 $[0,2\pi]$ 上均匀分布。定义二维随机变量 $(X=\cos\Phi, Y=\sin\Phi)$。因为 $X^2+Y^2=1$，即 X 和 Y 的取值是相互制约的(图 2-2-2 为在平面上绘出的 X 和 Y 的随机试验结果)，因此不是独立的，但由于 $C_{XY}=0$，所以 X 和 Y 是互不相关的。

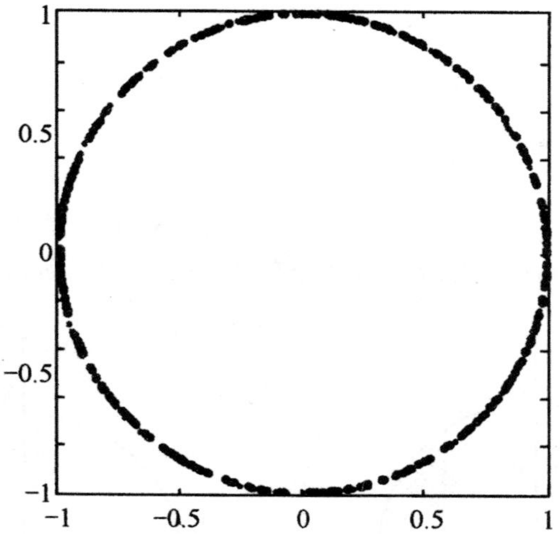

图 2-2-2 单位圆上的二维均匀分布

例 2.2.2 二维随机变量(X,Y)服从单位圆内的均匀分布

$$f_{XY}(x,y)=\begin{cases}\frac{1}{\pi},x^2+y^2\leqslant 1\\0,x^2+y^2>1\end{cases}$$

可以求出 X 和 Y 的边缘分布分别为

$$f_X(x)=\frac{\pi}{2}\sqrt{1-x^2}$$

$$f_Y(y)=\frac{\pi}{2}\sqrt{1-y^2}$$

可见 $f_{XY}(x,y)\neq f_X(x)\cdot f_Y(y)$。因此，$X$ 和 Y 不是独立的。但是可以证明 $C_{XY}=0$，即 X 和 Y 是不相关的。前一个例子 X 和 Y 的取值被限制在单位圆上，它们之间的相互依赖关系比较明显。这个例子并不像前面的例子容易看出 X 和 Y 之间的关系。但是分布区间 $x^2+y^2\leqslant 1$ 仍然把(X,Y)联系到一起。这一点可以从条件概率上看出。对于给定的 $Y=y_0$，X 在直线 $y=y_0$ 在圆 $x^2+y^2\leqslant 1$ 内的部分上均匀分布(图 2-2-3)。因此，X 的条件概率密度函数可表示为

$$f_X(x\,|\,y)=\frac{1}{2\sqrt{1-y^2}},x^2\leqslant 1-y^2$$

显然 $f_X(x\,|\,y)$ 受 y 的影响，因而 X 和 Y 不可能是独立的。

若将这个例子中 X 和 Y 的分布区域进行简单的变化，从圆形改成正方形，即

$$f_{XY}(x,y)=\begin{cases}\frac{1}{4},-1\leqslant x\leqslant 1,-1\leqslant y\leqslant 1\\0,\text{其他}\end{cases}$$

显然有

$$f_X(x)=\frac{1}{2},-1\leqslant x\leqslant 1$$

$$f_Y(y)=\frac{1}{2},-1\leqslant y\leqslant 1$$

$f_{XY}(x,y)=f_X(x)\cdot f_Y(y)$ 成立。因此 X 和 Y 是独立的。方形区域内的二维均匀分布(a) 对应的边缘分布(b)如图 2-2-4 所示。

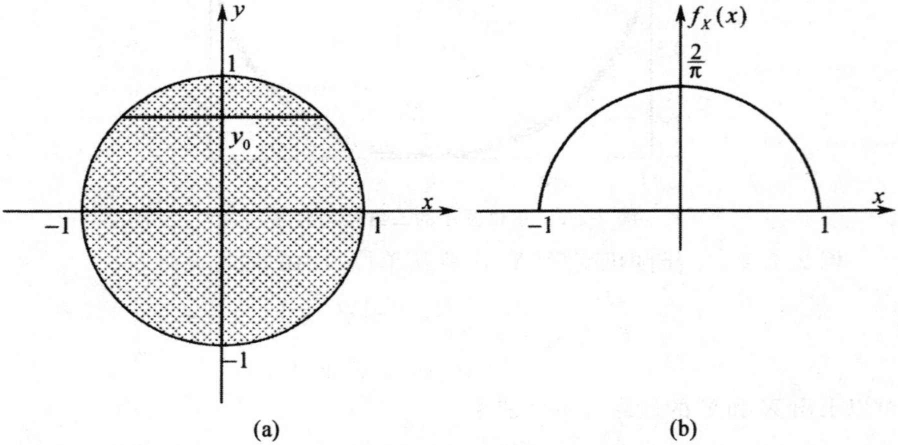

图 2-2-3　圆形区域内的二维均匀分布(a)及对应的边缘分布(b)

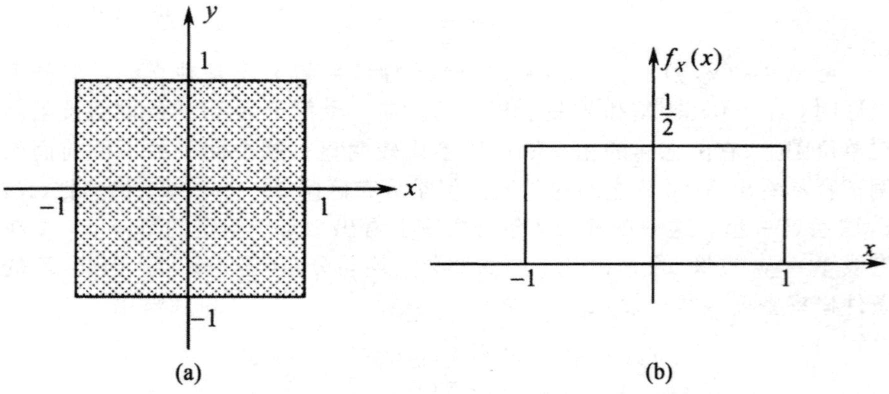

图 2-2-4　方形区域内的二维均匀分布(a)及对应的边缘分布(b)

4. 随机过程的平稳性和遍历性

(1)严平稳过程

如果对于任意时刻 τ，随机过程 $x(t)$的 n 维概率密度函数满足

$$p(x_1,x_2,\cdots,x_n;t_1,t_2,\cdots,t_n)=p(x_1,x_2,\cdots,x_n;t_1+\tau,t_2+\tau,\cdots,t_n+\tau) \quad (2\text{-}2\text{-}16)$$

即 n 维概率密度函数不受时间起点的影响，则称 $x(t)$ 是严平稳过程。

当 $n=1$ 时，式(2-3-16)为

$$p(x_1,t_1)=p(x_1,t_1+\tau) \quad (2\text{-}2\text{-}17)$$

即平稳过程的一维概率密度函数与时间无关，通常记作 $p(x)$。由此很容易推断平稳过程的均值和方差都与时间无关。平稳过程的二维概率密度函数与两个时刻 t_1 和 t_2 的绝对值无关，只与时间间隔 $\tau=t_1-t_2$ 有关，即

$$p(x_1,x_2;t_1,t_2)=p(x_1,x_2;\tau) \quad (2\text{-}2\text{-}18)$$

平稳过程的自相关函数只与时间间隔有关，即

$$R_X(t_1,t_2)=R_X(\tau) \quad (2\text{-}2\text{-}19)$$

同理平稳过程的协方差函数也只与时间间隔有关。

判断随机过程是否为严平稳的，需要根据 n 维概率密度函数是否与时间起点有关来进行，这在实际当中通常是很难做到的。而宽平稳的定义只用到随机过程的一、二阶矩。

(2)广义平稳过程

若随机过程 $X(t)$ 的均值和相关函数存在且满足：

① $\mu_X(t)=$ 常数。

② $R_X(t,t+\tau)=R_X(t)$。

③ $E\{X^2(t)\}<\infty$。

则称 $X(t)$ 是宽平稳随机过程，又称为广义平稳过程。在没有特殊声明的情况下，实际应用中所说的平稳过程一般都指广义平稳过程。

若两个广义平稳随机过程 $X(t)$ 和 $Y(t)$ 的互相关函数满足 $R_{XY}(t,t+\tau)=R_{XY}(t)$，则称 $X(t)$ 和 $Y(t)$ 是联合广义平稳过程。

(3)非平稳的连续随机信号

既不满足严格平稳，也不满足广义平稳的连续随机信号，称为非平稳的连续随机信号。

(4)各态历经随机过程

定义样本函数的时间均值为

$$\overline{x(t)}=\lim_{T\to\infty}\frac{1}{2T}\int_{-T}^{\mathrm{T}}x(t)\mathrm{d}t \quad (2\text{-}2\text{-}20)$$

其中，$x(t)$ 为随机过程 $X(t)$ 的某一个样本函数；T 为观测区间。

时间相关函数是时间平均的自相关函数，定义为

$$\overline{x(t+\tau)x(t)}=\lim_{T\to\infty}\frac{1}{2T}\int_{-T}^{\mathrm{T}}x(t+\tau)x(t)\mathrm{d}t \quad (2\text{-}2\text{-}21)$$

一般来说，不同样本函数的时间平均不一定相同，而其集平均是一定的，因此，一般随机过程的时间平均并不等于其集平均。

如果一个平稳随机过程，它的各种集平均都以概率 1 等于其相应的各种时间平均，则称该平稳随机过程是“各态历经的”，或者说该过程是“遍历的”。

如果对于平稳随机过程 $X(t)$ 的所有样本函数而言，有

$$m_X = \overline{x(t)} \tag{2-2-22}$$

以概率 1 成立，则称此过程的均值具有各态历经性。

如果对于平稳过程 $X(t)$ 的所有样本函数而言，有

$$R_X(\tau) = \overline{x(t+\tau)x(t)} \tag{2-2-23}$$

以概率 1 成立，则称此过程的自相关函数具有各态历经性。若仅当 $\tau = 0$ 时，式(2-2-23)成立，则称 $X(t)$ 的均方值具有各态历经性。

如果式(2-2-22)和式(2-2-23)均以概率 1 成立，则称平稳随机过程 $X(t)$ 是宽各态历经过程。下面除非特别指出，提到的各态历经均指宽各态历经。

对两个随机过程 $X(t)$ 和 $Y(t)$，如果它们各自都是各态历经的，并且时间互相关函数与统计互相关函数以概率 1 相等，即

$$\overline{x(t)y(t+\tau)} = E[X(t)Y(t+\tau)] = R_{XY}(\tau) \tag{2-2-24}$$

则称这两个随机过程是联合各态历经的。

对一般随机过程而言，时间平均将是一个随机变量；但对各态历经过程而言，由上述定义可知，时间平均得到的结果趋于一个非随机的确定量。这就表明各态历经过程各样本函数的时间平均实际可以认为是相同的。于是，随机过程的时间平均也就可以由样本函数的时间平均来表示。因此，对于这类随机过程，我们可以直接用它的任意一个样本函数的时间平均来代替对整个随机过程统计平均的研究。这也正是引入各态历经概念的重要目的。这些性质给许多实际问题的解决带来了很大方便。例如，测量接收机的噪声，用一般的方法，就需要在同一条件下对数量极多的相同接收机同时进行测量和记录，然后用统计方法计算出所需的数学期望、相关函数等数字特征。若利用随机过程的各态历经性，则只要用一部接收机，在环境条件不变的情况下，对其输出进行长时间的记录，然后用求时间平均的方法，即可求得数学期望和相关函数等数字特征。当然，由于实际中对随机过程的观察时间总是有限的，因而用式(2-2-20)和式(2-2-21)取时间平均时，只能用有限的时间代替无限的时间，会给结果带来一定误差，这也是统计估值理论要解决的基本问题。

例 2.2.3 随机过程 $X(t) = Y$，Y 是方差不为零的随机变量。由于

$E\{X(t)\}=E\{Y\}$，而 $\overline{X(t)}=Y$。Y 是随机变量，$E(Y)$ 是常数，显然不满足各态历经性的条件，因此 $X(t)$ 不是各态历经过程，随机过程 $X(t)=Y$ 的群本函数如图 2-2-5 所示。

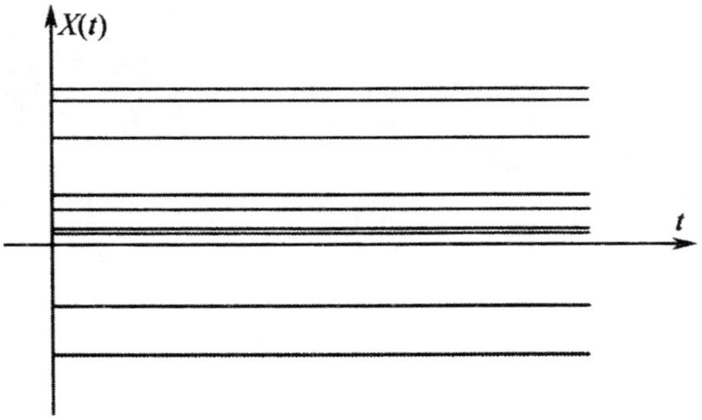

图 2-2-5　随机过程 $X(t)=Y$ 的样本函数

图 2-2-5 所示相当于有很多经过特殊处理的色子，每个色子都只能出现 1～6 个数字当中的某一个。如果同时掷这些色子，则出现 1～6 当中每个数字的色子的个数几乎是一样的，但如果反复掷一枚色子则总是出现同一个数字。显然这个过程不具有各态历经性，即某一个样本函数不论多长时间都不会经历随机过程的全部状态。

长时间跟踪具有各态历经性的随机过程的一个样本函数会经历随机过程全部的状态空间。图 2-2-6 和图 2-2-7 分别表示很长时间观测两个随机过程记录的样本函数。则大概可以判断图 2-2-6 代表的随机过程不具有各态历经性，图 2-2-7 代表的随机过程有可能具有各态历经性。

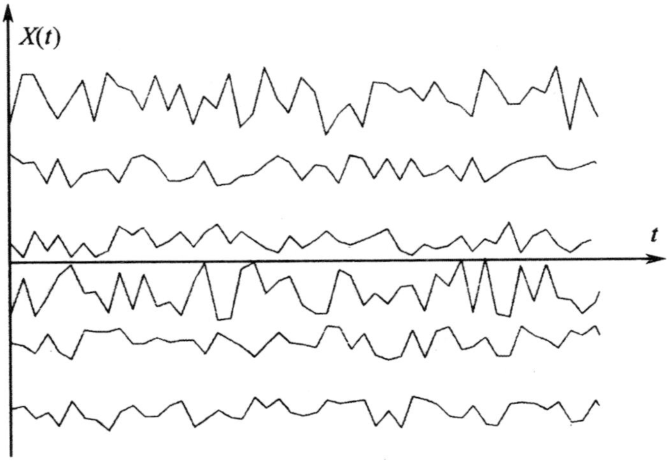

图 2-2-6　不具有各态历经性的随机过程的样本函数

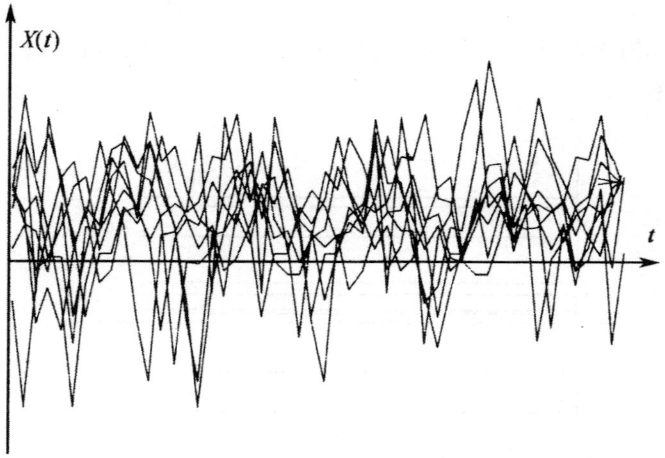

图 2-2-7　具有各态历经性的随机过程的样本函数

5. 连续随机信号的正交性、互不相关性和相互统计独立性

(1)定义

1)若连续随机信号的自相关函数满足

$$R_X(t_j,t_k)=0, j\neq k \tag{2-2-25}$$

或平稳条件下满足

$$R_X(\tau)=0, \tau=t_k-t_j, j\neq k \tag{2-2-26}$$

则称连续随机信号的两个样本 $X(t_j)$ 与 $X(t_k)$ 之间是正交的。

2)若连续随机信号的自协方差函数满足

$$C_X(t_j,t_k)=0, j\neq k$$

或等价地满足

$$R_X(t_j,t_k)=\mu_x(t_j)\mu_x(t_k), j\neq k$$

而平稳条件下满足

$$C_X(\tau)=0, \tau=t_k-t_j, j\neq k$$

或等价地满足

$$R_X(\tau)=\mu_x^2, j\neq k$$

则称连续随机信号的两个样本 $X(t_j)$ 与 $X(t_k)$ 之间是互不相关的。

3)若连续随机信号 $x(t)$ 的 N 维概率密度函数 $p(\boldsymbol{x};\boldsymbol{t})$ 满足

$$\begin{aligned} p(\boldsymbol{x};\boldsymbol{t}) &= p(x_1,x_2,\cdots,x_N;t_1,t_2,\cdots,t_N) \\ &= \prod_{k=1}^{N} p(\boldsymbol{x}_k;\boldsymbol{t}_k) \end{aligned} \tag{2-2-27}$$

则称连续随机信号的样本 $X(t_j)$ 与 $X(t_k)$ 之间是相互统计独立的。

(2)关系

若随机过程 $X(t)$，其相互正交随机变量过程、互不相关随机变量过程和相互统计独立随机变量过程三者之间的关系有如下三个结论。

结论Ⅰ　如果 $\mu_x(t_j)=0$，$\mu_x(t_k)=0$，则相互正交随机变量过程等价为互不相关随机变量过程。

结论Ⅱ　如果 $X(t)$是一个相互统计独立随机变量过程，则它一定是一个互不相关随机变量过程。

结论Ⅲ　如果 $X(t)$是一个互不相关随机变量过程，则它不一定是相互统计独立随机变量过程，除非其随机变量是服从联合高斯分布的。这一结论可推广到任意 N 维的情况。这是高斯随机变量过程的又一重要特性，非常有用。

现在讨论两个随机过程 $X(t)$和 $Y(t)$之间的这些特性。设 $X(t_j)$ 是 $X(t)$在 t_j 时刻的随机变量，$Y(t_k)$ 是 $Y(t)$在 t_k 时刻的随机变量。如果

$$R_{XY}(t_j,t_k)=0 \tag{2-2-28}$$

对于任意的 t_j 和 t_k 时刻都成立，则称 $X(t)$和 $Y(t)$是相互正交的两个随机过程。如果

$$C_{XY}(t_j,t_k)=0 \tag{2-2-29}$$

对于任意的 t_j 和 t_k 时刻都成立，则称 $X(t)$和 $Y(t)$是互不相关的两个随机过程，其等价条件为

$$R_{XY}(t_j,t_k)=\mu_x(t_j)\mu_y(t_k) \tag{2-2-30}$$

如果 $X(t)$和 $Y(t)$是联合平稳的随机过程，则当

$$R_{XY}(\tau)=0,\tau=t_k-t_j \tag{2-2-31}$$

时，$X(t)$和 $Y(t)$是相互正交的平稳过程；而当

$$C_{XY}(\tau)=0,\tau=t_k-t_j \tag{2-2-32}$$

或

$$R_{XY}(\tau)=\mu_x\mu_y,\tau=t_k-t_j \tag{2-2-33}$$

时，$X(t)$和 $Y(t)$是互不相关的平稳过程。

如果随机过程 $X(t)$和 $Y(t)$对任意的 $N\geqslant 1$，$M\geqslant 1$ 和所有时刻 $t_k(k=1,2,\cdots,N)$与 $t'_k(k=1,2,\cdots,M)$，其 $N+M$ 维联合概率密度函数都能够表示为

$$\begin{aligned}&p(x_1,x_2,\cdots,x_N;t_1,t_2,\cdots,t_N;y_1,y_2,\cdots,y_M;t'_1,t'_2,\cdots,t'_M)\\&=p(x_1,x_2,\cdots,x_N;t_1,t_2,\cdots,t_N)p(y_1,y_2,\cdots,y_M;t'_1,t'_2,\cdots,t'_M)\end{aligned} \tag{2-2-34}$$

则称 $X(t)$和 $Y(t)$是相互统计独立的两个随机过程。

显然，若 $X(t)$和 $Y(t)$的均值之一或同时等于零，则相互正交的 $X(t)$和

$Y(t)$也是互不相关的随机过程。若 $X(t)$和 $Y(t)$是相互统计独立的两个随机过程，则它们一定是互不相关的；互不相关的两个随机过程 $X(t)$和 $Y(t)$不一定是相互统计独立的，除非它们服从联合高斯分布，互不相关的两个过程才是统计独立的。

6. 平稳连续随机信号的功率谱密度

(1)功率谱密度的概念

平稳连续随机过程 $X(t)$的能量是无限的，不满足傅里叶变换的条件，但其功率通常是有限的，从而引出 $X(t)$的功率谱密度 $P_X(\omega)$，用来描述其功率在频域的分布特性。

(2)自相关函数与功率谱密度之间的关系

根据维纳-辛钦定理，平稳连续随机过程 $X(t)$的自相关函数 $R_X(\tau)$ 与功率谱密度 $P_X(\omega)$之间构成傅里叶变换对，即

$$P_X(\omega) = \mathrm{FT}[R_X(\tau)] = \int_{-\infty}^{+\infty} R_X(\tau)\exp(-\mathrm{j}\omega\tau)\mathrm{d}\tau \tag{2-2-35}$$

$$R_X(\tau) = \mathrm{IFT}[P_X(\omega)] = \frac{1}{2\pi}\int_{-\infty}^{+\infty} P_X(\omega)\exp(\mathrm{j}\omega\tau)\mathrm{d}\omega \tag{2-2-36}$$

(3)功率谱密度的主要性质

①$P_X(\omega)$是非负函数，即

$$P_X(\omega) \geqslant 0 \tag{2-2-37}$$

②$P_X(\omega)$是 ω 的偶函数，即

$$P_X(\omega) = P_X(-\omega) \tag{2-2-38}$$

③$P_X(\omega)$与 $X(t)$的平均功率的关系如下

$$R_X(0) = \frac{1}{2\pi}\int_{-\infty}^{+\infty} P_X(\omega)\mathrm{d}\omega \tag{2-2-39}$$

因为 $R_X(0) = E[X^2(t)]$ 是平稳连续随机信号 $X(t)$的平均功率，所以式(2-2-39)是由 $P_X(\omega)$与 $X(t)$平均功率的频域公式。

(4)互相关函数与互功率谱密度的关系

设 $X(t)$和 $Y(t)$是各自平稳、且联合平稳的连续随机信号，则其互相关函数 $R_{XY}(\tau)$ 与互功率谱密度 $P_{XY}(\omega)$ 之间构成傅里叶变换对，即

$$P_{XY}(\omega) = \mathrm{FT}[R_{XY}(\tau)] = \int_{-\infty}^{+\infty} R_{XY}(\tau)\exp(-\mathrm{j}\omega\tau)\mathrm{d}\tau \tag{2-2-40}$$

$$R_{XY}(\tau) = \mathrm{IFT}[P_{XY}(\omega)] = \frac{1}{2\pi}\int_{-\infty}^{+\infty} P_{XY}(\omega)\exp(\mathrm{j}\omega\tau)\mathrm{d}\omega \tag{2-2-41}$$

2.2.2 离散随机信号的统计特性描述

对于一个连续随机信号 $X(t)$，以 T_s 为间隔进行等间隔的采样，可以得

到一个随机序列，表示为

$$X(n) = X(t)\delta(t - nT_s), n = -\infty, \cdots, -1, 0, 1, \cdots, +\infty \tag{2-2-42}$$

由于 $X(t)$是随时间 t 变化的随机变量，$X(n)$自然是随着 n 变化的随机变量，称为时域离散随机信号(离散随机过程)。因整数 n 代表等间隔的时间增量，随机序列也常称为时间序列。

$X(n)$的实现或样本函数记为 $x(n)$，$X(n)$和 $x(n)$常记为 X_n 和 x_n。

1. 随机序列的统计描述

(1)概率密度函数

随机序列 $X(n)$的一维概率分布函数和一维概率密度函数分别定义为

$$F(x_n;n) = P\{X(n) \leqslant x_n\} \tag{2-2-43}$$

$$p(x_n;n) = \frac{\partial F(x_n;n)}{\partial x_n} \tag{2-2-44}$$

二维概率分布函数和二维概率密度函数分别定义为

$$F(x_n,x_m;n,m) = P\{X(n) \leqslant x_n, X(m) \leqslant x_m\} \tag{2-2-45}$$

$$p(x_n,x_m;n,m) = \frac{\partial^2 F(x_n,x_m;n,m)}{\partial x_n \partial x_m} \tag{2-2-46}$$

依此类推，可以得到对应的 N 维概率分布函数和 N 维概率密度函数，即

$$F(x_1,\cdots,x_N;1,\cdots,N) = P\{X(1) \leqslant x_1,\cdots,X(N) \leqslant x_N\} \tag{2-2-47}$$

$$p(x_1,\cdots,x_N;1,\cdots,N) = \frac{\partial^2 F(x_1,\cdots,x_N;1,\cdots,N)}{\partial x_1 \cdots \partial x_N} \tag{2-2-48}$$

概率密度函数具有如下主要特性。

①概率密度函数 $p(x)$是非负的，即

$$p(x) \geqslant 0 \tag{2-2-49}$$

②概率密度函数 $p(x)$的全域积分等于 1，即

$$\int_{-\infty}^{+\infty} p(x)\mathrm{d}x = 1 \tag{2-2-50}$$

③离散随机信号 x 落在 $[a,b]$ 区间的概率 $P(a \leqslant x \leqslant b)$，等于其概率密度函数 $p(x)$在该区间的积分，即

$$P(a \leqslant x \leqslant b)\int_a^b p(x)\mathrm{d}x \tag{2-2-51}$$

(2)离散随机信号的统计平均量

离散随机序列的数学期望

$$m_X(n) = E[X(n)] = \int_{-\infty}^{+\infty} xp(x;n)\mathrm{d}x \tag{2-2-52}$$

离散随机序列的均方值

$$\varphi_X^2 = E[|X(n)|^2] = \int_{-\infty}^{+\infty} |x|^2 p(x;n)\mathrm{d}x \tag{2-2-53}$$

离散随机序列的方差

$$\begin{aligned}\sigma_X^2(n) &= D[X(n)] = E[|X(n) - m_X(n)|^2] \\ &= E[|X(n)|]^2 - |[m_X(n)]|^2\end{aligned} \tag{2-2-54}$$

离散随机序列的自相关函数与自协方差函数分别定义为

$$R_X(n,m) = E[X^*(n)X(m)] = \int_{-\infty}^{+\infty}\int_{-\infty}^{+\infty} x_n^* x_m p(x_n, x_m; n, m)\mathrm{d}x_n \mathrm{d}x_m \tag{2-2-55}$$

$$\begin{aligned}C_X(n,m) &= E[(X(n) - m_X(n))^*(X(m) - m_X(m))] \\ &= R_X(n,m) - m_X^*(n)m_X(m)\end{aligned} \tag{2-2-56}$$

自相关函数与自协方差函数有时也记为 $r_{XX}(n,m)$ 与 $\mathrm{cov}(X_n, X_m)$。互相关函数与互协方差函数分别定义为

$$R_{XY}(n,m) = E[X^*(n)Y(m)] = \int_{-\infty}^{+\infty}\int_{-\infty}^{+\infty} x_n^* y_m p(x_n, y_m; n, m)\mathrm{d}x_n \mathrm{d}y_m \tag{2-2-57}$$

$$\begin{aligned}C_{XY}(n,m) &= E[(X(n) - m_X(n))^*(Y(m) - m_Y(m))] \\ &= R_{XY}(n,m) - m_X^*(n)m_Y(m)\end{aligned} \tag{2-2-58}$$

以上是从随机过程的角度进行的统计描述。对于一个固定的 n，$X(n)$ 是一个随机变量，一个 N 点有限长的随机序列可以构成一个 N 维的随机向量，记为 $\boldsymbol{X} = [X_1, X_2, \cdots, X_N]^{\mathrm{T}}$。因此，可以从随机向量的角度研究随机序列。定义均值向量为

$$\boldsymbol{M}_X = [m_{X_1}, m_{X_2}, \cdots, m_{X_N}]^{\mathrm{T}} \tag{2-2-59}$$

自相关矩阵为

$$\boldsymbol{R}_X = E[\boldsymbol{X}\boldsymbol{X}^{\mathrm{H}}] = \begin{bmatrix} r_{11} & \cdots & r_{1N} \\ \vdots & & \vdots \\ r_{N1} & \cdots & r_{NN}\end{bmatrix}, r_{ij} = E[X_i^* X_j] \tag{2-2-60}$$

协方差矩阵为

$$\boldsymbol{C}_X = E[(\boldsymbol{X} - \boldsymbol{M}_X)(\boldsymbol{X} - \boldsymbol{M}_X)^{\mathrm{H}}] = \begin{bmatrix} c_{11} & \cdots & c_{1N} \\ \vdots & & \vdots \\ c_{N1} & \cdots & c_{NN}\end{bmatrix},$$

$$c_{ij} = E[(X_i - m_{X_i})^*(X_j - m_{X_j})] \tag{2-2-61}$$

容易证明，协方差矩阵与自相关矩阵之间的关系为

$$\boldsymbol{C}_X = \boldsymbol{R}_X - \boldsymbol{M}_X\boldsymbol{M}_X^{\mathrm{H}} \tag{2-2-62}$$

对于一般随机序列，自相关矩阵与协方差矩阵具有以下两个性质：

①厄米特(Hermitian)对称性：即 $\boldsymbol{R}_X = \boldsymbol{R}_X^{\mathrm{H}}, \boldsymbol{C}_X = \boldsymbol{C}_X^{\mathrm{H}}$。

②半正定性：即对任意 N 维非随机向量，$f = [f_1, f_2, \cdots, f_N]^{\mathrm{T}}$，总有，$\boldsymbol{f}^{\mathrm{H}}\boldsymbol{R}_X\boldsymbol{f} \geqslant 0, \boldsymbol{f}^{\mathrm{H}}\boldsymbol{C}_X\boldsymbol{f} \geqslant 0$。

注意：对于矩阵 $\boldsymbol{A}, \boldsymbol{A}^{\mathrm{T}}$ 是 $\boldsymbol{A}$ 的转置，$\boldsymbol{A}^{\mathrm{H}}$ 则是 $\boldsymbol{A}$ 的 Hermitian 转置(共轭转置)，对于实矩阵有 $\boldsymbol{A}^{\mathrm{T}} = \boldsymbol{A}^{\mathrm{H}}$。

2. 平稳随机序列

与连续平稳随机过程概念相同，严格平稳随机序列，是指它的 N 维概率分布函数或 N 维概率密度函数与时间 n 的起始位置无关，其统计特征不随时间的平移而发生变化。如果将随机序列在时间上平移 k，其统计特征满足

$$\begin{aligned} &p(x_1, x_2, \cdots, x_N; 1, 2, \cdots, N) \\ &= p(x_{1+k}, x_{2+k}, \cdots, x_{N+k}; 1+k, 2+k, \cdots, N+k) \end{aligned} \tag{2-2-63}$$

同样，如果一个随机序列的均值和均方差不随 n 改变，相关函数仅是时间差的函数，则将其称为广义(宽)平稳随机序列，简称为平稳随机序列。即对于平稳随机序列，有

$$\begin{cases} E[X(n)] = E[X(n+m)] = m_X \\ E[|X(n)|^2] = E[|X(n+m)|^2] \\ E[|X(n) - m_X|^2] = E[|X(n+m) - m_X|^2] \\ R_X(n, n+m) = R_X(m) \\ C_X(n, n+m) = C_X(m) = R_X(m) - |m_X|^2 \end{cases} \tag{2-2-64}$$

对于两个各自平稳且联合平稳的随机序列，其互相关函数与互协方差函数分别为

$$R_{XY}(n, n+m) = E[X^*(n)Y(n+m)] = R_{XY}(m) \tag{2-2-65}$$

$$C_{XY}(n, n+m) = E[(X(n) - m_X)^*(Y(n+m) - m_Y)] = C_{XY}(m) \tag{2-2-66}$$

显然，对于自相关函数和互相关函数，有 $R_X^*(m) = R_X(-m), R_{XY}^*(m) = R_{YX}(-m)$。同样，如果 $C_{XY}(m) = 0$，称两个随机序列互不相关；如果 $R_{XY}(m) = 0$，称两个随机序列正交。

实平稳随机序列的相关函数、协方差函数具有以下重要性质：

① $R_X(0) = E[X^2(n)]$。

② $R_X(m) = R_X(-m), C_X(m) = C_X(-m), R_{XY}(m) = R_{YX}(-m), C_{XY}(m) = C_{YX}(-m)$。

③ $|R_X(m)| \leqslant R_X(0)$。

④ $\lim\limits_{m\to\infty} R_X(m) = m_X^2, \lim\limits_{m\to\infty} R_{XY}(m) = m_X m_Y$。

⑤ $C_X(m) = R_X(m) - m_X^2, C_X(0) = \sigma_X^2$。

对由 N 点有限长平稳随机序列构成的 N 维随机向量 $\boldsymbol{X} = [X_1, X_2, \cdots, X_N]^{\mathrm{T}}$，其自相关矩阵式(2-2-60)和协方差矩阵式(2-2-61)除满足对称性与半正定性外，均为厄米特-托普利(Hermitian-Toeplitz)矩阵。自相关矩阵(协方差阵类似)可写为

$$\boldsymbol{R}_X = \begin{bmatrix} r_0 & r & \cdots & r_{N-1} \\ r_1^* & r_0 & \cdots & \vdots \\ \vdots & \vdots & & r_1 \\ r_{N-1}^* & \cdots & r_1^* & r_0 \end{bmatrix} \tag{2-2-67}$$

该矩阵左上右下对角线上的元素均相同，此性质根据平稳随机序列的定义容易证明。这样只需要知道第一行或第一列元素的值，则整个矩阵便可唯一确定。对实平稳随机序列，式(2-4-22)对应实矩阵，就是常用的托普利兹矩阵形式。托普利兹矩阵在数字信号处理的快速算法中特别有用，对该形式矩阵的求逆、分解等各种运算的快速算法研究也是一个专门的方向。

设 $x(n)$ 是平稳随机序列 $X(n)$ 的一个样本序列，其时间平均定义为

$$\overline{x(n)} = \lim_{N\to\infty} \frac{1}{2N+1} \sum_{n=-N}^{N} x(n) \tag{2-2-68}$$

时间自相关函数为

$$\overline{x^*(n)x(n+m)} = \lim_{N\to\infty} \frac{1}{2N+1} \sum_{n=-N}^{N} x^*(n)x(n+m) \tag{2-2-69}$$

如果平稳随机序列 $X(n)$ 满足

$$\overline{x(n)} = m_X = E[X(n)]$$

$$\overline{x^*(n)x(n+m)} = R_X(m) = E[X^*(n)X(n+m)] \tag{2-2-70}$$

则称此随机序列具有各态历经性。与连续随机过程一样，对于各态历经的随机序列，我们可以直接用它的任一个样本函数的时间平均来代替对整个随机序列统计平均的研究，从而给许多实际问题的解决带来了很大方便。

平稳随机序列的功率谱密度定义为其自相关函数的傅里叶变换，即

$$S_X(\omega) = \sum_{m=-\infty}^{\infty} R_X(m) \mathrm{e}^{-\mathrm{j}\omega m} \tag{2-2-71}$$

其逆变换为

$$R_X(m) = \frac{1}{2\pi} \int_{-\pi}^{\pi} S_X(\omega) \mathrm{e}^{\mathrm{j}\omega m} \mathrm{d}\omega \tag{2-2-72}$$

式(2-2-71)和式(2-2-72)就是平稳随机序列的维纳-辛钦定理。对于实

平稳序列，其功率谱具有如下性质：

①功率谱是 ω 的偶函数，即 $S_X(\omega)=S_X(-\omega)$。

②功率谱是实的非负函数，即 $S_X(\omega)\geqslant 0$。

3. 随机信号的采样定理

我们已经学习了确定性信号的采样定理，为了不丢失信息，换句话说，能够由时域离散信号准确地恢复原模拟信号，要求采样频率必须大于等于信号最高频率的两倍以上。对于平稳随机信号的采样也有类似的结论。

对于平稳随机信号，如果其功率谱严格限制在某一有限频带内，该随机信号称为带限随机信号。如果平稳随机信号 $X(t)$ 的功率谱 $S_X(\omega)$ 满足

$$S_X(\omega)=0,\ |\omega|\geqslant\omega_c \tag{2-2-73}$$

则称为低通带限随机信号。其中，ω_c 表示功率谱的最高截止频率。

设以采样间隔 T_s 对平稳随机信号 $X(t)$ 进行采样，采样后随机序列为 $X(n)$，当采样频率满足 $\omega_s=\dfrac{2\pi}{T_s}\geqslant 2\omega_c$ 时，采样插值公式为

$$\hat{X}(t)=\sum_{n=-\infty}^{\infty}X(n)\frac{\sin\omega_c(t-nT_s)}{\omega_c(t-nT_s)} \tag{2-2-74}$$

可以证明，在均方意义上，$\hat{X}(t)$ 等于 $X(t)$，即 $E[|\hat{X}(t)-X(t)|^2]=0$。也可以表示为对 $X(t)$ 的采样展开形式，即

$$X(t)=\lim_{N\to\infty}\sum_{n=-N}^{N}X(n)\frac{\sin\omega_c(t-nT_s)}{\omega_c(t-nT_s)} \tag{2-2-75}$$

其中，lim 用于表示在均方意义下的收敛。

式(2-2-75)表明，一个平稳连续随机过程 $X(t)$ 可以用一族确定的正交函数基 $\sin\omega_c(t-nT_s)/\omega_c(t-nT_s)$ 的展开来表示，而基函数的系数就是该过程在固定间隔采样后的随机变量 $X(n)$。但对于非平稳随机过程，式(2-2-75)并不成立。此外，由于自相关函数和功率谱是对所有样本统计平均计算的结果，所以，式(2-2-75)只在统计平均意义下成立。对于 $X(t)$ 的某一个样本函数(实现)$x(t)$，若其采样序列为 $x(n)$，则

$$x(t)=\sum_{n=-\infty}^{\infty}x(n)\frac{\sin\omega_c(t-nT_s)}{\omega_c(t-nT_s)} \tag{2-2-76}$$

并不总成立，因为确定信号 $x(t)$ 的带宽完全可能大于采样频率。这是随机信号采样和确定信号采样理论在概念上的不同之处。

为了讨论 $X(t)$ 与 $X(n)$ 功率谱之间的关系，暂时记 $X(t)$ 的功率谱为 $S_{X_t}(\omega)$，自相关函数为 $R_{X_t}(\tau)$，$X(n)$ 的功率谱为 $S_{X_n}(\omega)$，自相关函数为 $R_{X_n}(m)$。由于 $R_{X_n}(m)$ 是 $R_{X_t}(\tau)$ 的采样结果，采样间隔也是 T_s，自相关函

数与功率谱是傅里叶变换对的关系，且均是确定性函数，所以，可以得到与确定性信号采样完全相同的结论，即

$$S_{X_n}(\omega)=\frac{1}{T_s}\sum_{k=-\infty}^{\infty}S_{X_t}(\omega+k\omega_s) \tag{2-2-77}$$

即时域离散化带来频域功率谱的周期化，且周期就是采样频率。

4. 时间序列信号模型

对于平稳随机序列，除了用自相关函数和功率谱进行研究外，还可以从时间序列分析的角度进行研究，即时间序列信号模型方法。基本思想是将所要研究的平稳随机序列看作一个由典型噪声序列 $u(n)$ 激励一个线性系统而产生的输出。这种噪声源一般是自序列，信号模型如图 2-2-8 所示。其中，$H(z)$ 是该线性稳定系统的系统函数。

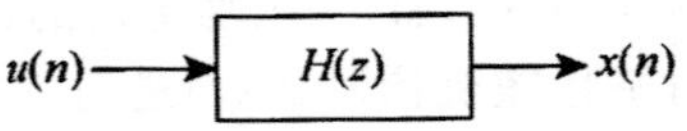

图 2-2-8　信号模型

假设信号模型用一个 p 阶差分方程描述，即

$$\begin{aligned}&x(n)+a_1x(n-1)+\cdots+a_px(n-p)\\&=u(n)+b_1u(n-1)+\cdots+b_qu(n-q)\end{aligned} \tag{2-2-78}$$

根据系数取值的情况，将模型分为以下三种。

(1)滑动平均模型(Moving Average，MA)

当式(2-2-78)中 $a_i=0(i=1,2,\cdots,p)$ 时，该模型称为 MA 模型。其模型差分方程和系统函数分别表示为

$$x(n)=u(n)+b_1u(n-1)+\cdots+b_qu(n-q) \tag{2-2-79}$$

$$H(z)=1+b_1z^{-1}+\cdots+b_qz^{-q} \tag{2-2-80}$$

式(2-2-80)表明该模型只有零点，没有除原点以外的极点。因此，该模型也称为全零点模型。如果模型全部零点都在单位圆内部，则是一个最小相位系统，且模型是可逆的。

(2)自回归模型(Autoregressive，AR)

当式(2-2-78)中 $b_i=0(i=1,2,\cdots,q)$ 时，该模型称为 AR 模型。其模型差分方程和系统函数分别为

$$x(n)+a_1x(n-1)+\cdots+a_px(n-p)=u(n) \tag{2-2-81}$$

$$H(z)=\frac{1}{1+a_1z^{-1}+\cdots+a_pz^{-p}} \tag{2-2-82}$$

式(2-2-82)表明该模型只有极点，没有除原点以外的零点。因此，该模型也称为全极点模型。只是当全部极点都在单位圆内部时，模型才稳定。

(3)自回归-滑动平均模型(ARMA)

当模型差分方程式(2-2-78)中 $a_i(i=1,2,\cdots,p)$ 和 $b_i(i=1,2,\cdots,q)$ 均不全为零时,则模型称为 ARMA 模型。所对应的系统函数为

$$H(z)=\frac{B(z)}{A(z)}=\frac{1+b_1z^{-1}+\cdots+b_qz^{-q}}{1+a_1z^{-1}+\cdots+a_pz^{-p}} \tag{2-2-83}$$

若 $u(n)$ 是均值为 0、方差为 σ^2 的白序列,则由随机信号通过线性系统的理论可知,输出序列的功率谱为

$$S_x(\omega)=\frac{\sigma^2\left|B(\mathrm{e}^{\mathrm{j}\omega})\right|^2}{\left|A(\mathrm{e}^{\mathrm{j}\omega})\right|^2} \tag{2-2-84}$$

AR 模型、MA 模型和 ARMA 模型是功率谱估计中最主要的参数模型,也是现代谱估计理论的基础。其中,AR 模型的正则方程是一组线性方程,而 MA 模型和 ARMA 模型是非线性方程。由于 AR 模型具有一系列好的性能,所以,该模型是一种研究最多并获得广泛应用的模型。

2.3　几种重要的概率密度函数及其性质

2.3.1　均匀分布

设有连续随机变量 X,若 a、b 为有限数,则下述概率密度函数定义的分布称为在 $[a,b]$ 上服从均匀分布,即

$$p(x)=\begin{cases}\dfrac{1}{b-a},a\leqslant x\leqslant b\\0,x<a\text{ 或 }x>b\end{cases} \tag{2-3-1}$$

由分布函数的定义,可得均匀分布变量的分布函数为

$$P(x)=\begin{cases}0,x<a\\\dfrac{x-a}{b-a},a\leqslant x<b\\1,x>b\end{cases} \tag{2-3-2}$$

图 2-3-1 所示为均匀分布概率密度函数及分布函数。

均匀分布应用十分广泛,例如,定点计算时的舍入误差。假设运算中数据都只保留到小数点后第五位,第五位以后的数字按四舍五入处理,若 x 表示真值,n_x 表示舍入后的值,则误差 $X=x-n_x$ 一般假定为区间$[-0.5\times10^{-5},+0.5\times10^{-5}]$上均匀分布的随机变量。有了这一假定,就能对经过大量运算后的数据进行误差分析。此外,如果对接收信号的某些参数没有任

何先验知识(即其分布完全未知),则可以假定其服从均匀分布,即其取值在一个区间内是等概率的。

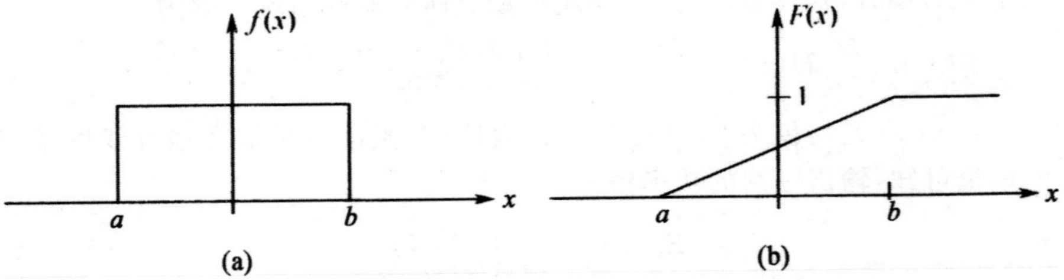

图 2-3-1 均匀分布概率密度函数及分布函数

2.3.2 高斯(正态)分布

对于标量型随机变量 x,高斯一维概率密度函数(PDF,Probability Density Function)定义为

$$p(x)=\frac{1}{\sqrt{2\pi\sigma^2}}\exp\left[-\frac{1}{2\sigma^2}(x-\mu)^2\right],-\infty<x<+\infty \tag{2-3-3}$$

其中,μ 是 x 的均值;σ^2 是 x 的方差,用 $x\sim N(\mu,\sigma^2)$ 表示。其中"$\sim$"表示"服从……分布"。该分布的均值和方差分别为

$$E(x)=\mu \tag{2-3-4}$$

$$\mathrm{var}(x)=\sigma^2 \tag{2-3-5}$$

图 2-3-2 给出了高斯概率密度函数的图例。

其二维概率密度函数为

$$p(x_1,x_2)=\frac{1}{2\pi|\boldsymbol{C}|^{1/2}}\exp\left[-\frac{1}{2}(\boldsymbol{x}-\boldsymbol{\mu})^{\mathrm{T}}\boldsymbol{C}^{-1}(\boldsymbol{x}-\boldsymbol{\mu})\right] \tag{2-3-6}$$

其中,$\boldsymbol{x}=[x_1\quad x_2]^{\mathrm{T}}$;$\mu=[\mu_1\quad \mu_2]^{\mathrm{T}}=[E(X(t_1))\quad E(X(t_2))]^{\mathrm{T}}$。式中,$\boldsymbol{C}^{-1}$ 是 $\boldsymbol{C}$ 的逆矩阵;$|\boldsymbol{C}|$ 是 $\boldsymbol{C}$ 的行列式;T 表示转置。

其 N 维概率密度函数为

$$p(\boldsymbol{x})=\frac{1}{(2\pi)^{N/2}|\boldsymbol{C}|^{1/2}}\exp\left[-\frac{1}{2}(\boldsymbol{x}-\boldsymbol{\mu})^{\mathrm{T}}\boldsymbol{C}^{-1}(\boldsymbol{x}-\boldsymbol{\mu})\right] \tag{2-3-7}$$

式中,$\boldsymbol{C}$ 为协方差矩阵。若用 C_{ij} 表示矩阵中元素,$C_{ij}=E[(X(t_i)-\mu_i)(X(t_j)-\mu_j)]$。

$$\boldsymbol{C}=\begin{bmatrix} C_{11} & C_{12} & \cdots & C_{1N} \\ C_{21} & C_{22} & \cdots & C_{2N} \\ \vdots & \vdots & & \vdots \\ C_{N1} & C_{N2} & \cdots & C_{NN} \end{bmatrix} \tag{2-3-8}$$

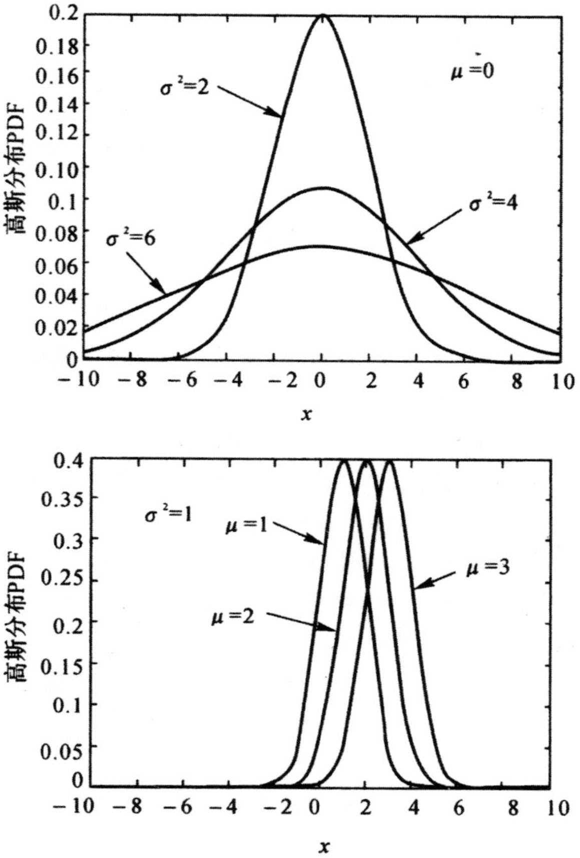

图 2-3-2　高斯随机变量的概率密度函数

高斯随机变量的特点是 N 维概率密度函数可由均值和方差矩阵来决定，因此，若已知其一阶矩和二阶矩就可以写出 N 维概率密度函数；高斯随机变量不相关和独立是等价的，这是由于不同随机变量若互不相关的话，其协方差必然为零，即协方差矩阵中的元素

$$C_{ij} = \begin{cases} \sigma_i^2, i = j \\ 0, i \neq j \end{cases}$$

则

$$\boldsymbol{C} = \begin{bmatrix} \sigma_1^2 & 0 & \cdots & 0 \\ 0 & \sigma_2^2 & \cdots & 0 \\ & & \ddots & \\ 0 & 0 & \cdots & \sigma_N^2 \end{bmatrix}$$

且

$$(\boldsymbol{x}-\boldsymbol{\mu})^{\mathrm{T}}\boldsymbol{C}^{-1}(\boldsymbol{x}-\boldsymbol{\mu})=\sum_{k=1}^{N}\frac{1}{\sigma_k^2}(x_k-\mu_k)^2$$

故

$$\begin{aligned}p(\boldsymbol{x})&=\frac{1}{(2\pi)^{N/2}\left|\boldsymbol{C}\right|^{1/2}}\exp\left[-\frac{1}{2}(\boldsymbol{x}-\boldsymbol{\mu})^{\mathrm{T}}\boldsymbol{C}^{-1}(\boldsymbol{x}-\boldsymbol{\mu})\right]\\&=\frac{1}{(2\pi)^{N/2}\left|C\right|^{1/2}}\exp\sum_{k=1}^{N}\frac{1}{\sigma_k^2}(x_k-\mu_k)^2\\&=\prod_{k=1}^{N}p(x_k)=p(x_1)p(x_2)\cdots p(x_N)\end{aligned}\tag{2-3-9}$$

一个复随机变量 Z 是复高斯的，如果 $Z=X+\mathrm{j}Y$，其中，X 和 Y 是实联合高斯随机变量，则 Z 的分布即由 X 和 Y 的联合分布给定。

可以证明，对于联合高斯随机变量 X 和 Y，若 $\mathrm{cov}[XY]=0$，则 $p(x,y)=p(x)p(y)$。也就是说，高斯随机变量如果不相关就是独立的。

高斯随机向量可得到以下主要性质：

①任意子向量也是高斯随机向量；“独立性”与“不相关性”等价。

②正态随机向量的线性变换仍是正态随机向量。因此，若干正态随机变量的线性组合仍是正态随机变量。

正态分布是一种重要分布，在通信、雷达、导航及信号处理领域经常用来描述各种噪声。正态分布具有很多有用的性质，后面将具体介绍。另外，多个独立的非正态分布随机变量之和有趋于正态分布的趋势。从图 2-3-3 可以大概看出正态分布函数和误差函数的变化规律及两者之间的关系。

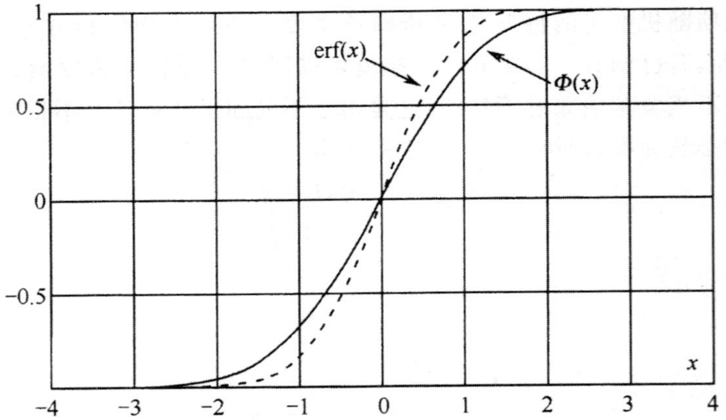

图 2-3-3　正态分布函数与误差函数

2.3.3 chi 平方(中心化)分布

自由度为 ν 的 chi 平方 PDF 定义为

$$p(x)=\begin{cases}\dfrac{1}{2^{\frac{\nu}{2}}\Gamma\left(\dfrac{\nu}{2}\right)}x^{\frac{\nu}{2}-1}\exp\left(-\dfrac{1}{2}x\right), x>0\\ 0, x<0\end{cases} \tag{2-3-10}$$

并用 χ_ν^2 表示。自由度 ν 假定是整数，且 $\nu \geqslant 1$。函数 $\Gamma(u)$ 是伽马函数，它定义为

$$\Gamma(u)=\int_0^{\infty} t^{u-1}\exp(-t)\mathrm{d}t \tag{2-3-11}$$

对于任意的 u，有 $\Gamma(u)=(u-1)\Gamma(u-1)$，$\Gamma\left(\dfrac{1}{2}\right)=\sqrt{\pi}$ 对于整数 n、$\Gamma(n)=(n-1)!$ 可以计算出来。图 2-3-4 给出了概率密度函数的某些例子。概率密度函数随 ν 的增大而变成了高斯概率密度函数。注意，对于 $\nu=1$，当 $x=0$ 时，概率密度函数为无穷大。

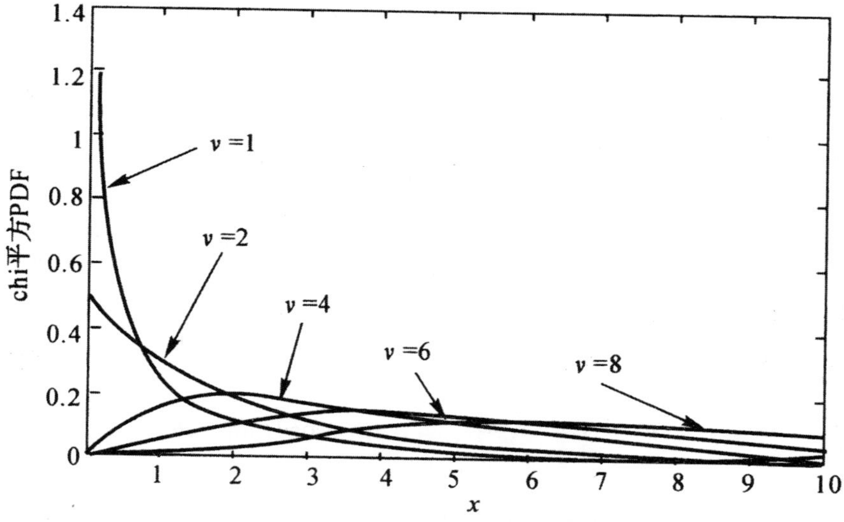

图 2-3-4　chi 平方随机变量的概率密度函数

chi 平方概率密度函数源于 $x=\sum_{i=1}^{\nu} x_i^2$ 的概率密度函数，其中 $x_i \sim N(0,1)$，且 x_i 是独立同分布的(IID，Independent and Identically Distributed)。也就是说 x_i 是相互独立的，且具有相同的 PDF。chi 平方分布的均值和方差分别为

$$E(x)=\nu$$
$$\mathrm{var}(x)=2\nu$$

χ_ν^2 随机变量的右尾概率定义为

$$Q_{\chi_\nu^2}(x)=\int_x^\infty p(t)\mathrm{d}t$$

可以证明

$$Q_{\chi_\nu^2}(x)=\begin{cases}2(1-\Phi(\sqrt{x})),\nu=1\\ 2(1-\Phi(\sqrt{x}))+\dfrac{\exp\left(-\frac{1}{2}x\right)}{\sqrt{\pi}}\sum\limits_{k=1}^{\frac{\nu-1}{2}}\dfrac{(k-1)!\ (2x)^{k-\frac{1}{2}}}{(2k-1)!},\nu>1\text{ 且 }\nu\text{ 为奇数}\\ \exp\left(-\frac{1}{2}x\right)\sum\limits_{k=0}^{\frac{\nu}{2}-1}\dfrac{\left(\frac{x}{2}\right)^k}{k!},\nu>1\text{ 且 }\nu\text{ 为奇数}\end{cases}$$

(2-3-12)

2.3.4 chi 平方(非中心化)分布

一般 χ_ν^2PDF 源于非零均值的 IID 高斯随机变量的平方之和,特别是如果 $x=\sum\limits_{i=1}^{\nu}x_i^2$,其中 x_i 是独立的,且 $x_i\sim N(\mu_i,1)$,那么 x 就是具有 ν 个自由度的非中心 chi 平方分布,非中心参量为 $\lambda=\sum\limits_{i=1}^{\nu}\mu_i^2$。其 PDF 表示为

$$p(x)=\begin{cases}\dfrac{1}{2}\left(\dfrac{x}{\lambda}\right)^{\frac{\nu-2}{4}}\exp\left[-\dfrac{1}{2}(x+\lambda)\right]I_{\frac{\nu}{2}-1}(\sqrt{\lambda x}),x>0\\ 0,x<0\end{cases}\tag{2-3-13}$$

式中,$I_r(u)$ 是 r 阶第一类修正贝塞尔(Bessel)函数,它的定义为

$$I_r(u)=\frac{\left(\frac{1}{2}u\right)^r}{\sqrt{\pi}\Gamma\left(r+\frac{1}{2}\right)}\int_0^\pi\exp(u\cos\theta)\sin^{2r}\theta\mathrm{d}\theta\tag{2-3-14}$$

图 2-3-5 给出了概率密度函数的某些例子。随着 ν 变大,概率密度函数变成高斯的,当 $\lambda=0$ 时,非中心 chi 平方 PDF 简化成中心 chi 平方 PDF。自由度为 ν、非中心参量为 λ 的非中心 chi 平方 PDF 用 $\chi_\nu'^2(\lambda)$ 表示。它的均值和方差分别为

$$E(x)=\nu+\lambda$$
$$\mathrm{var}(x)=2\nu+4\lambda$$

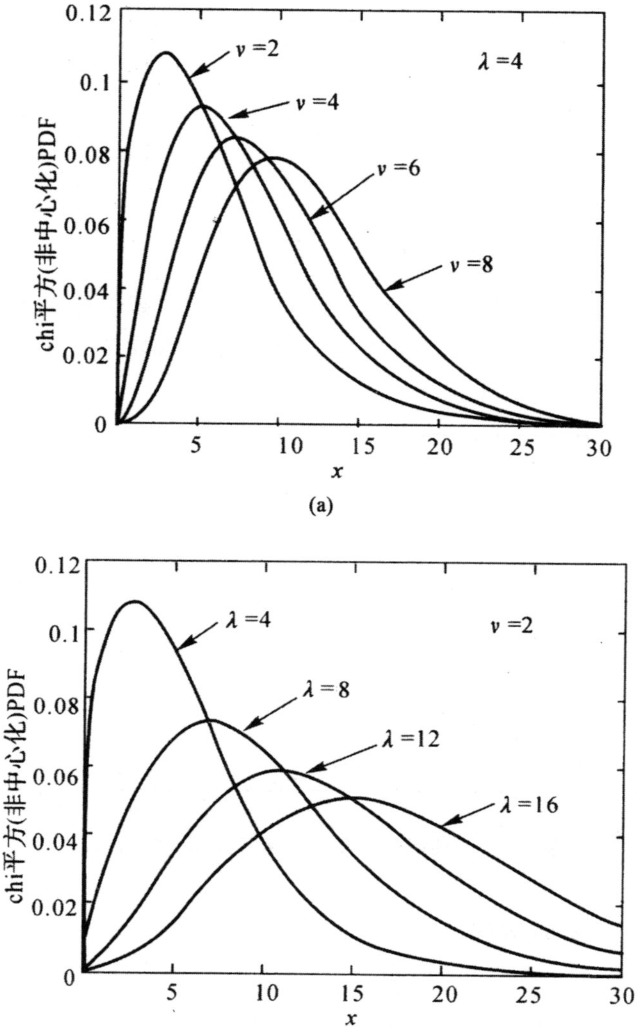

图 2-3-5　非中心 chi 平方随机变量的概率密度函数

2.3.5　瑞利分布

瑞利 PDF 是由 $x=\sqrt{x_1^2+x_2^2}$ 得到的，其中 $x_1 \sim N(0,\sigma^2)$，$x_2 \sim N(0,\sigma^2)$，且 x_1，x_2 相互独立，它的 PDF 表示为

$$p(x)=\begin{cases}\dfrac{x}{\sigma^2}\exp\left(-\dfrac{1}{2\sigma^2}x^2\right),x>0\\0,x<0\end{cases}\tag{2-3-15}$$

瑞利分布的均值和方差为

$$E(x)=\sqrt{\frac{\pi\sigma^2}{2}}$$

$$\mathrm{var}(x)=\left(2-\frac{\pi}{2}\right)\sigma^2$$

瑞利分布在通信中用来描述信道特性，雷达视频信号中的杂波和噪声也经常用瑞利分布来描述。瑞利分布概率密度函数（$\sigma=0.5,1,2$）如图2-3-6所示。

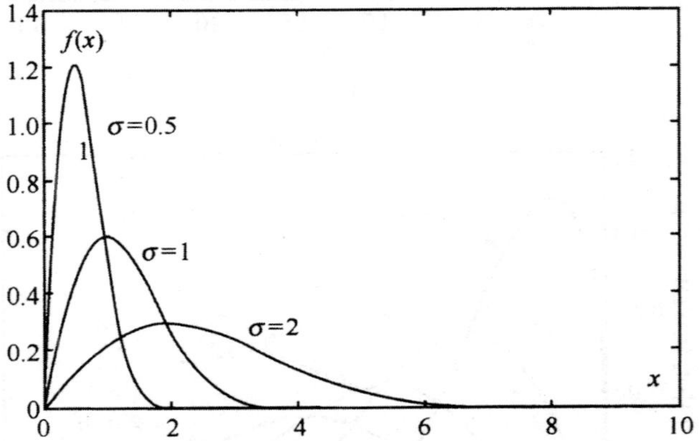

图 2-3-6　瑞利分布概率密度函数（$\sigma=0.5,1,2$）

2.3.6　莱斯分布

莱斯 PDF 是由 $x=\sqrt{x_1^2+x_2^2}$ 的 PDF 得到的，其中 $x_1\sim N(\mu_1,\sigma^2)$，$x_2\sim N(\mu_2,\sigma^2)$，且 x_1,x_2 相互独立，它的 PDF 是

$$p(x)=\begin{cases}\dfrac{x}{\sigma^2}\exp\left[-\dfrac{1}{2\sigma^2}(x^2+\alpha^2)\right]I_0\left(\dfrac{\alpha x}{\sigma^2}\right),x>0\\0,x<0\end{cases}\tag{2-3-16}$$

式中，$\alpha^2=\mu_1^2+\mu_2^2$，$I_0(u)=\dfrac{1}{\pi}\displaystyle\int_0^\pi\exp(u\cos\theta)\,\mathrm{d}\theta$。图2-3-7给出了当 $\sigma^2=1$ 时的概率密度函数，当 $\alpha^2=0$ 时，它化简为瑞利 PDF。

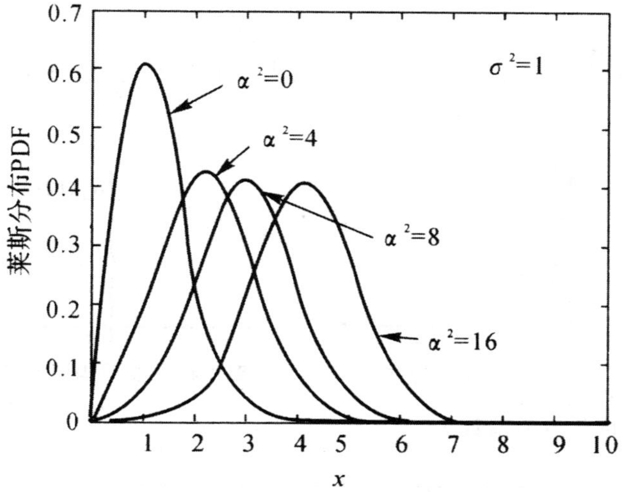

图 2-3-7　莱斯随机变量（$\sigma^2=1$）的概率密度函数

2.4　白噪声

2.4.1　白噪声的分类

噪声是典型的随机信号，即随机过程，因此一般用概率密度或功率谱密度来描述。按照概率分布，常见的噪声（杂波）有高斯分布的（如热噪声）、均匀分布的（如随机相位）、瑞利分布的（如雷达海面杂波）等。按照功率谱密度分为白噪声和非白噪声（或称为有色噪声）。

功率谱密度恒为常数的随机信号称为白噪声。用 $S_N(\omega)$ 表示噪声的功率谱密度，则对于白噪声有

$$S_N(\omega)=\frac{1}{2}n_0,\ -\infty<\omega<\infty \tag{2-4-1}$$

其中，n_0 为常数；常数 1/2 是由于这里讨论的均为实噪声信号，其功率谱密度是双边的，白噪声的功率谱密度如图 2-4-1 所示，与其对应的复噪声单边功率谱密度的高度为 n_0。

根据白噪声的功率谱密度可知，白噪声的均值应当为零，否则功率谱密度在 $\omega=0$ 处会出现一个冲激成分。

根据维纳-辛钦定理，可得到白噪声的自相关函数为

$$R_N(\tau) = \frac{1}{2}n_0\delta(t) \tag{2-4-2}$$

即白噪声的自相关函数为冲激函数。因为均值为零，所以白噪声的相关函数与协方差函数相等。

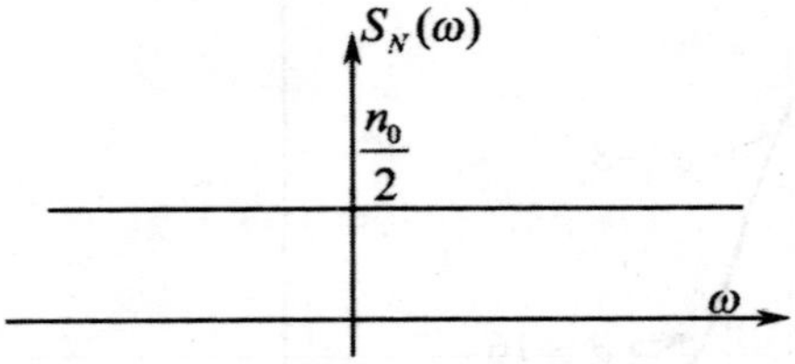

图 2-4-1　白噪声的功率谱密度

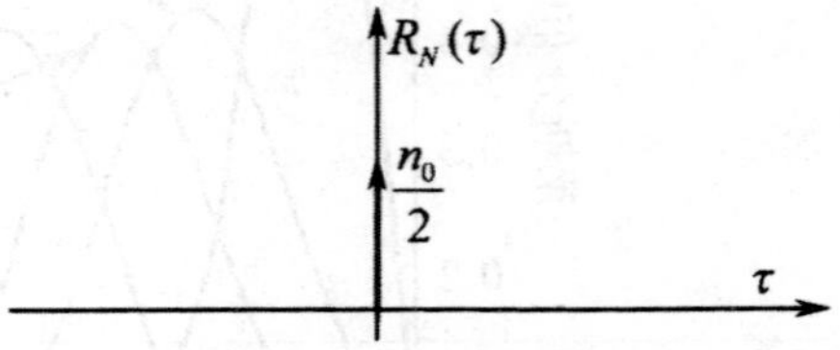

图 2-4-2　白噪声的自相关函数

白噪声的自相关系数为

$$\rho_N(\tau) = \begin{cases} 1, \tau = 0 \\ 0, \tau \neq 0 \end{cases} \tag{2-4-3}$$

1. 低通白噪声

理想白噪声通过一个理想低通滤波器后的功率谱密度[图 2-4-3(a)]可表示为

$$S_N(\omega) = \begin{cases} \frac{n_0}{2}, |\omega| \leqslant \Delta\omega \\ 0, 其他 \end{cases} \tag{2-4-4}$$

根据傅里叶变换的性质，其相关函数[图 2-4-3(b)]为

$$R_N(\tau) = \frac{n_0 \sin(\Delta\omega\tau)}{2\pi\tau} = \frac{1}{2}n_0\Delta\omega \mathrm{sinc}(\Delta\omega\tau/\pi) \tag{2-4-5}$$

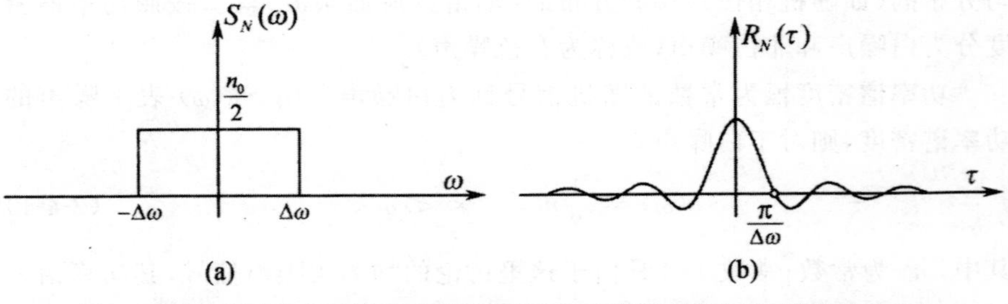

图 2-4-3　白噪声通过理想低通滤波器后的功率谱密度(a)和相关函数(b)

2. 带通白噪声

理想白噪声通过一个理想带通滤波器后的功率谱密度可表示为

$$S_N(\omega)=\begin{cases}\dfrac{n_0}{2}, |\omega\pm\omega_0|<\Delta\omega \\ 0,\text{其他}\end{cases} \tag{2-4-6}$$

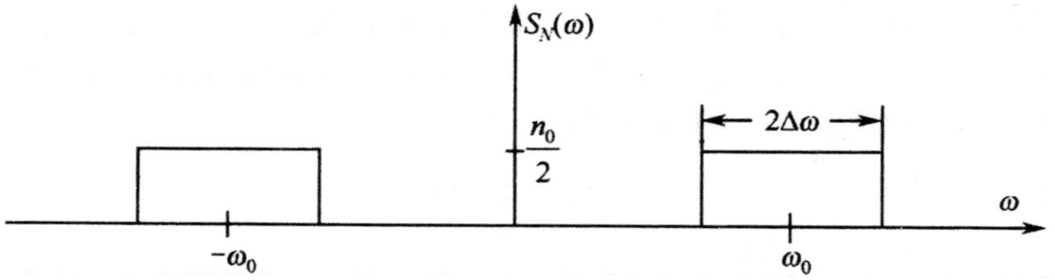

图 2-4-4　白噪声通过理想带通滤波器后的功率谱密度

白噪声通过理想带通滤波器后的相关函数为

$$R_N(\tau)=\frac{1}{2}n_0\Delta\omega\mathrm{sinc}(\Delta\omega\tau/\pi)\cos(\omega_0\tau)=a(\tau)\cos(\omega_0\tau) \tag{2-4-7}$$

其中，$a(\tau)=\frac{1}{2}n_0\Delta\omega\mathrm{sinc}(\Delta\omega\tau/\pi)$ 为 $R_N(\tau)$ 的包络。可见带通白噪声相关函数的包络与低通白噪声的相关函数具有同样的形状，只不过是调制在载波频率等于滤波器的中心频率 ω_0 的载波上。

如果白噪声通过一个频率响应函数为 $H(\omega)$ 的非理想低通（或带通）滤波器（频率响应非平坦的任意实际线性系统），则输出噪声的功率谱密度为

$$S_Y(\omega)=S_X(\omega)|H(\omega)|^2=\frac{1}{2}n_0|H(\omega)|^2 \tag{2-4-8}$$

输出噪声的功率谱密度是非平坦的，即输出为有色噪声。

2.4.2　白噪声的采样及信噪比的计算

下面以基带为例讨论采样之后的白噪声序列的性质（图 2-4-5）。

设图 2-4-5(a)所表示的信号 $x(t)$包含的最高频率为 f_m，如图 2-4-5(b)中实线所示（不包括虚线部分）。采样序列用 $\delta_{\Delta t}(t)$ 表示，如图 2-4-5(c)所示，采样间隔 $\Delta t=1/f_s$。采样过程在时域上为信号 $x(t)$与 $\delta_{\Delta t}(t)$ 的乘积，在频域上则为信号的傅里叶变换 $X(f)$ 与 $\delta_{\Delta t}(t)$ 的傅里叶变换 $\delta_{f_s}(f)$ 的卷积。图 2-4-5(d)为 $\delta_{\Delta t}(t)$ 的傅里叶变换。若按照采样频率 $f_s=2f_m$ 对 $x(t)$ 进行采样，根据奈奎斯特采样定理，采样得到的信号序列 $x(n)$的频谱虽然是周期重复的，但不会发生混叠，如图 2-4-5(e)中实线所示。因此可以用理想低通滤波器从中分离出原信号 $x(t)$的频谱。如果 $x(t)$中有高于 $f_s/2$ 的频率成分，如图 2-4-5(b)中虚线所示，则信号序列 $x(n)$的频谱将发生混叠，即原信号 $x(t)$中大于 $f_s/2$ 的频率成分采样后折叠到 $f_s/2$ 之内。因此无法

用滤波器将其分开，如图 2-4-5(e)中虚线所示。为了避免采样过程中发生这种频谱混叠，通常在采样之前加一个抗混叠滤波器，如图 2-4-5(b)所示。其作用是采样前先将带外信号滤除，采样后就不会发生频谱混叠，如图 2-4-5(f)所示。抗混叠滤波器的(单边)带宽 B 应满足 $f_m \leqslant B \leqslant f_s/2$。当 $f_s = 2f_m$ 时，$B = f_m = f_s/2$，如图 2-4-6 所示。抗混叠滤波器在滤除带外信号的同时也限制了白噪声的功率。

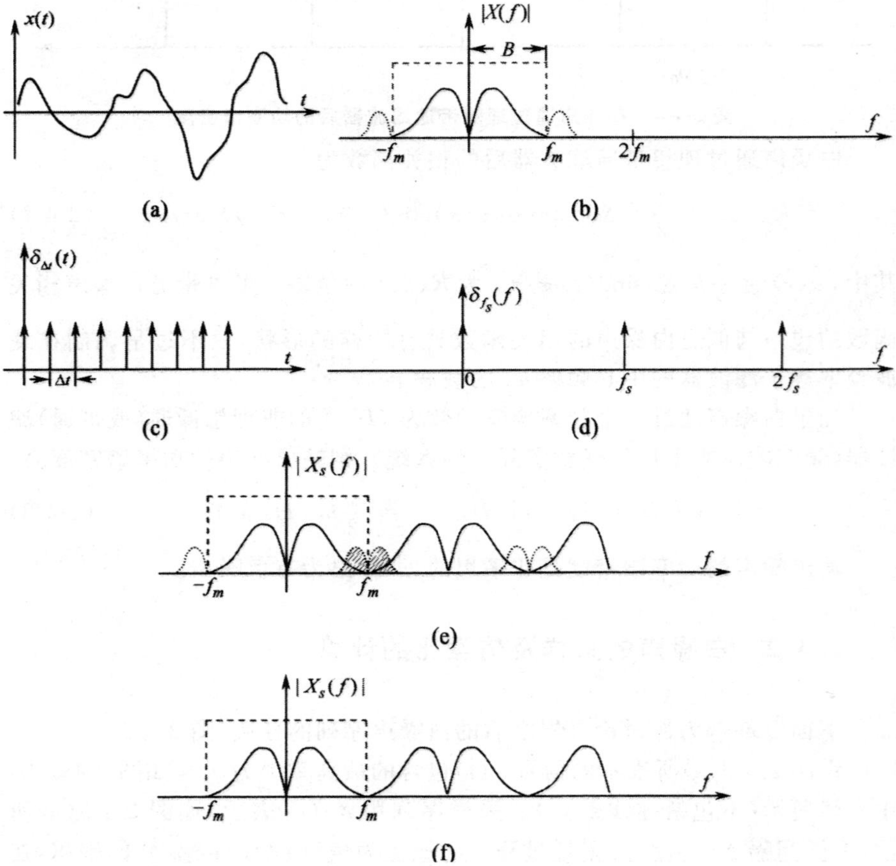

图 2-4-5　信号采样过程及抗混叠滤波器的作用

(a)信号时域波形；(b)信号频谱；(c)时域采样序列；(d)采样序列的傅里叶变换；(e)未加抗混叠滤波器采样后信号的频谱；(f)加抗混叠滤波器采样后信号的频谱

双边功率谱密度为 $n_0/2$ 的白噪声通过带宽为 B 的抗混叠滤波器后的功率(即方差)为

$$\sigma_N^2 = 2B\frac{n_0}{2} = Bn_0 \tag{2-4-9}$$

经过理想低通滤波器后的窄带白噪声的相关函数为

$$R_N(\tau)=\frac{n_0\sin(2\pi B\tau)}{2\pi\tau}=n_0B\text{sinc}(2B\tau) \tag{2-4-10}$$

其波形如图 2-4-7 所示。

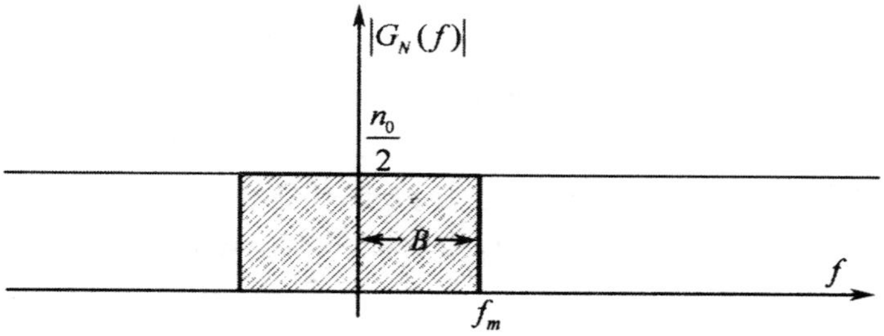

图 2-4-6 抗混叠滤波器带宽

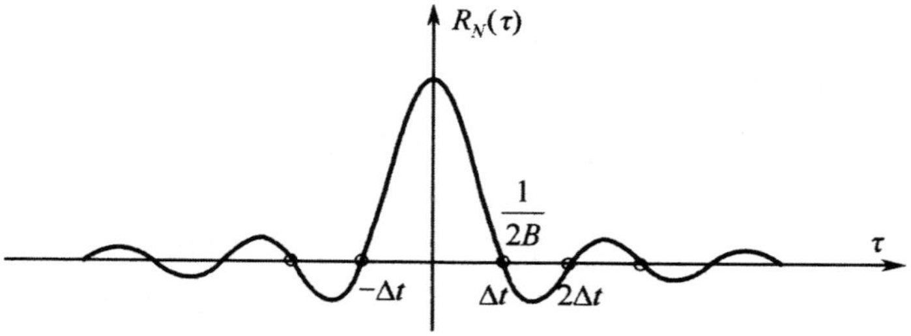

图 2-4-7 经过抗混叠滤波器之后的白噪声的相关函数

设在 $0\sim T$ 时间内得到 N 个采样点，则采样时间间隔为 $\Delta t=1/f_s=T/N$。所以 $f_s=N/T,B=N/(2T)$，带入式(2-4-9)，得

$$\sigma_N^2=\frac{Nn_0}{2T} \tag{2-4-11}$$

若信号表示为

$$s(t)=A\cos(2\pi f_0t),0\leqslant t\leqslant T \tag{2-4-12}$$

并假设在 $0\leqslant t\leqslant T$ 区间内，正好包含 $s(t)$的整数个周期。则 $s(t)$的能量为

$$E_s=\int_0^T s^2(t)\mathrm{d}t=\frac{1}{2}A^2T \tag{2-4-13}$$

信号功率为

$$P_s=\frac{E_s}{T}=\frac{1}{2}A^2 \tag{2-4-14}$$

令

$$\gamma=\frac{E_s}{n_0} \tag{2-4-15}$$

其中，γ 为采样前白噪声背景中窄带信号信噪比的一种表示方式。对 $x(t)$

按 $\Delta t = 1/f_s$ 进行采样，得到序列 $x(n) = x(n\Delta t)$，则采样后的信噪比为

$$\mathrm{SNR} = \frac{P_s}{P_N} = \frac{A^2}{2\sigma_n^2} \tag{2-4-16}$$

从而可得 SNR 与 γ 的关系

$$\mathrm{SNR} = \frac{A^2}{2\sigma_n^2} = \frac{2}{N}\frac{E_s}{n_0} = \frac{2}{N}\gamma \tag{2-4-17}$$

当抗混叠滤波器带宽和采样频率之间满足 $B = f_m = f_s/2$ 时，$\Delta t = 1/f_s = 1/(2B)$。噪声在采样点之间的相关函数为零(图 2-4-7)，$R_N(\Delta t) = 0$。对于零均值高斯白噪声，采样点之间是统计独立的。

当采样频率高于奈奎斯特采样频率时，采样后噪声的 SNR 与 γ 的关系比较复杂。

①如果 $f_s > 2f_m$，$B = f_m < f_s/2$。与 $f_s = 2f_m$ 时相比，虽然提高采样频率没有影响采样后噪声的功率，但是由于此时 $\Delta t < 1/(2B)$，因此噪声采样点之间的相关函数 $R_N(\Delta t) \neq 0$，如图 2-4-8 所示，即采样点之间具有相关性。这种情况的分析和仿真都比较困难。

②如果 $B = f_s/2 > f_m$。噪声采样点仍为不相关的(sinc 函数主瓣之外幅度近似为零)，SNR 表达式仍为式(2-4-17)。因为对应相同的信号长度 T，采样点数 N 增大，所以采样序列的 SNR 变小。但是对于零均值高斯白噪声情况，因为独立采样点数增加，所以利用 N 个采样点进行处理的效果与 $B = f_m = f_s/2$ 情况相同。仿真中通常针对的是这种情况，即对信号而言是过采样，同时对于高斯白噪声采样点是独立的。因此噪声的仿真和分析都比较方便。应当注意的是此时采样后噪声的方差 $\sigma_N^2 = n_0 f_s/2$ 随采样频率的提高而增加。

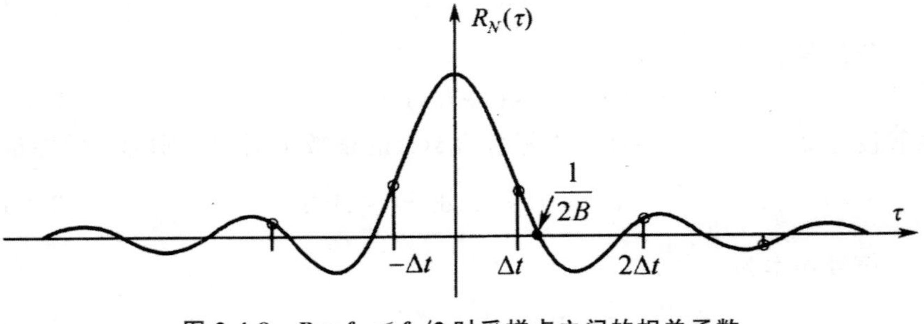

图 2-4-8　$B=f_m<f_s/2$ 时采样点之间的相关函数

若用 $\cos(2\pi f_0 t)$ 进行(数字形式)相关解调，则解调输出噪声为

$$u_N = \sum_{n=1}^{N} \cos(2\pi f_0 n\Delta t)x(n) \tag{2-4-18}$$

其功率为

$$\begin{aligned}\sigma_{u_N}^2 &= \mathrm{var}(u_N) = \mathrm{var}\Big[\sum_{n=1}^{N}\cos(2\pi f_0 n\Delta t)x(n)\Big]\\ &= \sum_{n=1}^{N}\cos^2(2\pi f_0 n\Delta t)\mathrm{var}[x(n)]\\ &= \frac{1}{2}N\sigma_N^2 = \frac{N^2 n_0}{4T}\end{aligned} \tag{2-4-19}$$

相关接收输出信号为

$$\begin{aligned}u_S &= \sum_{n=1}^{N}\cos(2\pi f_0 n\Delta t)s(n)\\ &= A\sum_{n=1}^{N}\cos^2(2\pi f_0 n\Delta t)\\ &= \frac{1}{2}NA\end{aligned} \tag{2-4-20}$$

其功率为

$$P_{u_S} = \frac{1}{4}(NA)^2 \tag{2-4-21}$$

相关接收输出信噪比为

$$\mathrm{SNR}_o = \frac{P_{u_S}}{\sigma_{u_N}^2} = \frac{N^2A^2}{4}\frac{4T}{N^2 n_0} = \frac{TA^2}{n_0} = \frac{2E_s}{n_0} \tag{2-4-22}$$

在满足 $B = f_s/2 \geqslant f_m$ 的情况下，（数字形式的）相关解调输出信噪比与采样频率无关。

2.4.3　白噪声的希尔伯特变换

1. 理想实白噪声过程的希尔伯特变换

理想实白噪声过程 $X(t)$的功率谱密度为 $G_X(\omega) = n_0/2$，自相关函数为 $R_X(\tau) = (n_0/2)\delta(t)$。$X(t)$的希尔伯特变换记作 $\hat{X}(t)$，则根据希尔伯特变换的性质，$\hat{X}(t)$ 的自相关函数为 $R_{\hat{X}}(\tau) = R_X(\tau)$，$X(t)$与 $\hat{X}(t)$ 的互相关函数为 $R_{X\hat{X}}(\tau) = \hat{R}_X(\tau)$。对冲激函数进行希尔伯特变换，得

$$R_{X\hat{X}}(\tau) = \begin{cases}\dfrac{n_0}{\tau}, \tau \neq 0\\ 0, \tau = 0\end{cases} \tag{2-4-23}$$

变换后得到的 $\hat{X}(t)$ 仍为高斯白噪声，但 $X(t)$与 $\hat{X}(t)$ 只有在同一时刻不相关。

图 2-4-9 所示为利用 Matlab 中的 hilbert() 函数对高斯白噪声进行离

散希尔伯特变换,通过 10000 次蒙特卡洛试验得到的 $x(n)$ 与其离散希尔伯特变换 $\hat{x}(n)$ 的互相关函数的结果。

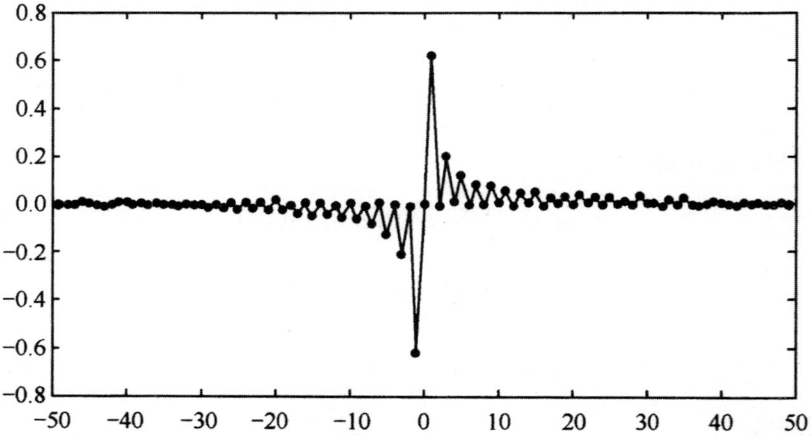

图 2-4-9　白噪声序列与其离散希尔伯特变换的互相关函数仿真结果

$Z(t)$ 是利用 $X(t)$ 与 $\hat{X}(t)$ 构成的解析噪声, $Z(t) = X(t) + \mathrm{j}\hat{X}(t)$。根据解析过程的性质, $Z(t)$ 的自相关函数为

$$\begin{aligned} R_Z(\tau) &= 2[R_X(\tau) + \mathrm{j}R_{XX}(\tau)] \\ &= 2[R_X(\tau) + \mathrm{j}\hat{R}_X(\tau)] \\ &= \begin{cases} \mathrm{j}\,\dfrac{2n_0}{\tau}, \tau \neq 0 \\ \dfrac{n_0}{2}\delta(\tau), \tau = 0 \end{cases} \end{aligned} \tag{2-4-24}$$

由式(2-4-24)可知, $Z(t)$ 不是(复)白噪声。图 2-4-10 是利用相关函数

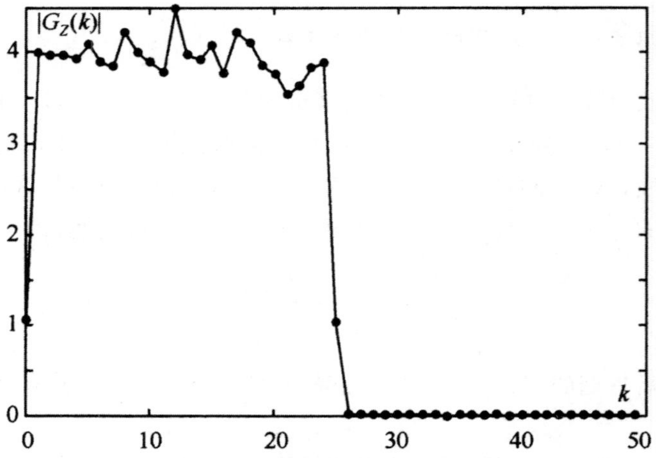

图 2-4-10　解析噪声过程的 PSD

的 DFT 得到的解析噪声 $Z(t)$ 的功率谱密度 $G_Z(k)$ 的 10000 仿真平均的结果，DFT 点数 $N = 50$。可见其 PSD 并不是恒定的。

2. 带限白噪声的希尔伯特变换

低通白噪声过程 $X(t)$的功率谱密度可表示为

$$G_X(\omega) = \begin{cases} \frac{n_0}{2}, |\omega| < \Delta\omega \\ 0, |\omega| > \Delta\omega \end{cases} \tag{2-4-25}$$

$X(t)$的自相关函数为

$$R_X(\tau) = \frac{n_0 \sin(\Delta\omega\tau)}{2\pi\tau} \tag{2-4-26}$$

$X(t)$与 $\hat{X}(t)$ 的互相关函数(图 2-4-11)为

$$\begin{aligned} R_{X\hat{X}}(\tau) = \hat{R}_X(\tau) &= \frac{1}{2\pi}\int_{-\infty}^{\infty}[-\mathrm{j}\,\mathrm{sign}(\omega)]G_X(\omega)\mathrm{e}^{\mathrm{j}\omega\tau}\mathrm{d}\omega \\ &= \mathrm{j}\,\frac{n_0}{4\pi}0\int_{-\Delta\omega}^{\infty}\mathrm{e}^{\mathrm{j}\omega\tau}\mathrm{d}\omega - \int_{0}^{\Delta\omega}\mathrm{e}^{\mathrm{j}\omega\tau}\mathrm{d}\omega \\ &= \begin{cases} \frac{n_0}{2\pi\tau}[1-\cos(\Delta\omega\tau)], \tau \neq 0 \\ 0, \tau = 0 \end{cases} \end{aligned} \tag{2-4-27}$$

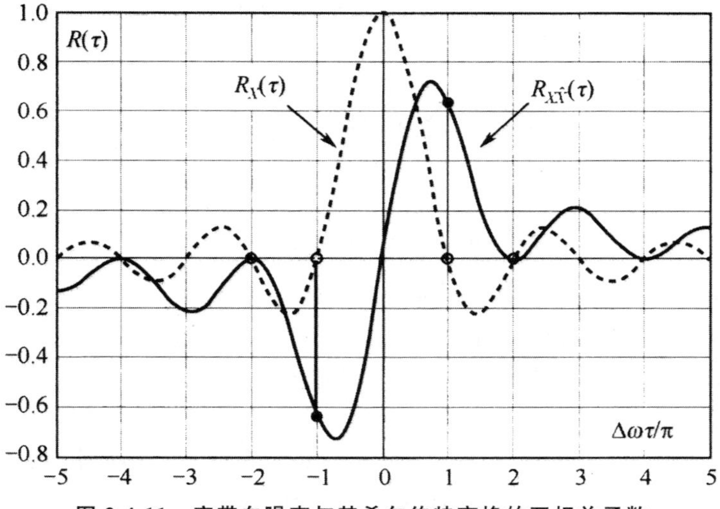

图 2-4-11　窄带白噪声与其希尔伯特变换的互相关函数

用低通白噪声 $X(t)$和其希尔伯特变换 $\hat{X}(t)$ 构成的解析噪声过程 $Z(t) = X(t) + \mathrm{j}\hat{X}(t)$ 的自相关函数为

$$R_Z(\tau) = 2[R_X(\tau) + \mathrm{j}R_{X\hat{X}}(\tau)] = 2[R_X(\tau) + \mathrm{j}\hat{R}_X(\tau)]$$

$$=\begin{cases}\dfrac{n_0\sin(\Delta\omega\tau)}{\pi\tau}+\mathrm{j}\,\dfrac{n_0}{\pi\tau}[1-\cos(\Delta\omega\tau)],\tau\neq 0\\ \dfrac{n_0\Delta\omega}{2\pi},\tau=0\end{cases}\tag{2-4-28}$$

综上，由高斯白噪声经过希尔伯特变换得到的解析噪声过程不是白噪声。

2.5 蒙特卡洛模拟与重要采样

2.5.1 利用蒙特卡洛方法对检测性能评估

当不能用数值计算方法确定随机变量超过某一给定值的概率时，可借助蒙特卡洛计算机模拟方法。在检测问题中，常需要计算一个随机变量或统计量 T 超过某门限 γ 的概率，即 $P_r\{T>\gamma\}$。

例如，某数据集 $\{x[0],x[1],\cdots,x[N-1]\}$，其中 $x[n]\sim N(0,\sigma^2)$，且 $x[n]$ 是独立同分布的，希望计算

$$P_r\left\{\frac{1}{N}\sum_{n=0}^{N-1}x[n]>\gamma\right\}$$

由于可证明

$$T=\frac{1}{N}\sum_{n=0}^{N-1}x[n]\sim N\left(0,\frac{\sigma^2}{N}\right)$$

因而

$$P_r(T>\gamma)=Q\left\{\frac{\gamma}{\sqrt{\sigma^2/N}}\right\}\tag{2-5-1}$$

式中，$Q(x)$ 是标准正态变量超过 x 的概率。

然而，假定不能使用解析的方法，也不能用数值计算的方法计算概率，可以按如下的方法使用计算机模拟来确定 $P_r(T>\gamma)$。

数据产生：

①产生 N 个独立的 $N(0,\sigma^2)$ 随机变量。在 MATLAB 中，使用语句

```
x=sqrt(var) * randn(N,1)
```

产生随机变量 $x[n]$ 的实现组成的 $N\times 1$ 列矢量，其中，var 是方差 σ^2。

②对随机变量的实现计算 $T=\dfrac{1}{N}\sum_{n=0}^{N-1}x[n]$。

③重复过程 M 次，以便产生 T 的 M 个实现，或者 $\{T_1,T_2,\cdots,T_M\}$。

概率计算：

①对 T_i 超过 γ 的次数统计，称为 M_γ。

②用 $\hat{P}=M_\gamma/M$ 来估计概率 $P_r(T>\gamma)$。

注意，这个概率实际上是一个估计概率。M 的选择（也就是实现数）将影响结果，以至于 M_γ 应该逐步增大，直到计算的概率出现收敛。如果真实概率较小，那么 M_γ 可能相当大。例如，如果 $P_r(T>\gamma)=10^{-6}$，那么 $M=10^6$ 个实现中将只有一次超过门限，在这种情况下，M_γ 必须远大于 10^6 才能保证精确的估计概率。如果希望对于 $100(1-\alpha)\%$的置信水平，相对误差的绝对值为

$$\varepsilon=\frac{|\hat{P}-P|}{P}$$

那么，选择的 M 应该满足

$$M\geqslant\frac{[Q^{-1}(\alpha/2)]^2(1-P)}{\varepsilon^2P}\tag{2-5-2}$$

式中，P 是被估计的概率。为了使用蒙特卡洛实现 $\{T_1,T_2,\cdots,T_M\}$ 来确定 $P_r(T>\gamma)$，对实现数提出一定的要求是合理的，实现 $\{T_1,T_2,\cdots,T_M\}$ 是从独立的随机变量中得到的。随机变量 T_i 一般不必是高斯的，只要是独立同分布的(IID)。例如，如果希望确定 $P_r(T>1)$，这个概率 P 为 0.16，要求对于 95%的置信水平，相对误差的绝对值为 $\varepsilon=0.01(1\%)$，那么

$$M\geqslant\frac{[Q^{-1}\times0.025]^2(1-0.16)}{0.01^2\times0.16}\approx2\times10^5$$

当这种方法不可行时，可以采用重要采样(Importance Sampling)来减少计算量。

例 2.5.1(蒲丰针问题)　蒲丰针试验如图 2-5-1 所示。在平面上画一些彼此相距为 a 的平行线。向此平面任投一枚长为 l 的针。设 $l<\alpha$，求此针与任一平行线相交的概率。

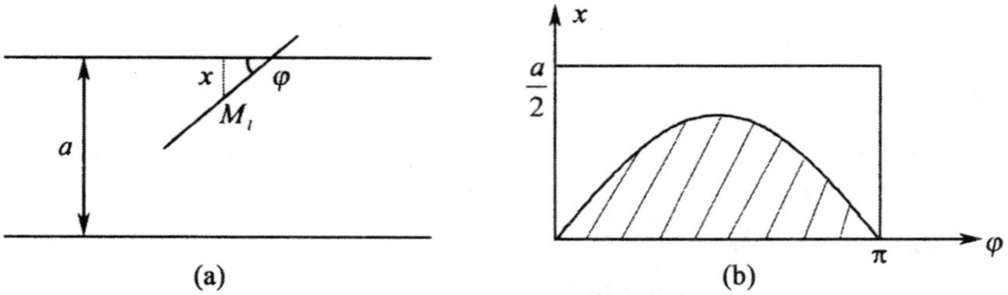

图 2-5-1　蒲丰针试验

解：任投一针的含义是针的中心点 M_l 在平行线之间等概率分布，即

$$p(x)=\begin{cases}\dfrac{2}{a},x\leqslant\dfrac{a}{2}\\0,x>\dfrac{a}{2}\end{cases}$$

针与线的夹角 φ 在 $[0,\pi]$ 内均匀分布，即

$$p(\varphi)=\begin{cases}\dfrac{1}{\pi},0\leqslant\varphi\leqslant\pi\\0,\text{其他}\end{cases}$$

x 与 φ 统计独立。参考图 2-5-1 (a)，容易看出，针与线相交的充要条件为

$$x\leqslant\frac{l}{2}\sin\varphi$$

即 (x,φ) 处在图 2-5-1(b)中阴影区间。因此针与线相交的概率为

$$P=\int_0^\pi\frac{1}{\pi}\int_0^{\frac{l}{2}\sin\varphi}\frac{2}{a}\mathrm{d}x\mathrm{d}\varphi=\frac{1}{\pi a}\int_0^\pi l\sin\varphi\mathrm{d}\varphi=\frac{2l}{\pi a}$$

此概率即图 2-5-1 (b)中阴影部分面积与矩形面积之比。

若投针 N 次，有 M 次与线相交，用频率 $\frac{M}{N}$ 近似概率 P，则有

$$\frac{M}{N}\approx\frac{2l}{\pi a}$$

从而得

$$\pi\approx\frac{2lN}{aM}$$

即通过随机投针试验可以近似计算圆周率 π 的值。

蒲丰针试验可以通过计算机仿真来进行。下面是蒲丰针试验 Matlab 仿真程序及 N 取不同值时的试验结果。

```
%buffon.m
N=100000;
a=2;
L=1;
M=0;
for i=1:N,
  x=0.5*a*rand;
  phi=pi*rand;
  if x<=0.5*L*sin(phi)
    M=M+1;
  end
end
```

P=2 * L * N/(a * M)

蒲丰针试验计算机仿真结果：

N	10^2	10^3	10^4	10^5	10^6	10^7	10^8
π	3.4483	3.0796	3.1221	3.1527	3.1384	3.1411	3.1418

例 2.5.2(随机投点法计算定积分)　计算下面定积分

$$I=\int_0^1 g(x)\mathrm{d}x$$

设 $g(x)$ 在[0,1]区间内变化。显然 $I=\int_0^1 g(x)\mathrm{d}x$ 又等于 $y=g(x)$ 与 x 轴、y 轴及 $x=1$ 所围的面积。

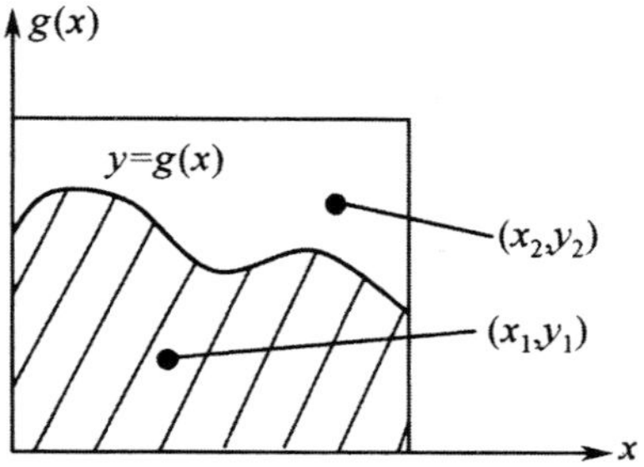

图 2-5-2　随机投点计算定积分

设在 $0\leqslant x\leqslant 1, 0\leqslant y\leqslant 1$ 的单位正方形之内随机地投一点。点的坐标 (x_i, y_i) 是相互独立的在[0,1]内均匀分布的随机变量。显然，随机投点落在曲线 $y=g(x)$ 之下的概率等于所求之面积，即

$$P=P[y\leqslant g(x)]=\int_0^1\int_0^{g(x)}\mathrm{d}y\mathrm{d}x=\int_0^1 g(x)\mathrm{d}x=I$$

这个试验也可以用计算机来进行。产生两个相互独立的在[0,1]内均匀分布的随机数 (x_i, y_i)，作为随机点的坐标。然后统计 $y=g(x)$ 的个数 M 与总数 N 之比即为概率的近似值，即

$$I=P\approx\frac{M}{N}$$

例如，利用随机投点法计算贝塞尔函数。零阶修正贝塞尔函数的定义为

$$I_0(x)=\frac{1}{2\pi}\int_0^{2\pi}\mathrm{e}^{x\cos\varphi}\mathrm{d}\varphi$$

由于被积函数 $\mathrm{e}^{x\cos\varphi}$ 的原函数无闭合形式表示式，所以贝塞尔函数不能直接计算。为了用随机投点法计算 $I_0(x)$，首先将自变量和被积函数的取

值范围都变换到[0,1]内，定义为

$$J_0(x) = \frac{1}{e^x}\int_0^{2\pi} e^{x\cos 2\pi t} dt$$

显然，对于给定的 x，可以用随机投点法计算 $J_0(x)$，然后通过 $I_0(x) = e^x J_0(x)$ 计算 $I_0(x)$。计算贝塞尔函数的MATLAB仿真程序及仿真结果如下。

```
%besseli_mont_carlo.m
N=1000000;
u=3;
M=0;
for i=1:N,
   x=rand;
   y=rand;
   if y<=exp(u*cos(2*pi*x))/exp(u)
      M=M+1;
   end
end
P=M/N*exp(u)
besseli(0,u)
```

贝塞尔函数仿真结果(N=1000000)

X	**0.5**	**1.0**	**1.5**	**2.0**	**2.5**	**3.0**	**3.5**	**4.0**
$I_0(x)$ 仿真值	1.0634	1.2655	1.6473	2.2791	3.2897	4.8773	7.3931	11.2878
$I_0(x)$ 理论值	1.0635	1.2661	1.6467	2.2796	3.2898	4.8808	7.3782	11.3010

由于 e^x 项对误差有放大作用，所以用上述方法计算的 $I_0(x)$ 的误差随 x 的增大而增大。

例 2.5.3 考察噪声中正弦信号相位的估计问题。设观测数据为

$$x(n) = A\cos(2\pi f_0 n + \phi) + v(n), n = 0,1,\cdots,N-1$$

其中，$v(n)$ 为已知方差 σ^2 的高斯白噪声，正弦信号的频率 f_0 假定是已知的。一种 ϕ 的估计量为

$$\hat{\phi} = \arctan\left(-\frac{\sum_{n=0}^{N-1} x(n)\sin(2\pi f_0 n)}{\sum_{n=0}^{N-1} x(n)\cos(2\pi f_0 n)}\right) \tag{2-5-3}$$

该估计量为相位 ϕ 的一种非线性估计。

从式(2-5-3)可知，估计结果 $\hat{\phi}$ 的统计特征与数据长度 N、信噪比 SNR、正弦信号的幅度 A、频率 f_0、相位 ϕ 等都有关系。

以下在 $A=1$、$f_0=0.05$、$\phi=\pi/3$、$N=256$ 的情况下，利用蒙特卡罗仿真考察信噪比变化时估计量易统计特征(均值偏差及方差)的变化。对不同 SNR 情况进行蒙特卡罗仿真的 MATLAB 代码如下：

```
A=1;f0=0.05;phi=pi/3;
N=256;
num=1000;   %蒙特卡罗仿真次数
SNR=-20:2:10;
sigma2=sqrt(A^2./(2*10.^(SNR/20)));
for k=1:length(sigma2)
   for mnt=1:num
      n=0:N-1;
      w=siqma2(k)*randn(size(n));
      x=A*cos(2*pi*f0*n+phi)+w;
      phi_est(mnt)=atan(-sum(x.*sin(2*pi*f0*n))/sum(x.*
cos(2*pi*f0*n)));
   end
   phi_mu(k)=mean(phi_est)-phi;
   phi_var(k)=var(phi_est);
end
figure;plot(SNR,phi_mu,'*-');
xlabel('SNR/dB');ylabel('均值偏差');
axis([min(SNR),max(SNR)-phi/2 phi/2]);
figure;plot(SNR,phi_var,'*-');
xlabel('SNR/dB');ylabel('方差');
```

仿真结果如图 2-5-3 所示。

2.5.2　随机数的产生

1. 均匀分布随机数的产生

产生均匀分布随机数的方法有多种，在这里主要介绍乘同余法。

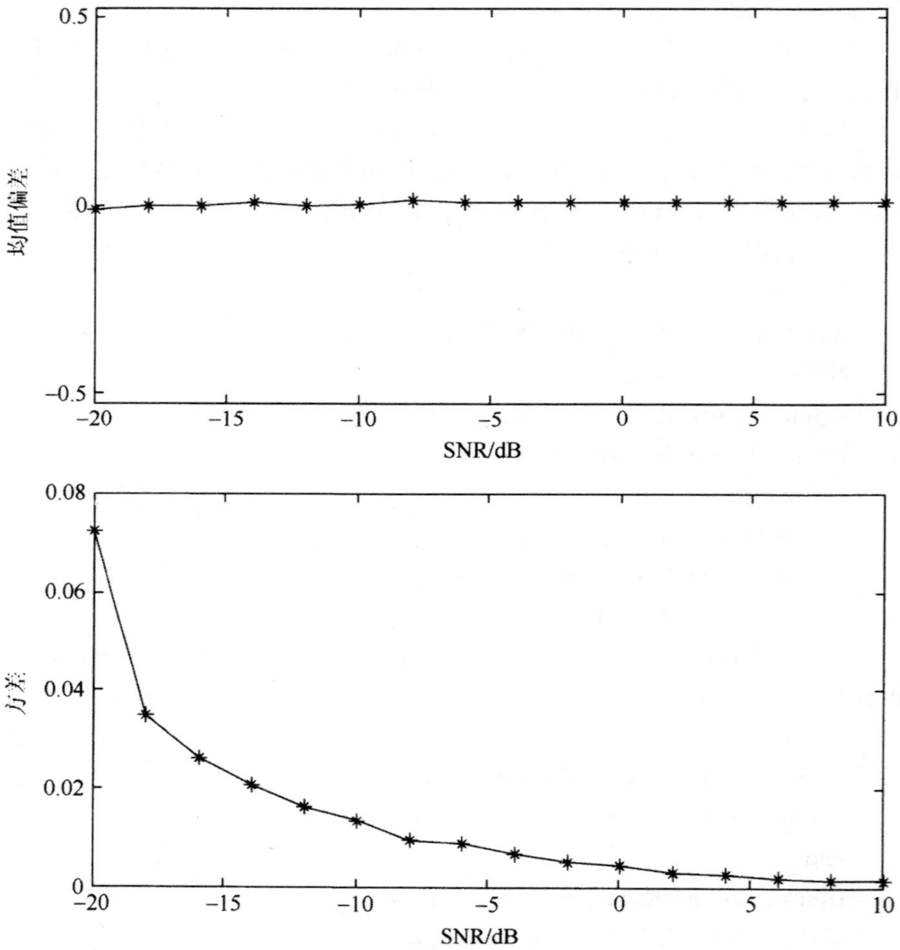

图 2-5-3　估计量 $\hat{\phi}$ 的均值偏差及方差与 SNR 的关系

乘同余法用下面的迭代公式产生均匀分布随机数

$$x_n = \lambda x_{n-1} (\mathrm{mod} M) \tag{2-5-4}$$

其中，λ 为乘因子；M 是模数；mod 表示模除。给定一个初始值 x_0 后，便可按上式递推 $x_1, x_2, \cdots, x_n$。因为 x_i 的取值为 $0 \sim M-1$ 之间的整数，所以最多有 M 个不同的值，即序列 $\{x_i\}$ 是周期性重复的，重复周期 $L \leqslant M$。但若 L 足够大，在一次试验时间内，可以将 $\{x_i\}$ 当作随机数。显然，x_n 服从均匀分布。只要 λ、x_0 和 M 选得合适，就可以用这种方法产生满足要求的随机数。例如，对于 32 位的 long integer 类型，可以选择 $x_n = 65539 \cdot x_{n-1} (\mathrm{mod} 2^{31})$，因 $65539 = 2^{16} + 3$，所以该乘法可以用移位和加法实现。x_n 在 $[0, M]$ 上均匀分布，令 $y_n = x_n / M$，则 y_n 在$[0,1]$上均匀分布。均匀分布随机数是产生任意分布随机数的基础。有多种方法由均匀分布随机数来产生其他分布的随机数。

2.任意分布随机数的产生

(1)反函数法

若随机变量 η 的连续分布函数为 $F(x)$，而 ξ 是在[0,1]上均匀分布的随机数,其概率密度函数记为 $g(x)$，分布函数记为 $G(x)$，如图 2-5-4 所示。

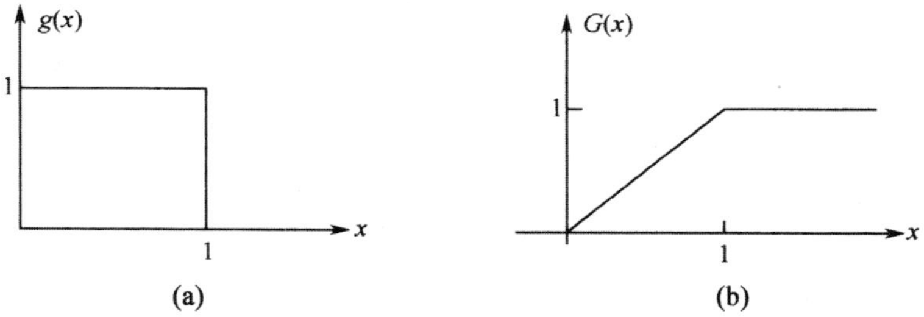

图 2-5-4　均匀分布随机变量的概率密度函数和分布函数

$$G(x)=\begin{cases}0, x<0\\ x, 0\leqslant x\leqslant 1\\ 1, x>1\end{cases} \tag{2-5-5}$$

则

$$\eta=F^{-1}(\xi) \tag{2-5-6}$$

证明：

$$\begin{aligned}P(\eta<x)&=P[F^{-1}(\xi)<x]=P[\xi<F(x)]\\&=G[F(x)]=F(x)\end{aligned}$$

第一步根据式(2-5-6)得到。第二步是根据任意随机变量的分布函数为单调不减函数,所以用 $F(x)$ 作用在上式右端括号内的不等式两端该不等式仍成立。第三步是根据分布函数的定义得到的。最后一步利用了均匀分布随机数的分布函数的特点(图 2-5-4)。式(2-5-6)表明,由均匀分布随机数 ξ 按式(2-5-6)产生的随机数 η 的分布函数为 $F(x)$。

式(2-5-6)也可以写成

$$\xi=F(\eta) \tag{2-5-7}$$

即 η 是式(2-5-7)的解。

若进一步假设 η 具有概率密度函数 $f(x)$，则式(2-5-7)可以写成

$$\xi=\int_{-\infty}^{\eta}f(x)\mathrm{d}x \tag{2-5-8}$$

因此,利用在[0,1]上均匀分布的随机数 ξ，通过解上述方程便可得到

概率密度函数为 $f(x)$ 的随机数。这种方法要求 $F(x)$ 的反函数存在。

例 2.5.4 利用反函数法产生具有指数分布的随机数。即 $f(x)=\lambda e^{-\lambda x}, x\geqslant 0$，其中，$\lambda>0$ 为指数分布的参数。

解：由式(2-5-8)得

$$\xi=\int_{-\infty}^{y}\lambda e^{-\lambda x}\,dx=1-e^{-\lambda y}$$

所以

$$y=-\frac{1}{\lambda}\ln(1-\xi)$$

因为 ξ 在[0,1]上均匀分布，$1-\xi$ 也在[0,1]上均匀分布。故上式也可简化为

$$y=-\frac{1}{\lambda}\ln(\xi)$$

注意，实际编程实现时应去掉 $\xi=0$ 的值。

(2)坐标变换法

1)正态分布随机数的产生

设 ξ_1 和 ξ_2 是两个相互独立的在[0,1]上均匀分布的随机数，进行如下变换

$$\begin{cases}\eta_1=(-2\ln\xi_1)^{\frac{1}{2}}\cos(2\pi\xi_2)\\ \eta_2=(-2\ln\xi_1)^{\frac{1}{2}}\sin(2\pi\xi_2)\end{cases}\tag{2-5-9}$$

则 η_1 和 η_2 是两个相互独立的 $N(0,1)$ 正态分布随机数。

证明：ξ_1 和 ξ_2 的联合概率密度函数为

$$f(\xi_1,\xi_2)=\begin{cases}1, 0\leqslant\xi_1\leqslant 1, 0\leqslant\xi_2\leqslant 1\\ 0, \text{其他}\end{cases}\tag{2-5-10}$$

所以 η_1 和 η_2 的联合概率密度函数为

$$f(\eta_1,\eta_2)=|J|f(\xi_1,\xi_2)\tag{2-5-11}$$

其中，J 为雅可比行列式。

由式(2-5-9)可解出

$$\xi_1=\exp\left(-\frac{\eta_1^2+\eta_2^2}{2}\right)\tag{2-5-12}$$

$$\xi_2=\frac{1}{2\pi}\tan^{-1}\left(-\frac{\eta_2}{\eta_1}\right)\tag{2-5-13}$$

从而可得雅可比行列式的值为

$$J=\frac{\partial(\xi_1,\xi_2)}{\partial(\eta_1,\eta_2)}=\begin{vmatrix}-\eta_1\exp\left(-\frac{\eta_1^2+\eta_2^2}{2}\right) & -\eta_2\exp\left(-\frac{\eta_1^2+\eta_2^2}{2}\right)\\ \frac{1}{2\pi}\frac{-\eta_2}{\eta_1^2+\eta_2^2} & \frac{1}{2\pi}\frac{\eta_1}{\eta_1^2+\eta_2^2}\end{vmatrix}$$

$$=-\frac{1}{2\pi}\exp\left(-\frac{\eta_1^2+\eta_2^2}{2}\right)$$

$$=-\left(\frac{1}{\sqrt{2\pi}}e^{-\frac{\eta_1^2}{2}}\right)\left(\frac{1}{\sqrt{2\pi}}e^{-\frac{\eta_2^2}{2}}\right) \tag{2-5-14}$$

故

$$f(\eta_1,\eta_2)=\left|\frac{\partial(\xi_1,\xi_2)}{\partial(\eta_1,\eta_2)}\right|f(\xi_1,\xi_2)$$

$$=-\left(\frac{1}{\sqrt{2\pi}}e^{-\frac{\eta_1^2}{2}}\right)\left(\frac{1}{\sqrt{2\pi}}e^{-\frac{\eta_2^2}{2}}\right) \tag{2-5-15}$$

即 $f(\eta_1,\eta_2)$ 为两个相互独立的 $N(0,1)$ 分布的乘积。所以 η_1 和 η_2 为相互独立的服从 $N(0,1)$ 分布的随机数。有了 $N(0,1)$ 分布的随机数很容易产生 $N(m,\sigma^2)$ 分布的随机数。

2)瑞利分布随机数的产生

瑞利分布随机数的概率密度函数为

$$f(r)=\frac{r}{\sigma^2}\exp\left(-\frac{r^2}{2\sigma^2}\right),r\geqslant 0$$

因为瑞利分布是二维正态分布 $f(x,y)=\frac{1}{2\pi\sigma^2}\exp\left(-\frac{x^2+y^2}{2\sigma^2}\right)$ 的随机数 x 和 y 的幅度 $r=\sqrt{x^2+y^2}$ 的分布，所以瑞利分布随机数可以这样产生：

①产生两个相互独立的正态分布 $N(0,\sigma^2)$ 随机数 x 和 y。

②计算 $r=\sqrt{x^2+y^2}$，则 r 即为参数为 σ 的瑞利分布随机数。

2.5.3　重要采样

1. 重要采样原理

设 y 为随机变量，其概率密度函数为 $p(y)$，分布函数为 $P(y)$。计算 y 超过门限 Y 的概率(若 y 表示噪声，则该概率即为虚警概率)

$$Q(Y)=\int_Y^{\infty}p(\xi)\mathrm{d}\xi=1-\int_{-\infty}^{Y}p(\xi)\mathrm{d}\xi=1-P(Y)$$

在实际问题中，上面的积分往往不能用解析的方法进行。为此，用下面的方法对 $Q(Y)$进行估计。

定义

$$D_Y(y)=\begin{cases}1,y\geqslant Y\\0,y<Y\end{cases} \tag{2-5-16}$$

于是，有

$$E[D_Y(Y)] = \int_{-\infty}^{+\infty} D_Y(y)p(y)\mathrm{d}y = \int_{Y}^{\infty} p(y)\mathrm{d}y$$

$$= 1 - \int_{-\infty}^{Y} p(y)\mathrm{d}y = 1 - P(Y) = Q(Y) \qquad (2\text{-}5\text{-}17)$$

因此可以用统计试验的方法估计 $Q(Y)$。首先产生概率密度函数为 $p(y)$ 的随机数 y，然后按式(2-5-16)计算 $D_Y(y)$，通过多次试验估计 $D_Y(y)$ 的平均值可作为 $Q(Y)$的估计值。下面考察 $D_Y(y)$ 的方差。

$$E[D_Y^2(y)] = \int_{-\infty}^{+\infty} D_Y^2(y)p(y)\mathrm{d}y$$

$$= \int_{Y}^{\infty} p(y)\mathrm{d}y = Q(Y) \qquad (2\text{-}5\text{-}18)$$

$$\mathrm{var}[D_Y(y)] = E[D_Y^2(y)] - E^2[D_Y(y)]$$

$$= Q(Y) - Q^2(Y)$$

$$= Q(Y)P(Y) \qquad (2\text{-}5\text{-}19)$$

因为虚警概率一般很小，即 $Q(Y) \ll 1$。因此 $P(Y) \approx 1$，所以 $D_Y(y)$ 的方差可以近似为

$$\mathrm{var}[D_Y(y)] \approx Q(Y) = E[D_Y(y)] \qquad (2\text{-}5\text{-}20)$$

N 次试验估计 $D_Y(y)$ 的平均值为

$$\hat{Q}(y) = \frac{1}{N}\sum_{i=i}^{N} D_Y(y_i) \qquad (2\text{-}5\text{-}21)$$

$\hat{Q}(y)$ 的统计平均值和方差分别为

$$E[\hat{Q}(y)] = \frac{1}{N}\sum_{i=i}^{N} E[D_Y(y_i)]$$

$$= E[D_Y(y)] = Q(Y) \qquad (2\text{-}5\text{-}22)$$

$$\mathrm{var}[\hat{Q}(y)] = \frac{1}{N^2}\sum_{i=i}^{N} E[D_Y(y_i)]$$

$$= \frac{1}{N}\mathrm{var}[D_Y(y)] \approx \frac{1}{N}Q(Y) \qquad (2\text{-}5\text{-}23)$$

可见 $\hat{Q}(y)$ 的方差随 N 的增加而减小。为使估计值具有实际意义，一般要求估值的标准差(均方差)远小于均值，即

$$\mathrm{std}[\hat{Q}(y)] = \sqrt{\frac{1}{N}Q(Y)} \ll Q(Y) \qquad (2\text{-}5\text{-}24)$$

即要求

$$N \gg \frac{1}{Q(Y)} \qquad (2\text{-}5\text{-}25)$$

例如 $Q(Y)=10^{-6}$，则要求 $N \gg 10^6$。因为 $Q(Y)=10^{-6}$ 意味着 $D_Y(y)=1$

平均在 10^6 次试验中才有可能出现一次，所以只有 $N \gg 10^6$ 时上述估值才有意义。由此可见对小概率事件的模拟试验，要达到一定的精度必须进行很多次的试验，这给实际应用带来了一定的困难。

上述情况出现的原因是所要模拟的事件在所进行的试验中出现的概率很小，相当于用蒙特卡洛模拟计算示意图 2-5-5 中黑色部分的面积。由于所要计算的面积太小，因而很难保证精度。若能改变 $p(y)$ 曲线，使 $Q(Y)$ 所包含的面积增加（图 2-5-5 中阴影部分的面积），则比较容易计算。

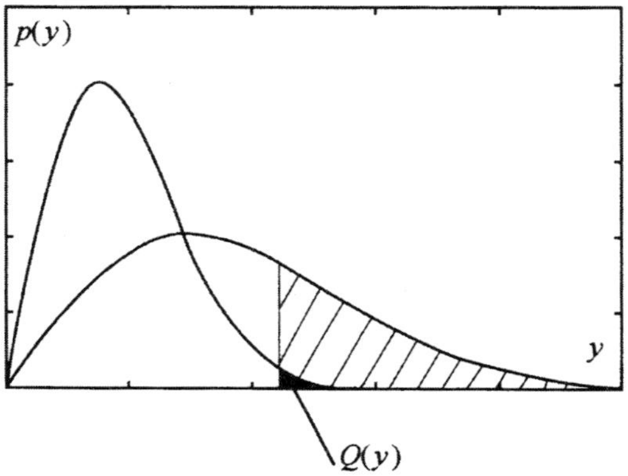

图 2-5-5　蒙特卡洛模拟计算 $Q(Y)$ 示意图

重要采样技术是雷达系统中估计虚警概率以及通信系统中估计错误概率等小概率事件的计算机仿真实验中常用的一种方差修正方法，其基本思想是修改原来的随机变量，使所关心的小概率事件出现的概率变大。对于上面的问题，应当使对 $Q(Y)$ 贡献较大的（即曲线尾部）y 多出现一些。为此，可以改变 y，使其概率密度函数变为 $p_m(y)$。若对分布改变的随机变量用同样的门限 y 进行上述处理，则得到的结果不再是 $Q(Y)$。为了使得最后得到的结果仍然是 $Q(Y)$，应对上述的修改进行补偿。方法是在 $D_Y(y)$ 后乘上一个加权系数 $w(y)$，处理过程如图 2-5-6 所示。

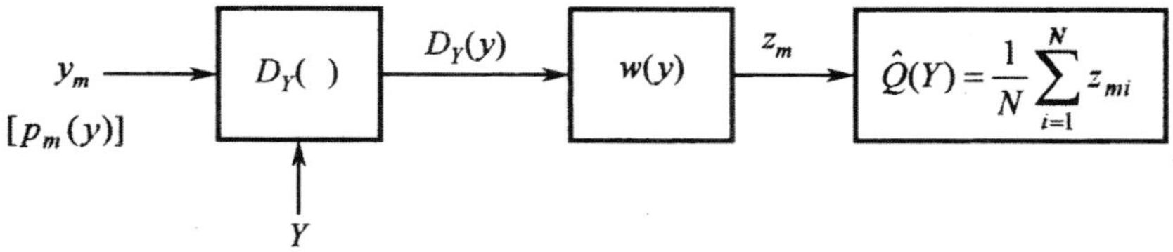

图 2-5-6　重要采样原理框图

从而使 $E[z_m]=Q(Y)$，即

$$\int_Y^{\infty} D_Y(y)w(y)p_m(y)\mathrm{d}y = \int_Y^{\infty} D_Y(y)p(y)\mathrm{d}y \tag{2-5-26}$$

为使上式成立，应有

$$w(y)p_m(y) = p(y) \tag{2-5-27}$$

或

$$w(y) = \frac{p(y)}{p_m(y)} \tag{2-5-28}$$

采用重要采样技术提高蒙特卡洛模拟效率的具体做法是：首先对所要模拟的随机变量 y 的概率密度函数 $p(y)$ 进行修改，结果记为 $p_m(y)$，对应的随机变量为 y_m。修改 $p(y)$ 的目的是使感兴趣的事件（这里是 $p(y)$ 曲线的尾部）出现的概率增加，从而可以用较少次数的试验取得较高的精度。为了使修改之后的随机变量均值的估计值仍为所期望的值，在计算估值前用 $w(y)$ 对其进行补偿，即按下式计算 $Q(Y)$ 的估值。

$$\hat{Q}(y) = \frac{1}{N}\sum_{i=i}^{N} D_Y(y_i)w(y) \tag{2-5-29}$$

其中，$D_Y(y_i)$ 为概率密度函数修改之后的随机变量 y_m 按式(2-5-16)与门限 Y 比较之后的结果，$w(y)$ 由式(2-5-28)确定。

2. 重要采样实例

(1)指数分布情况

如何应用重要采样原理以较少的试验次数获得精度较高的 $Q(Y)$ 的估计值？下面以指数分布随机变量为例，对该问题进行展开。

设

$$p(y) = \frac{1}{\lambda}\exp\left(-\frac{y}{\lambda}\right), y \geqslant 0 \tag{2-5-30}$$

易得

$$Q(Y) = \exp\left(-\frac{Y}{\lambda}\right) \tag{2-5-31}$$

下面用蒙特卡洛模拟通过重要采样技术计算 $Q(Y)$。为了减少试验次数，改变 $p(y)$，即加大 λ 值。修改后的概率密度函数为

$$p_m(y) = \frac{1}{\lambda_m}\exp\left(-\frac{y}{\lambda_m}\right), y \geqslant 0 \tag{2-5-32}$$

于是

$$w(y) = \frac{p(y)}{p_m(y)} = \frac{\lambda_m}{\lambda}\exp\left[-\left(\frac{1}{\lambda} - \frac{1}{\lambda_m}\right)y\right] \tag{2-5-33}$$

令

$$z_m = D_Y(y)w(y) \tag{2-5-34}$$

则

$$
\begin{aligned}
E(z_m) &= \int_Y^{\infty} D_Y(y) w(y) p_m(y) \mathrm{d}y \\
&= \int_Y^{\infty} D_Y(y) p(y) \mathrm{d}y \\
&= Q(Y) = \exp\left(-\frac{Y}{\lambda}\right)
\end{aligned}
\tag{2-5-35}
$$

$$
\begin{aligned}
E(z_m^2) &= \int_{-\infty}^{+\infty} D_Y^2(y) w^2(y) p_m(y) \mathrm{d}y = \int_Y^{\infty} w(y) p(y) \mathrm{d}y \\
&= \int_Y^{\infty} \frac{\lambda_m}{\lambda} \exp\left[-\left(\frac{1}{\lambda} - \frac{1}{\lambda_m}\right) y\right] \frac{1}{\lambda} \exp\left(-\frac{y}{\lambda}\right) \mathrm{d}y \\
&= \int_Y^{\infty} \frac{\lambda_m}{\lambda^2} \exp\left[-\left(\frac{2}{\lambda} - \frac{1}{\lambda_m}\right) y\right] \mathrm{d}y \\
&= \frac{\dfrac{\lambda_m}{\lambda^2}}{\dfrac{2}{\lambda - \dfrac{1}{\lambda_m}}} \exp\left[-\left(\frac{2}{\lambda} - \frac{1}{\lambda_m}\right) Y\right] \\
&= \frac{\lambda_m}{\lambda\left(2 - \dfrac{\lambda}{\lambda_m}\right)} \exp\left[-\left(\frac{2}{\lambda} - \frac{1}{\lambda_m}\right) Y\right]
\end{aligned}
\tag{2-5-36}
$$

所以

$$
\begin{aligned}
\operatorname{var}(z_m) &= E(z_m^2) - E^2(z_m) \\
&= \left[\frac{\lambda_m}{\lambda\left(2 - \dfrac{\lambda}{\lambda_m}\right)} \exp\left(\frac{Y}{\lambda_m}\right) - 1\right] \exp\left(-\frac{2Y}{\lambda}\right)
\end{aligned}
\tag{2-5-37}
$$

$$
\frac{\operatorname{var}(z_m)}{E(z_m^2)} = \frac{\lambda_m}{\lambda\left(2 - \dfrac{\lambda}{\lambda_m}\right)} \exp\left(\frac{Y}{\lambda_m}\right) - 1 \tag{2-5-38}
$$

若进行 N 次独立试验并计算

$$
\hat{Q}(Y) = \frac{1}{N} \sum_{i=i}^{N} z_{mi} \tag{2-5-39}
$$

则

$$
E[\hat{Q}(Y)] = E(z_m) \tag{2-5-40}
$$

$$
\operatorname{var}[\hat{Q}(Y)] = \frac{1}{N} \operatorname{var}(z_m) \tag{2-5-41}
$$

所以

$$
\frac{\operatorname{var}[\hat{Q}(Y)]}{E^2[\hat{Q}(Y)]} = \frac{1}{N} \left[\frac{\lambda_m}{\lambda\left(2 - \dfrac{\lambda}{\lambda_m}\right)} \exp\left(\frac{Y}{\lambda_m}\right) - 1\right] \tag{2-5-42}
$$

假设 $\lambda_m \gg \lambda$，于是式(2-5-42)可近似为

$$\frac{\operatorname{var}[\hat{Q}(Y)]}{E^2[\hat{Q}(Y)]}=\frac{1}{N}\left[\frac{\lambda_m}{2\lambda}\exp\left(\frac{Y}{\lambda_m}\right)-1\right] \tag{2-5-43}$$

下面讨论如何确定 λ_m 对于给定的 N 使式(2-5-43)达到最小。为此,上式对 λ_m 求导数,并令结果等于零,即

$$\frac{\partial}{\partial\lambda_m}\left(\frac{\operatorname{var}[\hat{Q}(Y)]}{E^2[\hat{Q}(Y)]}\right)=\frac{1}{N}\left[\frac{1}{2\lambda}\exp\left(\frac{Y}{\lambda_m}\right)-\frac{Y}{2\lambda\lambda_m}\exp\left(\frac{Y}{\lambda_m}\right)\right]=0 \tag{2-5-44}$$

解出

$$\lambda_m=Y \tag{2-5-45}$$

在最小值处

$$\frac{\operatorname{var}[\hat{Q}(Y)]}{E^2[\hat{Q}(Y)]}=\frac{1}{N}\left[\frac{eY}{2\lambda}-1\right] \tag{2-5-46}$$

若取 $Q(Y)=10^{-6}$,则根据式(2-5-35)可得,$Y=13.8\lambda$,因而 $\lambda_m=13.8\lambda$,代入式(2-5-46)得

$$\frac{\operatorname{var}[\hat{Q}(Y)]}{E^2[\hat{Q}(Y)]}=\frac{17.8}{N} \tag{2-5-47}$$

若直接进行蒙特卡洛模拟,$\frac{\operatorname{var}[\hat{Q}(Y)]}{E^2[\hat{Q}(Y)]}=\frac{10^6}{N}$。可见对于相同的试验次数,采用重要采样技术得到的 $Q(Y)$ 的精度大大提高。本例中 $Q(Y)$ 有解析表达式,可以按式(2-5-31)进行计算,实际当中并不需要利用蒙特卡洛模拟来估计。下面的例子则由于 $Q(Y)$ 没有解析表达式,蒙特卡洛模拟是一种代替数值计算的实用的方法。

(2)高斯分布情况

设 x 为零均值,方差为 σ^2 的高斯分布随机变量,即

$$p(x)=\frac{1}{\sqrt{2\pi}\sigma}\exp\left(-\frac{x^2}{2\sigma^2}\right) \tag{2-5-48}$$

利用重要采样原理计算 $Q(Y)=\int_Y^{\infty}p(y)\mathrm{d}x$。修改 $p(x)$,将其方差改为 σ_m^2,即

$$p_m(x)=\frac{1}{\sqrt{2\pi}\sigma_m}\exp\left(-\frac{x^2}{2\sigma_m^2}\right) \tag{2-5-49}$$

加权系数为

$$w(x)=\frac{p(x)}{p_m(x)}=\frac{\sigma_m}{\sigma}\exp\left[-\left(\frac{1}{\sigma^2}-\frac{1}{\sigma_m^2}\right)\frac{x^2}{2}\right] \tag{2-5-50}$$

根据式(2-5-35),有

$$E(z_m)=Q(Y) \tag{2-5-51}$$

$$E(z_m^2)=\int_Y^{\infty}p(x)w(x)\mathrm{d}x$$
$$=\frac{\sigma_m}{\sigma}\Big/\sqrt{2-\sigma^2/\sigma_m^2}\cdot Q\left(Y\sqrt{2-\sigma^2/\sigma_m^2}\right)\qquad(2\text{-}5\text{-}52)$$

于是,有

$$\frac{\operatorname{var}[\hat{Q}(Y)]}{E^2[\hat{Q}(Y)]}=\frac{E[\hat{Q}^2(Y)]}{E^2[\hat{Q}(Y)]}-1$$
$$=\frac{1}{N}\left[\frac{\sigma_m Q\left(Y\sqrt{2-\sigma^2/\sigma_m^2}\right)}{\sigma Q^2(Y)\sqrt{2-\sigma^2/\sigma_m^2}}-1\right]\qquad(2\text{-}5\text{-}53)$$

σ_m 的选择应使式(2-5-53)达到最小。对于给定的 Y,可用数值方法求上式最小值对应的 σ_m。$Q(Y)$不同,Y 也就不同,求出的最佳 σ_m 也不同。例如,若 $Q(Y)=10^{-6}$,或 $Y=4.7\sigma$,则 $\sigma_m=4.78\sigma$。但在 $4.0<\sigma_m/\sigma<5.5$ 范围内,$\frac{\operatorname{var}[\hat{Q}(Y)]}{E^2[\hat{Q}(Y)]}$ 的值变化不大。因而,在一定范围内可选 $\sigma_m\approx Y$。

(3)试验结果

图 2-5-7(a)和图 2-5-7 (b)分别给出了利用重要采样计算 $\lambda=1$ 的指数分布 $Q(Y)$的 1000 次和 10000 次蒙特卡洛试验结果。图中实线表示蒙特卡洛试验结果,虚线为理论计算结果。根据前面分析,对于参数 $\lambda=1$ 的指数分布,若 $Q(Y)=10^{-6}$,λ_m 的最佳值为 13.8。但试验结果 λ_m 在很大范围内(5～50),都能取得满意的结果。

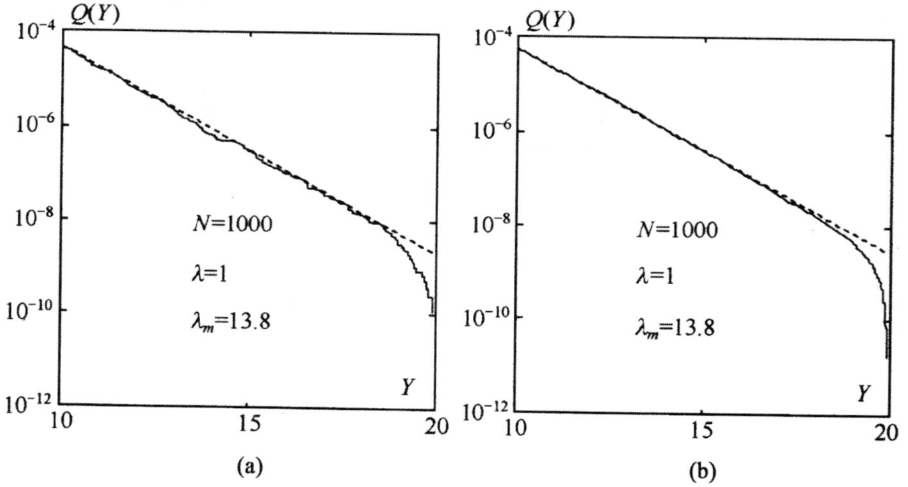

图 2-5-7　利用重要采样计算指数分布 $Q(Y)$的模拟结果(实线)与理论计算结果(虚线)对比

(a)$N=1000$;(b)$N=10000$

图 2-5-8 (a)和图 2-5-8 (b)分别给出利用重要采样计算标准正态分布(均值为零、方差为 1)$Q(Y)$的 1000 次和 10000 次蒙特卡洛试验结果。图中实线表示蒙特卡洛试验结果,虚线为理论计算结果。根据前面分析,方差等于 1 的正态分布,在 $Q(Y)=10^{-6}$ 附近,λ_m 的最佳值为 4.78,实验表明 λ_m 在 2～8 范围内取值,蒙特卡洛试验结果与理论值都很接近。

试验结果表明,对于 $Q(Y)=10^{-6}$,利用重要采样技术计算指数分布的 $Q(Y)$,蒙特卡洛试验次数 $N=1000$ 便可达到很高的精度。在 $Q(Y)=10^{-6}$ 附近,利用重要采样技术计算正态分布的 $Q(Y)$,蒙特卡洛试验次数 $N=10000$ 便可达到很高的精度。若直接进行蒙特卡洛试验,则两者的试验次数至少都要大于 10^7。

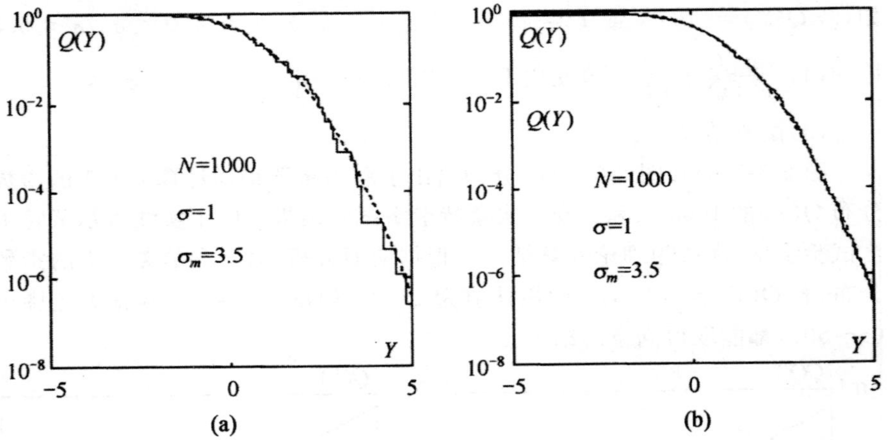

图 2-5-8 利用重要采样计算正态分布 $Q(Y)$的模拟结果(实线)与理论计算结果(虚线)对比

(a)$N=1000$;(b)$N=10000$

第3章　信号的统计检测理论

现实生活中，人们常常会根据观测数据对事件产生的原因做出判决。例如，在 GPS 系统中，根据接收机接收信号判断是否含有 GPS 信号；再如，根据天气观测所获数据预测某地区次日的天气情况等。这些问题都是需要利用假设检验理论来解决的判决问题。

本章简要介绍了统计检测理论的基本概念，分析了假设检验理论中的贝叶斯准则、最小总错误概率准则与最大似然准则、最大后验概率准则、极小化极大准则、奈曼-皮尔逊准则，以及 M 元信号的统计检测和复合假设检验。

3.1　信号统计检测理论的概念

3.1.1　二元信号状态的统计检测

1. 信号状态统计检测理论的模型

二元信号状态统计检测理论的模型如图 3-1-1 所示。

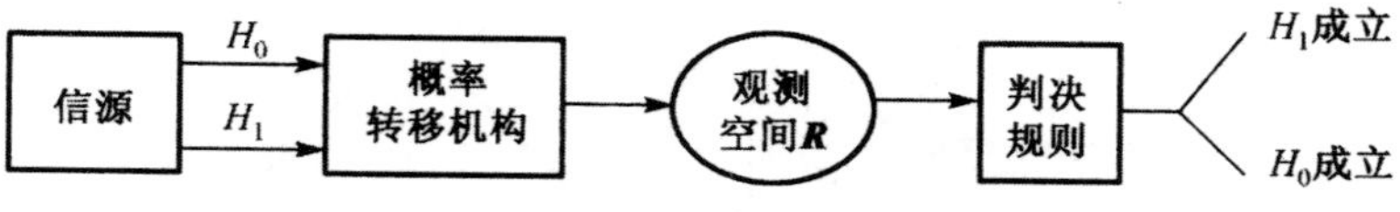

图 3-1-1　二元信号状态统计检测理论的模型

模型由以下 4 部分组成。

(1)信源

信源在某一时刻产生、输出两种信号状态中的一种。为了分析方便，我们把输出的两种状态信号分别标记为假设 H_0 与假设 H_1。

(2)概率转移机构

概率转移机构将信源输出的假设 $H_j\,(j=0,1)$ 为真的信号以概率

$P_j(j=0,1)$ 映射到观测空间。

例 3.1.1 考虑二元信号的检测问题。当假设 H_0 为真时，信源产生 -1，当 H_1 为真时，信源产生 $+1$。信源的输出信号与均值为零、方差为 σ^2 的高斯噪声 n 叠加，其和就是观测空间中的随机观测信号 y。这样，在两个假设下，观测信号模型为

$$\begin{cases} H_0: y = -1 + n \\ H_1: y = +1 + n \end{cases}$$

图 3-1-2 显示的是这样一个二元观测信号产生模型。

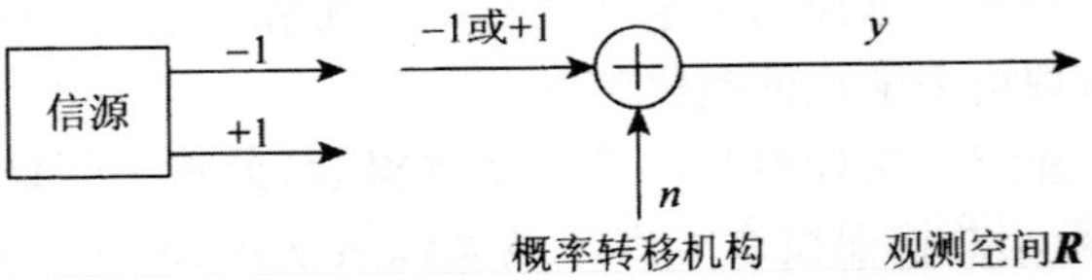

图 3-1-2 观测信号产生模型

根据已知条件，可以写出两种假设下观测信号的概率密度函数，分别为

$$p(\mathbf{y}\mid H_1) = \frac{1}{\sqrt{2\pi}\sigma}\exp\left[-\frac{(y-1)^2}{2\sigma^2}\right]$$

$$p(\mathbf{y}\mid H_0) = \frac{1}{\sqrt{2\pi}\sigma}\exp\left[-\frac{(y+1)^2}{2\sigma^2}\right]$$

高斯噪声的概率密度函数及两种假设下观测信号的概率密度函数如图 3-1-3 所示。

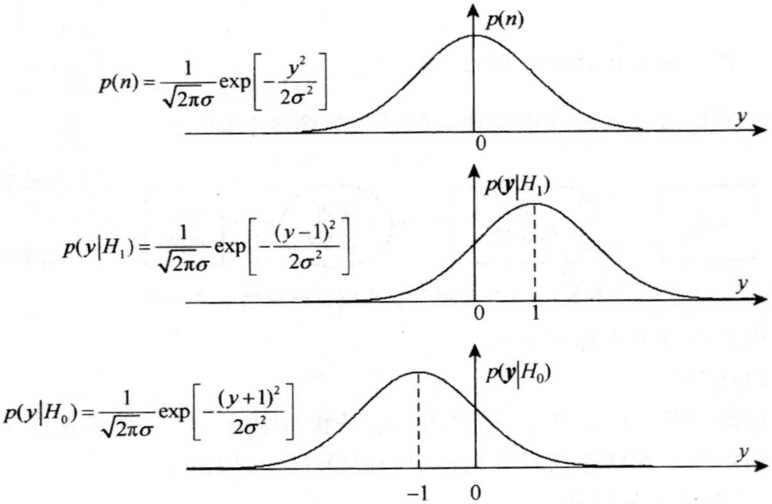

图 3-1-3 二元假设观测信号的统计模型

(3)观测空间 $\boldsymbol{R}$

它是观测信号可能取值的整个空间。观测空间 $\boldsymbol{R}$ 将概率转移机构映射来的信源输出信号,叠加观测噪声,形成观测信号的集合。观测信号可以是一维的随机信号 x;也可以是 N 维的随机信号矢量 $\boldsymbol{x}$。假设 H_0 为真时的观测信号矢量 $\boldsymbol{x}$,简称为观测信号矢量 $(\boldsymbol{x}|H_0)$,其概率密度函数为 $p(\boldsymbol{x}|H_0)$;假设 H_1 为真时的观测信号矢量 $\boldsymbol{x}$,简称为观测信号矢量 $(\boldsymbol{x}|H_1)$,其概率密度函数为 $p(\boldsymbol{x}|H_1)$。

(4)判决规则

观测空间形成观测信号 $\boldsymbol{x}$,作为信号的接收方,观测到信号矢量 $\boldsymbol{x}$ 后,并不知道该信号是 $(\boldsymbol{x}|H_0)$ 和 $(\boldsymbol{x}|H_1)$ 观测信号矢量中的哪一个,因此需要进行信号状态的判决。观测信号矢量 $(\boldsymbol{x}|H_0)$ 与 $(\boldsymbol{x}|H_1)$ 的统计特性并不是完全相同的。基于这种它们两者之间的差别,根据采用的信号检测准则,将观测空间 $\boldsymbol{R}$ 划分为两个子空间 R_0 和 R_1,对于硬判决而言,两个子空间的划分要满足

$$\bigcup_{i=0}^{1} R_i = \boldsymbol{R} \tag{3-1-1}$$

$$R_i \cap R_j = \varnothing \quad i,j = 0,1 \quad i \neq j \tag{3-1-2}$$

对观测信号矢量 $\boldsymbol{x}$,无论它是 $(\boldsymbol{x}|H_0)$ 和 $(\boldsymbol{x}|H_1)$ 观测信号矢量中的哪一个,当 $\boldsymbol{x}$ 落入 R_0 子空间时,则判决假设 H_0 成立;当 $\boldsymbol{x}$ 落入 R_1 子空间时,则判决假设 H_1 成立。如图 3-1-4 所示。最佳划分两个子空间 R_0 和 R_1,能够实现信号状态的最佳检测。

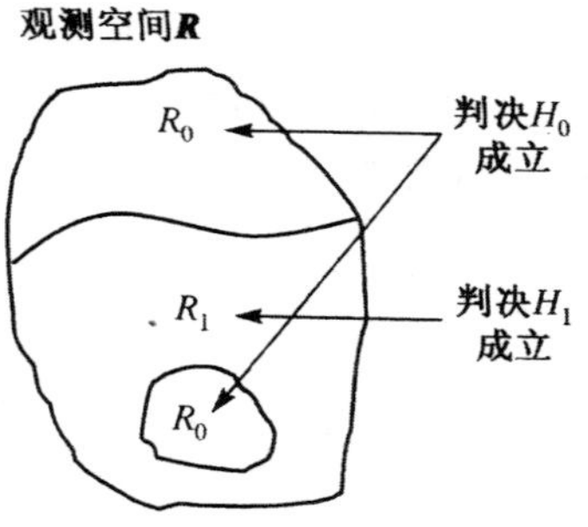

图 3-1-4 二元信号状态统计检测子空间划分示意图

2. 优化准则

判决规则是检测问题中一个至关重要的部分,判决准则也称为优化准则,就是根据观测值 $\boldsymbol{x}$ 来选择其中的一个假设 H_0 或 H_1,使得判决结果或判决性能在某种意义上达到最优。

在二元假设检验问题中，假定信源输出受先验概率 $P(H_0)$、$P(H_1)$ 控制，即

①$P(H_0)$——假设 H_0 存在的概率。

②$P(H_1)$——假设 H_1 存在的概率。

我们称 $P(H_0)$、$P(H_1)$ 为先验概率，因为它们是在对观测量 x 进行统计检验之前就已经知道了，故而称为“先验”概率。

在二元假设检验问题中只有两个假设，或为 H_0 或为 H_1，二者必居其一，互不相容，即有

$$P(H_0)+P(H_1)=1 \tag{3-1-3}$$

显然，一个合理的判决准则是在观测结果 $\boldsymbol{x}$ 已知条件下，选择事件 H_0 或 H_1 出现概率大的那一个事件，即通过比较 $P(H_0|\boldsymbol{x})$、$P(H_1|\boldsymbol{x})$ 的大小来判定是选择 H_0 还是选择 H_1。即当

$$P(H_1|\boldsymbol{x})>P(H_0|\boldsymbol{x}) \tag{3-1-4}$$

或

$$\frac{P(H_1|\boldsymbol{x})}{P(H_0|\boldsymbol{x})}>1 \tag{3-1-5}$$

时，选择 H_1，否则选择 H_0。上述判决过程可以简化写成下列表达式

$$\frac{P(H_1|\boldsymbol{x})}{P(H_0|\boldsymbol{x})}\underset{H_0}{\overset{H_1}{\gtrless}}1 \tag{3-1-6}$$

式(3-1-6)通常称为判决表示式。因为 $P(H_0|\boldsymbol{x})$、$P(H_1|\boldsymbol{x})$ 两个条件概率是在得到观测值 x 后事件 H_0 或 H_1 出现的概率，所以称它们为后验概率。根据式(3-1-6)进行判决的准则称为最大后验概率准则。

如果观测值 $\boldsymbol{x}$ 是一个连续随机变量，那么判决规则用概率密度函数表示往往更方便。对于连续随机变量 $\boldsymbol{x}$，设 $p(x)$表示 $\boldsymbol{x}$ 的概率密度，则有

$$P(H_0|\boldsymbol{x})=\frac{p(\boldsymbol{x}|H_0)}{p(x)}p(H_0) \tag{3-1-7}$$

和

$$P(H_1|\boldsymbol{x})=\frac{p(\boldsymbol{x}|H_1)}{p(x)}p(H_1) \tag{3-1-8}$$

于是，式(3-1-6)的判决表示式可写成

$$\frac{p(\boldsymbol{x}|H_1)P(H_1)}{p(\boldsymbol{x}|H_0)P(H_0)}\underset{H_0}{\overset{H_1}{\gtrless}}1 \tag{3-1-9}$$

或

$$\frac{p(\boldsymbol{x}|H_1)}{p(\boldsymbol{x}|H_0)}\underset{H_0}{\overset{H_1}{\gtrless}}\frac{P(H_0)}{P(H_1)}=\frac{P(H_0)}{1-P(H_0)}=\eta \tag{3-1-10}$$

其中，转移概率密度函数 $p(\boldsymbol{x}|H_1)$和 $p(\boldsymbol{x}|H_0)$ 通常称为似然函数，它们

的比称为似然比，似然比定义为

$$\Lambda(\boldsymbol{x}) = \frac{p(\boldsymbol{x} \mid H_1)}{p(\boldsymbol{x} \mid H_0)} \tag{3-1-11}$$

所以，似然比检测的判决表示式为

$$\Lambda(\boldsymbol{x}) \underset{H_0}{\overset{H_1}{\gtrless}} \eta \tag{3-1-12}$$

其中，η 为判决门限。

根据式(3-1-12)组成的检测系统如图 3-1-5(a)所示，该系统称为似然比处理器，有时也称为最优处理器。似然比处理器由似然比计算装置与门限装置两个基本部分组成。

似然比有以下两个重要性质。

①似然比是非负的。因为条件概率密度函数 $p(\boldsymbol{x} \mid H_i)(i=0,1)$ 是非负的，所以 $\Lambda(\boldsymbol{x})$ 也是非负的。

②似然比 $\Lambda(\boldsymbol{x})$ 是一维随机变量。

从式(3-1-10)看出，似然比处理器的检测门限电平大小由假设 H_0 和 H_1 的先验概率 $P(H_0)$ 和 $P(H_1)$ 决定。容易得出，H_0 的先验概率 $P(H_0)$ 越大，就更倾向于选择 H_0；而从式(3-1-10)可以看出，当 $P(H_0)$ 大时，门限 $P(H_0)/P(H_1)$ 就大，似然比 $\Lambda(\boldsymbol{x})$ 超过门限的可能性就小，这样选择 H_0 的机会就更大。类似的说法对 H_1 的情况也是适用的。

在一些应用中，有关假设 H_0 或 H_1 出现的先验概率是不知道的，这时也许设

$$P(H_0) = P(H_1) = \frac{1}{2} \tag{3-1-13}$$

是合理的，此时门限电平为 1，专门称为最大似然比准则。它是最大后验概率准则的特例。

似然比判决表示式(3-1-12)通常是可以化简的。例如，在高斯噪声中的信号检测问题，因为似然函数是指数函数，所以似然比 $\Lambda(\boldsymbol{x})$ 也是指数函数，此时，对似然比判决表示式(3-1-12)两边取自然对数，这样就可以去掉似然比中的指数形式，从而使判决式得到简化。这样，信号检测的判决表示式变为

$$\ln\Lambda(\boldsymbol{x}) \underset{H_0}{\overset{H_1}{\gtrless}} \ln\eta \tag{3-1-14}$$

式(3-1-14)称为对数似然比检验，它对应的系统原理框图如图 3-1-5(b)所示。

有时，对似然比检验表示式(3-1-12)采用一些其他方法进行化简，使得判决表示式的左边是观测量 $\boldsymbol{x}$ 的最简函数 $l(\boldsymbol{x})$，而判决表示式右边变为另一个门限 γ。这样，判决表示式变为

$$l(\boldsymbol{x}) \underset{H_0}{\overset{H_1}{\gtrless}} \gamma \tag{3-1-15}$$

或

$$l(\boldsymbol{x}) \underset{H_0}{\overset{H_1}{\gtrless}} \gamma \tag{3-1-16}$$

其中，$l(\boldsymbol{x})$称为检验统计量；γ 为检测门限。通过检验统计量 $l(\boldsymbol{x})$进行判决的系统原理框图如图 3-1-5(c)和图 3-1-5(d)所示。

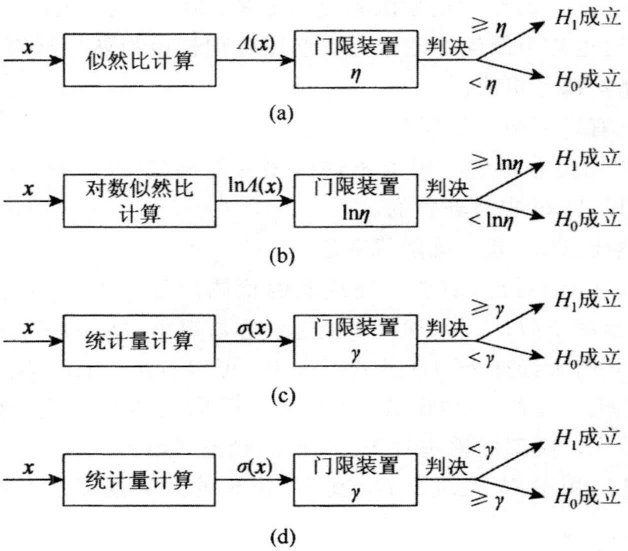

图 3-1-5　二元假设信号检验原理框图

(a)似然比检验；(b)对数似然比检验；(c)统计量 $\sigma(x)$检验；(d)统计量 $\sigma(x)$检验

图 3-1-5 所示的 4 种信号检测方法从本质来说都是一样的，它们只是实现上有不同的形式。

例 3.1.2　设有两种假设

$$\begin{cases} H_0: x = +n \\ H_1: x = 1 + n \end{cases}$$

其中，n 为服从均值为零、方差为 1 的高斯噪声，即 $n \sim N(0,1)$。假定 $P(H_0) = P(H_1)$，求最大后验概率准则的判决表示式。

解：首先，根据题目已知条件，知道两种假设下的似然函数为

$$\begin{cases} p(x \mid H_0) = \dfrac{1}{\sqrt{2\pi}} \exp\left(-\dfrac{x^2}{2}\right) \\ p(x \mid H_1) = \dfrac{1}{\sqrt{2\pi}} \exp\left[-\dfrac{(x-1)^2}{2}\right] \end{cases}$$

所以，似然比为

$$\Lambda(x)=\frac{p(x|H_1)}{p(x|H_0)}=\exp\left(x-\frac{1}{2}\right)$$

似然比判决表示式为

$$\Lambda(x)=\exp\left(x-\frac{1}{2}\right)\underset{H_0}{\overset{H_1}{\gtrless}}1$$

对上式两边取对数并整理后可得判决表示式为

$$x\underset{H_0}{\overset{H_1}{\gtrless}}\frac{1}{2}$$

在本例中，观测空间为 $R=(-\infty,\infty)$，H_0 的判决区域为 $R_0=\left(-\infty,\frac{1}{2}\right)$，$H_1$ 的判决区域为 $R_1=\left(\frac{1}{2},\infty\right)$。

3. 信号检测性能

对于二元假设检验问题，在进行判决时可能发生下列 4 种情况。

①H_0 为真，判决为 H_0，记为 $(H_0|H_0)$。

②H_1 为真，判决为 H_1，记为 $(H_1|H_1)$。

③H_0 为真，判决为 H_1，记为 $(H_1|H_0)$。

④H_1 为真，判决为 H_0，记为 $(H_0|H_1)$。

其中，情况①、②属于正确判决；情况③、④属于错误判决。

对应每一种判决结果 $(H_i|H_j)(i,j=0,1)$，有相应的判决概率 $P(H_i|H_j)(i,j=0,1)$，它表示在假设 H_j 为真的条件下，判决为假设 H_i 的概率。设似然函数为 $p(x|H_j)(j=0,1)$，判决规则把整个观测空间 $\boldsymbol{R}$ 划分为区域 R_0 和 R_1，则判决概率 $P(H_i|H_j)(i,j=0,1)$ 为

$$P(H_i|H_j)(i,j=0,1)=\int_{R_i}p(\boldsymbol{x}|H_j)\mathrm{d}\boldsymbol{x},i,j=0,1 \tag{3-1-17}$$

在雷达信号检测中，通常假设 H_0 对应信号不存在或目标不存在，H_1 对应信号存在或目标存在，这时定义以下几个概念：

$$P_D=P(H_1|H_1)=\int_{R_1}p(\boldsymbol{x}|H_1)\mathrm{d}\boldsymbol{x} \tag{3-1-18}$$

$$P_F=P(H_1|H_0)=\int_{R_1}p(\boldsymbol{x}|H_0)\mathrm{d}\boldsymbol{x} \tag{3-1-19}$$

$$P_M=P(H_0|H_1)=\int_{R_0}p(\boldsymbol{x}|H_1)\mathrm{d}\boldsymbol{x}=1-P_D \tag{3-1-20}$$

其中，条件概率 P_D 表示信号存在判定为信号存在的概率，称为检测概率(当有目标时视为有目标)；条件概率 P_F 表示信号不存在判定为信号存在的概率，称为虚警概率(当没有目标时视为有目标)；条件概率 P_M 表示信号

存在判定为信号不存在，称为漏警概率（当有目标时视为没有目标）；总错误概率 P_e 为

$$P_e = P(H_0 \mid H_1)P(H_1) + P(H_1 \mid H_0)P(H_0) \tag{3-1-21}$$

从式(3-1-21)可以看出，总错误概率 P_e 不仅与两类错误概率有关，而且与两个先验概率 $P(H_0)$、$P(H_1)$有关。对于二元通信系统一类的设备，用总错误概率表示比较合适。

例 3.1.3 考虑一个方差为 σ^2 的高斯白噪声 n 中，幅度 $A=1$ 的 DC 电平检测问题。假设观测量为 $x=n$（只有噪声）和 $x=1+n$，通过对 x 的观测做出有无信号的判决。由于假定噪声的均值为零，因此判决规律是，如果

$$x > \frac{1}{2} \tag{3-1-22}$$

可以判信号存在；而如果

$$x < \frac{1}{2} \tag{3-1-23}$$

则只存在噪声。如果只存在噪声，则 $E(x)=0$；如果噪声中存在信号，则 $E(x)=1$。很显然，当存在信号时且 $n<\frac{1}{2}$ 或者当只有噪声且 $n>\frac{1}{2}$ 时，则会做出错误的判决。通过考虑大量重复的实验所发生的情况，就可以很好地理解这一点。例如，对 100 个 n 的观察，当信号存在与不存在时分别观测 x。那么，对于 $\sigma^2=0.05$，某些典型的结果如图 3-1-6(a)所示，虚线表示只有噪声，实线表示噪声中含有信号。显然，根据式(3-1-22)、式(3-1-23)，做出错误判决的次数是十分稀少的。但是，如果 $\sigma^2=0.5$，正如图 3-1-6(b)所示的那样，那么做出错误判决的机会将显著增加。显然，这是由于随着 σ^2 的增加，n 现实的扩散增加而造成的。若噪声的概率密度函数(PDF)为

$$p(n) = \frac{1}{\sqrt{2\pi\sigma^2}}\exp\left(-\frac{1}{2\sigma^2}n^2\right) \tag{3-1-24}$$

则任何检测器的性能将取决于在每种不同的假设下 x 的概率密度函数差异的大小。当观察次数增加时，对于同一个例子，图 3-1-7 所示画出了式(3-1-24)给出的对应于 $\sigma^2=0.05$ 和 $\sigma^2=0.5$ 的概率密度函数。当只有噪声时，概率密度函数为

$$p(\boldsymbol{x}) = \begin{cases} \dfrac{1}{\sqrt{0.1\pi}}\exp(-10x^2), \sigma^2 = 0.05 \\ \dfrac{1}{\sqrt{\pi}}\exp(-x^2), \sigma^2 = 0.5 \end{cases}$$

当噪声中含有信号时

$$p(\boldsymbol{x})=\begin{cases}\dfrac{1}{\sqrt{0.1\pi}}\exp[-10(x-1)^2],\sigma^2=0.05\\ \dfrac{1}{\sqrt{\pi}}\exp[-(x-1)^2],\sigma^2=0.5\end{cases}$$

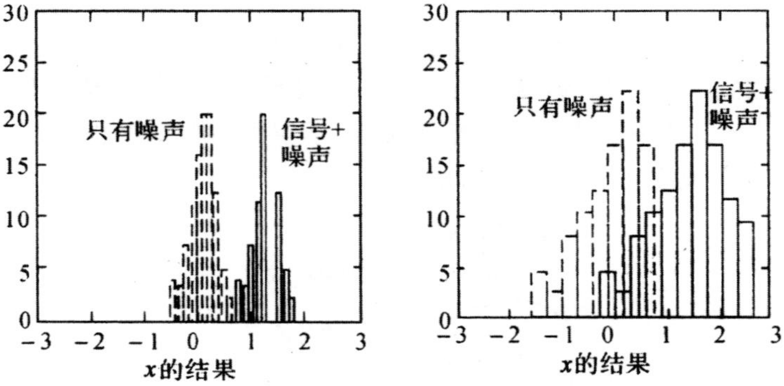

图 3-1-6 信号存在与信号不存在时 x 的直方图

(a)$\sigma^2=0.05$;(b)$\sigma^2=0.5$

通过此例看到,检测器的性能随着观测次数的增加或随 $\dfrac{A^2}{\sigma^2}$(信噪比,SNR)的增加而有所改善。

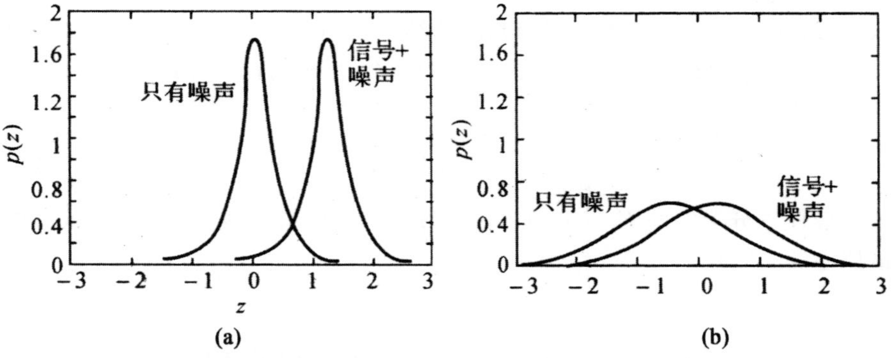

图 3-1-7 信号存在与信号不存在时 x 的概率密度函数

(a)$\sigma^2=0.05$;(b)$\sigma^2=0.5$

3.1.2 M 元信号状态的统计检测

若信号有 $M(M>2)$ 种可能的状态,则相应地有 M 个假设 $H_j(j=0,1,\cdots,M-1)$;观测信号矢量为 $(\boldsymbol{x}|H_j)$,其概率密度函数为 $p(\boldsymbol{x}|H_j)(j=$

$0,1,\cdots,M-1$)。

为实现信号状态的统计检测，将观测空间 $\boldsymbol{R}$ 划分为 M 个子空间 $R_i(j=0,1,\cdots,M-1)$，对于硬判决而言，M 个子空间的划分要满足

$$\bigcup_{i=0}^{M-1} R_i = \boldsymbol{R} \tag{3-1-25}$$

$$R_i \cap R_j = \varnothing \quad i,j=0,1,\cdots,M-1 \quad i \neq j \tag{3-1-26}$$

对观测信号矢量 $\boldsymbol{x}$，无论它是哪个假设为真时的观测信号矢量 $(\boldsymbol{x}\,|\,H_j)(j=0,1,\cdots,M-1)$，若落入 R_i 子空间，则判决假设 $H_i(i=0,1,\cdots,M-1)$ 成立，如图 3-1-8 所示。

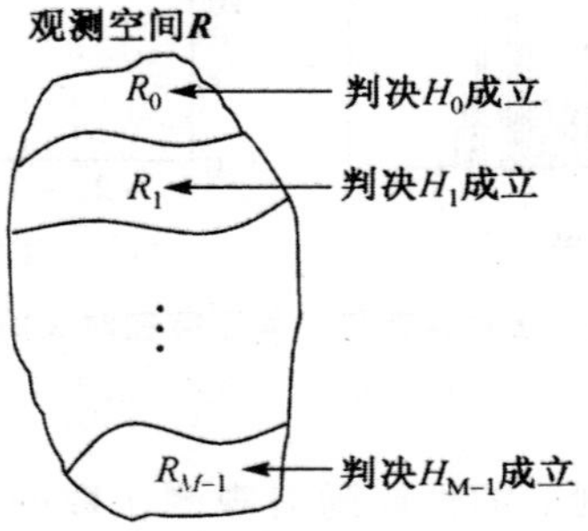

图 3-1-8 M 元信号状态统计检测子空间划分示意图

M 元信号状态统计检测时，共有 M^2 种判决结果 $(H_i\,|\,H_j)(i,j=0,1,\cdots,M-1)$。其中 M 种是正确判决的结果，$M(M-1)$ 种是错误判决的结果。相应地有 M^2 个判决概率 $P(H_i\,|\,H_j)(i,j=0,1,\cdots,M-1)$，并可统一表示为

$$P(H_i\,|\,H_j)=\int_{R_i} p(\boldsymbol{x}\,|\,H_j)\mathrm{d}\boldsymbol{x},i,j=0,1,\cdots,M-1 \tag{3-1-27}$$

最佳划分子空间 $R_i(i=0,1,\cdots,M-1)$，能够实现 M 元信号状态的最佳检测。

3.2 二元假设检验及判决准则

3.2.1 贝叶斯准则

在许多事例中，各类错误造成的损失或付出的代价是不同的，如雷达信号检测问题，虚警和漏警所造成的损失就大不相同。在假设检验理论中，采用对各类判决分别规定不同的代价或代价函数来反映这种损失的不同。

定义 c_{ij} 为假设 H_j 为真实际上却选择了假设 H_i 的代价，通常称为代价函数。$c_{ij}(i \neq j)$ 表示错误判决的代价，c_{jj} 表示正确判决的代价。在许多实际应用问题中，代价函数是难以规定的，如在雷达信号检测中，要定量地规定虚警、漏警的代价是极其困难的，甚至是不可能的。一般来说，不管怎样规定，都应该规定错误判决的代价大于正确判决的代价，即 $c_{ij} > c_{jj}(i \neq j)$。

为简便起见，还是讨论二元假设信号检测问题，它只有两个假设，即 H_1 和 H_0，有两种判断，即 H_1 和 H_0。这时，代价函数有 4 个，它们分别如下：

① c_{00}：假设 H_0 为真，实际上选择了假设 H_0 所付出的代价。

② c_{11}：假设 H_1 为真，实际上选择了假设 H_1 所付出的代价。

③ c_{01}：假设 H_1 为真，实际上选择了假设 H_0 所付出的代价。

④ c_{10}：假设 H_0 为真，实际上选择了假设 H_1 所付出的代价。

贝叶斯准则是在假设 $H_i(i=0,1)$ 的先验概率 $P(H_i)(i=0,1)$ 已知，各种判决代价函数已知的情况下，使得因各种判断付出的平均代价最小的准则，或者说，贝叶斯准则使得因各种判断而承担的风险最小，因此，贝叶斯准则也叫最小平均风险准则。

有了各种判断的代价函数，很容易计算出平均代价 C（又称为平均风险）。在二元假设信号检测问题中，只有 4 种判断，即假设 H_i 判为 $H_j(j=0,1)$，则平均代价为

$$\begin{aligned} C = & c_{00}P(H_0)P(H_0 \mid H_0) + c_{10}P(H_0)P(H_1 \mid H_0) \\ & + c_{11}P(H_1)(H_1 \mid H_1) + c_{01}P(H_1)(H_0 \mid H_1) \end{aligned} \tag{3-2-1}$$

用似然函数 $p(\boldsymbol{x} \mid H_0)$、$p(\boldsymbol{x} \mid H_1)$ 和判决区域 R_0、R_1 将风险表示式(3-2-1)写为

$$\begin{aligned} C = & c_{00}P(H_0)\int_{R_0} p(\boldsymbol{x} \mid H_0)\mathrm{d}\boldsymbol{x} + c_{10}P(H_0)\int_{R_1} p(\boldsymbol{x} \mid H_0)\mathrm{d}\boldsymbol{x} \\ & + c_{11}P(H_1)\int_{R_1} p(\boldsymbol{x} \mid H_1)\mathrm{d}\boldsymbol{x} + c_{01}P(H_1)\int_{R_0} p(\boldsymbol{x} \mid H_1)\mathrm{d}\boldsymbol{x} \end{aligned} \tag{3-2-2}$$

注意到

$$\begin{cases} P(H_0) + P(H_1) = 1 \\ \displaystyle\int_{R_0} p(\boldsymbol{x} \mid H_0)\mathrm{d}\boldsymbol{x} + \int_{R_1} p(\boldsymbol{x} \mid H_0)\mathrm{d}\boldsymbol{x} = 1 \\ \displaystyle\int_{R_0} p(\boldsymbol{x} \mid H_1)\mathrm{d}\boldsymbol{x} + \int_{R_1} p(\boldsymbol{x} \mid H_1)\mathrm{d}\boldsymbol{x} = 1 \end{cases} \tag{3-2-3}$$

有

$$C = c_{10}P(H_0) + c_{11}P(H_1) + (c_{01} - c_{11})P(H_1)P(H_0 \mid H_1)$$

$$
\begin{aligned}
&-(c_{10}-c_{00})P(H_0)P(H_0\mid H_0)\\
&=c_{10}P(H_0)+c_{11}P(H_1)\\
&\quad+\int_{R_0}[(c_{01}-c_{11})P(H_1)p(\boldsymbol{x}\mid H_1)-(c_{10}-c_{00})P(H_0)p(\boldsymbol{x}\mid H_0)]\mathrm{d}\boldsymbol{x}
\end{aligned}
\tag{3-2-4}
$$

式(3-2-4)的前两项是常数项，与判决规则无关，积分项表示由分配到判决区域 R_0 的那些点所控制的代价。为使得平均风险 C 最小，只要积分项取值最小即可。假定错误判决的代价高于正确判决的代价（这样的假设是合理的），即

$$
\begin{cases}c_{10}>c_{00}\\ c_{01}>c_{11}\end{cases}
\tag{3-2-5}
$$

这样，平均风险 C 中两积分项本身均应为非负值。因此，为使风险 C 最小，凡使第一积分项大于第二积分项的所有 $\boldsymbol{x}$ 值都应当包括在 R_1 中，因为它们对积分提供一个正值。同样，凡使第二积分项大于第一积分项的所有 $\boldsymbol{x}$ 值都应当包括在 R_0 中，因为它们对积分提供一个负值。如果两积分项相等，则 $\boldsymbol{x}$ 值对代价没有影响，可以任意分配到 R_0 或 R_1。因此，判决区域的划分规则是当

$$
(c_{01}-c_{11})P(H_1)p(\boldsymbol{x}\mid H_1)>(c_{10}-c_{00})P(H_0)p(\boldsymbol{x}\mid H_0)
\tag{3-2-6}
$$

时，将 $\boldsymbol{x}$ 分配到 R_1 域，并视 H_1 为真，否则，将 $\boldsymbol{x}$ 分配到 R_0 域，并视 H_0 为真。

用似然比表示，贝叶斯判决规则为

$$
\Lambda(\boldsymbol{x})=\frac{p(\boldsymbol{x}\mid H_1)}{p(\boldsymbol{x}\mid H_0)}\underset{H_0}{\overset{H_1}{\gtrless}}\frac{(c_{10}-c_{00})P(H_0)}{(c_{01}-c_{11})P(H_1)}
\tag{3-2-7}
$$

按式(3-2-7)进行判决的准则称为贝叶斯准则，这个准则的平均风险最小，所以也称为最小平均风险准则。式(3-2-7)右端的量是检验门限，用 η 表示，即

$$
\eta=\frac{(c_{10}-c_{00})P(H_0)}{(c_{01}-c_{11})P(H_1)}
\tag{3-2-8}
$$

因此，贝叶斯准则导致一个似然比检验

$$
\Lambda(\boldsymbol{x})\underset{H_0}{\overset{H_1}{\gtrless}}\eta
\tag{3-2-9}
$$

例 3.2.1 假定在两种假设下，源输出是零均值高斯信号。在假设 H_1 下，信号的方差是 σ_1^2；在假设 H_0 下，信号的方差是 σ_0^2。求错误判决的平均概率和平均风险 C。

解：已知观测矢量 $\boldsymbol{x}$ 的概率密度函数

$$p(\boldsymbol{x} \mid H_i) = \frac{1}{\sqrt{2\pi\sigma_i^2}} \exp\left(-\frac{x^2}{2\sigma_i^2}\right)$$

可以求得

$$\Lambda(\boldsymbol{x}) = \frac{\sigma_0}{\sigma_1} \exp\left[\frac{x^2}{2}\left(\frac{1}{\sigma_0^2} - \frac{1}{\sigma_1^2}\right)\right]$$

因此，判决公式为

$$\Lambda(\boldsymbol{x}) = \frac{\sigma_0}{\sigma_1} \exp\left[\frac{x^2}{2}\left(\frac{1}{\sigma_0^2} - \frac{1}{\sigma_1^2}\right)\right] \underset{H_0}{\overset{H_1}{\gtrless}} \eta_0$$

利用对数似然比可写为

$$\frac{x^2}{2}\left(\frac{1}{\sigma_0^2} - \frac{1}{\sigma_1^2}\right) + \ln \frac{\sigma_0}{\sigma_1} \underset{H_0}{\overset{H_1}{\gtrless}} \ln \eta_0$$

令 $\sigma_1^2 > \sigma_0^2$，可利用 $\Lambda(\boldsymbol{x}) = x^2$ 作为检验统计量，以 $\Lambda(\boldsymbol{x})$ 表示的检验为

$$\Lambda(\boldsymbol{x}) \underset{H_0}{\overset{H_1}{\gtrless}} \frac{2\sigma_0^2\sigma_1^2}{\sigma_1^2 - \sigma_0^2} \ln \frac{\eta_0 \sigma_1}{\sigma_0} \triangleq \eta_0'$$

然后，计算错误判决的平均概率，可以用来判断检测器的性能。第一类错误（虚警）对应于 H_0 为真而判决 H_1，有

$$P_1 = P_F = \int_{R_1} p(\boldsymbol{x} \mid H_0)\, \mathrm{d}\boldsymbol{x}$$

第二类错误（漏报）对应于 H_1 为真而判决 H_0，因此

$$P_2 = P_M = \int_{R_0} p(\boldsymbol{x} \mid H_1)\, \mathrm{d}\boldsymbol{x}$$

类似地，检测概率 P_D 为

$$P_D = \int_{R_1} p(\boldsymbol{x} \mid H_1)\, \mathrm{d}\boldsymbol{x} = 1 - P_M$$

于是错误判决的平均概率是

$$P_e = P_F P(H_0) + P_M P(H_1)$$

在此指出，区域 R_0 和 R_1 中分别包括了使似然比 $\Lambda(\boldsymbol{x})$ 小于、大于门限 η_0 的 $\boldsymbol{x}$ 值。因此可利用 $\Lambda(\boldsymbol{x})$ 计算各种错误概率，往往会使问题进一步简化。

$$P_F = \int_{\eta_0}^{\infty} p[\Lambda(\boldsymbol{x}) \mid H_0]\, \mathrm{d}\Lambda$$

$$P_M = \int_{-\infty}^{\eta_0} p[\Lambda(\boldsymbol{x}) \mid H_1]\, \mathrm{d}\Lambda$$

和

$$P_D = \int_{\eta_0}^{\infty} p[\Lambda(\boldsymbol{x}) \mid H_1]\, \mathrm{d}\Lambda$$

最后，利用 P_F 和 P_M 可把平均风险 C 表示为

$$C = c_{00}(1 - P_F) + c_{10} P_F + P(H_1)[(c_{11} - c_{00})$$

$$+(c_{01}-c_{11})P_M-(c_{10}-c_{00})P_F]$$

例 3.2.2 设二元假设检验的观测信号模型为

$$\begin{cases} H_0: r(t)=-1+n(t) \\ H_1: r(t)=1+n(t) \end{cases}$$

其中,$n(t)$是均值为零、方差为 1/2 的高斯噪声。若两种假设是等先验概率的,并且知道代价函数为 $c_{00}=1, c_{01}=8, c_{10}=4, c_{11}=2$。试求贝叶斯判决表示式和平均代价。

解:两种假设的先验概率为

$$P(H_0)=P(H_1)=\frac{1}{2}$$

根据已知条件,两种假设下的似然函数分别为

$$p(\boldsymbol{x}\mid H_0)=\frac{1}{\sqrt{\pi}}\exp[-(x+1)^2]$$

$$p(\boldsymbol{x}\mid H_1)=\frac{1}{\sqrt{\pi}}\exp[-(x-1)^2]$$

似然比为

$$\Lambda(\boldsymbol{x})=\frac{p(\boldsymbol{x}\mid H_1)}{p(\boldsymbol{x}\mid H_0)}=\exp(4x)$$

似然比形式的贝叶斯判决准则为

$$\exp(4x)\underset{H_0}{\overset{H_1}{\gtrless}}\frac{(c_{10}-c_{00})P(H_0)}{(c_{01}-c_{11})P(H_1)}=\frac{\frac{1}{2}(4-1)}{\frac{1}{2}(8-2)}=\frac{1}{2}$$

取自然对数,贝叶斯判决准则化简为

$$x\underset{H_0}{\overset{H_1}{\gtrless}}\frac{1}{4}\ln\frac{1}{2}=-0.1733 \tag{3-2-10}$$

根据判决式(3-2-10)知道,两个判决区域分别为 $R_0=(-\infty,-0.1733)$,$R_1=(-0.1733,\infty)$,所以有

$$\begin{aligned} P_M &= P(H_0\mid H_1)=\int_{R_0}p(\boldsymbol{x}\mid H_1)\mathrm{d}\boldsymbol{x} \\ &= \int_{-\infty}^{-0.1733}\frac{1}{\sqrt{\pi}}\exp[-(\boldsymbol{x}-1)^2]\mathrm{d}\boldsymbol{x} \\ &= 0.04846 \end{aligned}$$

$$\begin{aligned} P_D &= P(H_1\mid H_1)=\int_{R_1}p(\boldsymbol{x}\mid H_1)\mathrm{d}\boldsymbol{x} \\ &= 1-P(H_0\mid H_1) \\ &= 1-0.04846=0.95154 \end{aligned}$$

$$P(H_0|H_0)=\int_{R_0}p(\boldsymbol{x}|H_0)\mathrm{d}\boldsymbol{x}$$
$$=\int_{-\infty}^{-0.1733}\frac{1}{\sqrt{\pi}}\exp[-(\boldsymbol{x}+1)^2]\mathrm{d}\boldsymbol{x}$$
$$=0.8790$$
$$P_F=P(H_1|H_0)=1-P(H_0|H_0)$$
$$=1-0.8790=0.1210$$

所以,平均代价为

$$C=c_{00}P(H_0)P(H_0|H_0)+c_{10}P(H_0)P(H_1|H_0)$$
$$+c_{11}P(H_1)(H_1|H_1)+c_{01}P(H_1)(H_0|H_1)$$
$$=1\times0.5\times0.879+4\times0.5\times0.121+2\times0.5\times0.95154$$
$$+8\times0.5\times0.04846$$
$$=1.8269$$

例 3.2.3　研究二元信号状态的最佳检测,并讨论相关问题。

设假设 H_0 为真时和假设 H_1 为真时,观测信号 x_k 的模型分别为

$$H_0: x_k=n_k\quad k=1,2,\cdots,N$$
$$H_1: x_k=a+n_k\quad k=1,2,\cdots,N$$

其中,信号 $a>0$,是确知信号;观测噪声 $n_k\sim N(0,\sigma_n^2)(k=1,2,\cdots,N)$,且 n_j 与 $n_k(j,k=1,2,\cdots,N;j\neq k)$ 之间互不相关。已知似然比检测门限为 η。

(1)求采用贝叶斯检测准则的最佳判决式。

(2)求判决概率 $P(H_1|H_0)$和 $P(H_1|H_1)$ 的计算式。

(3)讨论相关问题。

解:由观测信号的模型可知,当假设 H_0 为真时,$(x_k|H_0)\sim N(0,\sigma_n^2)(k=1,2,\cdots,N)$,且 $(x_j|H_0)$ 与 $(x_k|H_0)(j,k=1,2,\cdots,N;j\neq k)$ 之间是互不相关的;当假设 H_1 为真时,$(x_k|H_1)\sim N(a,\sigma_n^2)(k=1,2,\cdots,N)$,且 $(x_j|H_1)$ 与 $(x_k|H_1)(j,k=1,2,\cdots,N;j\neq k)$ 之间是互不相关的。这样,观测信号矢量 $\boldsymbol{x}=[x_1\ \ x_2\ \ \cdots\ \ x_N]^{\mathrm{T}}$ 在假设 H_0 为真时和假设 H_1 为真时,分别是独立同分布的 N 维高斯离散随机信号矢量,其似然函数分别为

$$p(\boldsymbol{x}|H_0)=\left(\frac{1}{2\pi\sigma_n^2}\right)^{N/2}\exp\left(-\sum_{k=1}^{N}\frac{x_k^2}{2\sigma_n^2}\right)$$
$$p(\boldsymbol{x}|H_1)=\left(\frac{1}{2\pi\sigma_n^2}\right)^{N/2}\exp\left[-\sum_{k=1}^{N}\frac{(x_k-a)^2}{2\sigma_n^2}\right]$$

似然比检测门限 η 已知,信号状态的最佳检测准则是贝叶斯检测准则。

(1)求最佳判决式。将假设 H_0 为真时 $p(\boldsymbol{x}|H_0)$ 的表示式和假设 H_1 为真时 $p(\boldsymbol{x}|H_1)$ 的表示式，代入式(3-2-7)可得

$$\exp\left(\frac{a}{\sigma_n^2}\sum_{k=1}^{N}x_k-\frac{Na^2}{2\sigma_n^2}\right)\underset{H_0}{\overset{H_1}{\gtrless}}\eta$$

上式两端分别取自然对数，再进一步化简，最终得最佳判决式

$$\sum_{k=1}^{N}x_k\underset{H_0}{\overset{H_1}{\gtrless}}\frac{\sigma_n^2}{a}\ln\eta+\frac{Na}{2}$$

写成一般的形式，最佳判决式为

$$l(\boldsymbol{x})=\frac{1}{N}\sum_{k=1}^{N}x_k\underset{H_0}{\overset{H_1}{\gtrless}}\frac{\sigma_n^2}{Na}\ln\eta+\frac{a}{2}=\gamma$$

式中，$l(\boldsymbol{x})=\frac{1}{N}\sum_{k=1}^{N}x_k$ 是检验统计量；$\gamma=\frac{\sigma_n^2}{Na}\ln\eta+\frac{a}{2}$ 是检测门限。信号检测器的实现框图如图 3-2-1 所示。

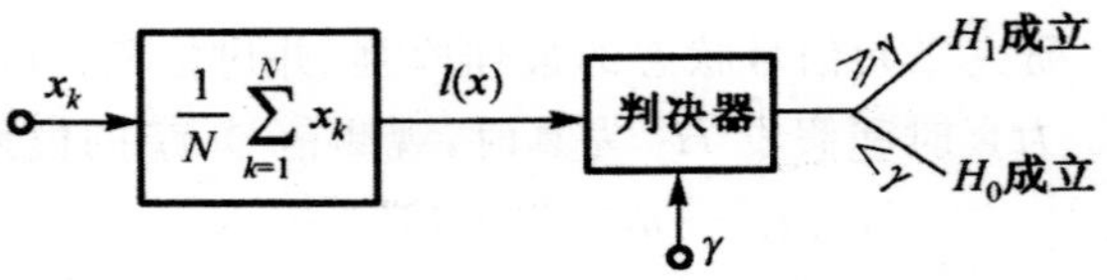

图 3-2-1　例 3.2.3 的信号检测器框图

(2)求判决概率计算式。假设 H_0 为真时和假设 H_1 为真时，检验统计量 $l(\boldsymbol{x})=\frac{1}{N}\sum_{k=1}^{N}x_k$ 分别是 N 个独立同分布的高斯离散随机信号 $x_k(k=1,2,\cdots,N)$ 之和取平均，所以是高斯离散随机信号。

假设 H_0 为真时，$l(\boldsymbol{x})$ 的均值和方差分别为

$$E(l|H_0)=E\left(\frac{1}{N}\sum_{k=1}^{N}n_k\right)=\frac{1}{N}\sum_{k=1}^{N}E(n_k)=0$$

$$\begin{aligned}\mathrm{var}(l|H_0)&=E\{[(l|H_0)-E(l|H_0)]^2\}=E\left[\left(\frac{1}{N}\sum_{k=1}^{N}n_k\right)^2\right]\\&=\frac{1}{N^2}E\left(n_1^2+n_2^2+\cdots+n_N^2+\sum_{j=1}^{N}\sum_{\substack{k=1\\j\neq k}}^{N}n_jn_k\right)\\&=\frac{1}{N^2}(\sigma_n^2+\sigma_n^2+\cdots+\sigma_n^2)=\frac{1}{N}\sigma_n^2\end{aligned}$$

其概率密度函数为

$$p(l|H_0)=\left(\frac{N}{2\pi\sigma_n^2}\right)^{1/2}\exp\left(-\frac{Nl^2}{2\sigma_n^2}\right)$$

假设 H_1 为真时 $l(\boldsymbol{x})$ 的均值和方差分别为

$$E(l|H_1)=E\left(\frac{1}{N}\sum_{k=1}^{N}(a+n_k)\right)=\frac{1}{N}\sum_{k=1}^{N}E(a+n_k)=a$$

$$\mathrm{var}(l|H_1)=\mathrm{var}(l|H_0)=\frac{1}{N}\sigma_n^2$$

其概率密度函数为

$$p(l|H_1)=\left(\frac{N}{2\pi\sigma_n^2}\right)^{1/2}\exp\left(-\frac{N(l-\alpha)^2}{2\sigma_n^2}\right)$$

根据最佳判决式，判决概率分别为

$$\begin{aligned}P(H_1|H_0)&=\int_{\gamma}^{\infty}p[l|H_0]\mathrm{d}l\\&=\int_{\frac{\sigma_n^2}{Na}\ln\eta+\frac{a}{2}}^{\infty}\left(\frac{N}{2\pi\sigma_n^2}\right)^{1/2}\exp\left(-\frac{Nl^2}{2\sigma_n^2}\right)\mathrm{d}l\\&=\int_{\ln\frac{\eta}{d}+\frac{d}{2}}^{\infty}\left(\frac{1}{2\pi}\right)^{1/2}\exp\left(-\frac{u^2}{2}\right)\mathrm{d}u\\&=Q[n\eta/d+d/2]\end{aligned}$$

$$\begin{aligned}P(H_1|H_1)&=\int_{\gamma}^{\infty}p[l|H_1]\mathrm{d}l\\&=\int_{\frac{\sigma_n^2}{Na}\ln\eta+\frac{a}{2}}^{\infty}\left(\frac{N}{2\pi\sigma_n^2}\right)^{1/2}\exp\left(-\frac{N(l-\alpha)^2}{2\sigma_n^2}\right)\mathrm{d}l\\&=\int_{\ln\frac{\eta}{d}-\frac{d}{2}}^{\infty}\left(\frac{1}{2\pi}\right)^{1/2}\exp\left(-\frac{u^2}{2}\right)\mathrm{d}u\\&=Q[\ln\eta/d-d/2]\\&=Q\{Q^{-1}[P(H_1|H_0)]-d\}\end{aligned}$$

式中，$d^2=Na^2/\sigma_n^2$ 是信号与噪声的功率比，即功率信噪比 SNR。

$$Q[u_0]=\int_{u_0}^{\infty}\left(\frac{1}{2\pi}\right)^{1/2}\exp\left(-\frac{u^2}{2}\right)\mathrm{d}u$$

是标准高斯分布的右部积分，如图 3-2-2 所示。

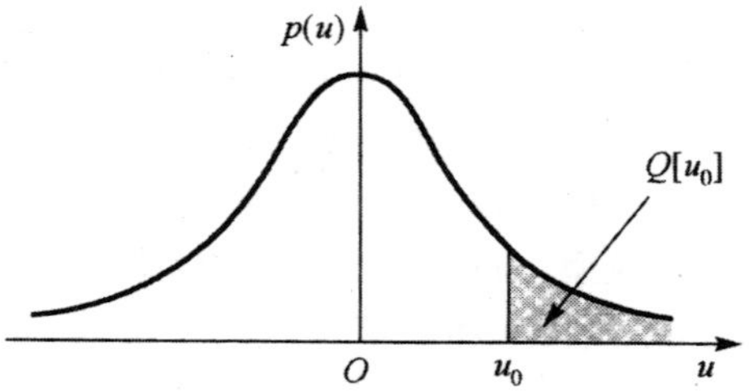

图 3-2-2　标准高斯分布的右部积分

(3)讨论相关问题。提高功率信噪比 d^2，信号的检测性能将得到改善。提高信号的功率 a^2，增加观测信号的次数 N，降低噪声的功率 σ_n^2，都能够提高功率信噪比 d^2，改善信号的检测性能。

若最佳判决式

$$l(\boldsymbol{x})=\sum_{k=1}^{N}x_k \underset{H_0}{\overset{H_1}{\gtrless}} \frac{\sigma_n^2}{a}\ln\eta+\frac{Na}{2}=\gamma$$

则影响信号检测性能的功率信噪比 d^2 不变，信号的检测性能也不变。

若假设 H_0 为真时和假设 H_1 为真时，观测信号 x_k 的模型分别为

$$H_0: x_k=n_k \quad k=1,2,\cdots,N$$

$$H_1: x_k=-a+n_k \quad k=1,2,\cdots,N$$

其他条件不变，则最佳判决式

$$l(\boldsymbol{x})=\frac{1}{N}\sum_{k=1}^{N}x_k \underset{H_0}{\overset{H_1}{\gtrless}} -\frac{\sigma_n^2}{Na}\ln\eta-\frac{a}{2}=\gamma$$

判决假设 H_0 成立和判决假设 H_1 成立的判决域发生了变化，但影响信号检测性能的功率信噪比 d^2 不变，检测性能也不变。

若假设 H_0 为真时和假设 H_1 为真时，观测信号 x_k 的模型分别为

$$H_0: x_k=b+n_k \quad k=1,2,\cdots,N$$

$$H_1: x_k=a+b+n_k \quad k=1,2,\cdots,N$$

其中，b 为任意确知信号；其他条件不变，则最佳判决式

$$l(\boldsymbol{x})=\frac{1}{N}\sum_{k=1}^{N}x_k \underset{H_0}{\overset{H_1}{\gtrless}} \frac{\sigma_n^2}{Na}\ln\eta+\frac{a}{2}+b=\gamma$$

判决假设 H_0 成立和判决假设 H_1 成立的判决域发生了变化，但影响信号检测性能的功率信噪比 d^2 不变，检测性能也不变。

若假设 H_0 为真时和假设 H_1 为真时，观测信号 x_k 的模型分别为

$$H_0: x_k=-a+n_k \quad k=1,2,\cdots,N$$

$$H_1: x_k=+a+n_k \quad k=1,2,\cdots,N$$

其他条件不变，则最佳判决式

$$l(\boldsymbol{x})=\frac{1}{N}\sum_{k=1}^{N}x_k \underset{H_0}{\overset{H_1}{\gtrless}} \frac{\sigma_n^2}{Na}\ln\eta=\gamma$$

判决假设 H_0 成立和判决假设 H_1 成立的判决域发生了变化，且影响信号检测性能的功率信噪比将变为 $d^2=4Na^2/\sigma_n^2$，提高了信号的检测性能。

例 3.2.4 事件的泊松分布是经常遇到的一种分布，例如散弹噪声和其他各种现象所构成的模型。每进行一次实验，就会发生一定数量的事件。在两种假设下，观测值正是在 0 和 n 范围内的这个数，并都服从泊松分布。在两种假设下的表达式为

$$H_0: P(n\text{ 个事件})=\frac{m_0^n}{n!}\mathrm{e}^{-m_0}, n=0,1,2,\cdots$$

$$H_1: P(n\text{ 个事件})=\frac{m_1^n}{n!}\mathrm{e}^{-m_1}, n=0,1,2,\cdots$$

式中，m_0，m_1 表示两种假设的平均数。求其似然比的表达式。

解：似然比检验为

$$\Lambda(\boldsymbol{x}) = \left(\frac{m_1}{m_0}\right)^n \exp[-(m_1 - m_0)] \underset{H_0}{\overset{H_1}{\gtrless}} \eta_0$$

经化简，有

$$\boldsymbol{x} \underset{H_0}{\overset{H_1}{\gtrless}} \frac{\ln\eta_0 + m_1 - m_0}{\ln m_1 - \ln m_0}, m_1 > m_0$$

$$\boldsymbol{x} \underset{H_0}{\overset{H_1}{\gtrless}} \frac{\ln\eta_0 + m_1 - m_0}{\ln m_1 - \ln m_0}, m_1 > m_0$$

例 3.2.5　采用贝叶斯检测准则的二元信号状态检测时，研究检测门限的最佳性问题。设假设 H_0 为真时和假设 H_1 为真时，观测信号 $\boldsymbol{x}$ 的模型分别为

$$H_0: x = n$$

$$H_1: x = 2 + n$$

其中，观测噪声 n 服从对称三角分布，其概率密度函数

$$p(n) = \begin{cases} \frac{1}{2} - \frac{1}{4}|n|, -2 \leqslant n \leqslant 2 \\ 0, 其他 \end{cases}$$

已知假设 H_0 为真的先验概率 $P(H_0) = 0.9$，假设 H_1 为真的先验概率 $P(H_1) = 0.1$；各种判决的代价因子分别为 $c_{00} = 1.0$，$c_{10} = 1.5$，$c_{11} = 4.0$，$c_{01} = 40.0$。

(1)采用贝叶斯检测准则时，似然比检测门限 $\eta = \frac{(c_{10} - c_{00})P(H_0)}{(c_{01} - c_{11})P(H_1)} = 1$，求平均代价 C。

(2)若先验概率 $P(H_j)(j = 0,1)$ 不变，代价因子 $c_{ij}(i,j = 0,1)$ 也不变，但似然比检验时取检测门限 $\eta_+ = 2$，求平均代价 C_+。

(3)若先验概率和代价因子都不变，但取似然比检测门限 $\eta_- = 0.5$，求平均代价 C_-。

(4)对上述结果进行讨论。

解：(1)根据观测信号模型，假设 H_0 为真时，观测信号 $\boldsymbol{x}$ 的似然函数

$$p(\boldsymbol{x}|H_0) = \begin{cases} \frac{1}{2} - \frac{1}{4}|x|, -2 \leqslant x \leqslant 2 \\ 0, 其他 \end{cases}$$

假设 H_1 为真时，观测信号 $\boldsymbol{x}$ 的似然函数

$$p(\boldsymbol{x}|H_0) = \begin{cases} \frac{1}{2} - \frac{1}{4}|x - 2|, 0 \leqslant x \leqslant 4 \\ 0, 其他 \end{cases}$$

采用贝叶斯检测准则时，似然比检测门限 $\eta=1$，不难得到最佳判决式：当 $-2\leqslant x\leqslant 1$ 时，判决假设 H_0 成立；当 $1\leqslant x\leqslant 4$ 时，判决假设 H_1 成立。如图 3-2-3 所示。

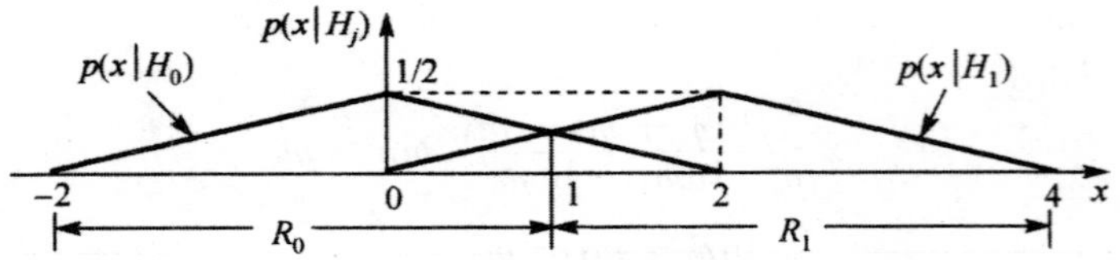

图 3-2-3　例 3.2.5 当 $\eta=1$ 时判决域的划分

求出判决概率，分别为

$$P(H_1|H_0)=\frac{1}{8},P(H_0|H_0)=\frac{7}{8},$$

$$P(H_0|H_1)=\frac{1}{8},P(H_1|H_1)=\frac{7}{8}$$

则平均代价为

$$C=\sum_{j=0}^{1}\sum_{i=0}^{1}P(H_j)c_{ij}P(H_i|H_j)=11/5$$

(2)若取似然比检测门限 $\eta_+=2$，最简判决式为：当 $-2\leqslant x\leqslant\frac{3}{4}$ 时，判决假设 H_0 成立；当 $\frac{3}{4}\leqslant x\leqslant 4$ 时，判决假设 H_1 成立。如图 3-2-4 所示。

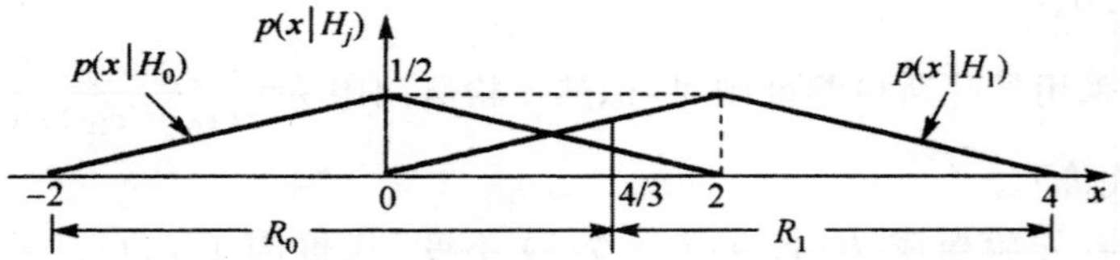

图 3-2-4　例 3.2.5 当 $\eta=2$ 时判决域的划分

求出判决概率，分别为

$$P(H_1|H_0)=\frac{1}{18},P(H_0|H_0)=\frac{17}{18},$$

$$P(H_0|H_1)=\frac{2}{9},P(H_1|H_1)=\frac{7}{9}$$

则平均代价为

$$C_+=\sum_{j=0}^{1}\sum_{i=0}^{1}P(H_j)c_{ij}P(H_i|H_j)=23/10$$

(3)若取似然比检测门限 $\eta_-=0.5$，最简判决式为：当 $-2\leqslant x\leqslant\frac{2}{3}$ 时，判决假设 H_0 成立；当 $\frac{2}{3}\leqslant x\leqslant 4$ 时，判决假设 H_1 成立。如图 3-2-5 所示。

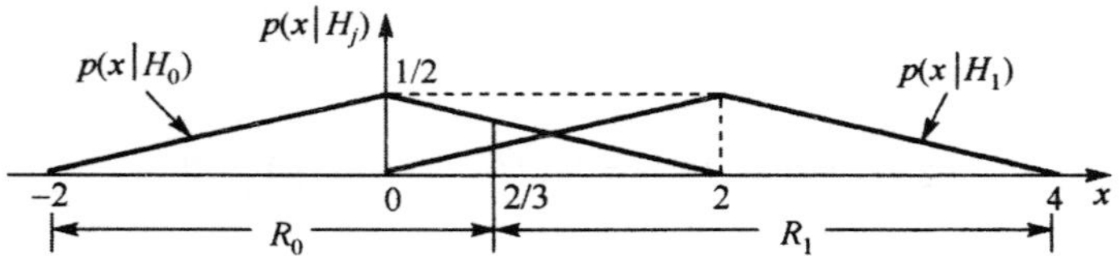

图 3-2-5　例 3.2.5 当 $\eta=0.5$ 时判决域的划分

求出判决概率，分别为

$$P(H_1|H_0)=\frac{2}{9}, P(H_0|H_0)=\frac{7}{9},$$

$$P(H_0|H_1)=\frac{1}{18}, P(H_1|H_1)=\frac{17}{18}$$

则平均代价为

$$C_-=\sum_{j=0}^{1}\sum_{i=0}^{1}P(H_j)c_{ij}P(H_i|H_j)=23/10$$

（4）结果讨论。上述结果说明，信号状态的似然比检验时，似然比检测门限 η 取贝叶斯检测准则的检测门限，能使平均代价 C 最小，是最佳信号状态检测。

3.2.2　最小总错误概率准则与最大似然准则

在通信系统中，通常有 $c_{00}=c_{11}=0, c_{10}=c_{01}=1$，即正确判决不付出代价，错误判决代价相同。这时，式(3-2-10)表示的平均代价化为

$$\begin{aligned}C&=P(H_0)\int_{R_0}p(\boldsymbol{x}|H_0)\mathrm{d}\boldsymbol{x}+P(H_1)\int_{R_0}p(\boldsymbol{x}|H_1)\mathrm{d}\boldsymbol{x}\\&=P(H_0)P(H_1|H_0)+P(H_1)P(H_0|H_1)\end{aligned}\tag{3-2-10}$$

该式恰好是总(平均)错误概率。因此，平均代价最小等效为总错误概率最小，并记为

$$P_e=P(H_0)P(H_1|H_0)+P(H_1)P(H_0|H_1)\tag{3-2-11}$$

类似于贝叶斯准则的分析方法，将 P_e 表示式改写成

$$P_e=P(H_0)+\int_{R_0}[P(H_1)p(\boldsymbol{x}|H_1)-P(H_0)p(\boldsymbol{x}|H_0)]\mathrm{d}\boldsymbol{x}\tag{3-2-12}$$

将所有满足

$$P(H_1)p(\boldsymbol{x}|H_1)-P(H_0)p(\boldsymbol{x}|H_0)<0\tag{3-2-13}$$

的 $\boldsymbol{x}$ 值划归 R_0 域，判决 H_0 成立；而把所有满足

$$P(H_1)p(\boldsymbol{x}|H_1)-P(H_0)p(\boldsymbol{x}|H_0)\geqslant 0\tag{3-2-14}$$

的 $\boldsymbol{x}$ 值划归 R_1 域，判决 H_1 成立。于是最小总错误概率准则的判决规则表示式为

$$P(H_1)p(\boldsymbol{x}\,|\,H_1)-P(H_0)p(\boldsymbol{x}\,|\,H_0)\underset{H_0}{\overset{H_1}{\gtrless}}0 \tag{3-2-15}$$

即

$$\Lambda(\boldsymbol{x})=\frac{p(\boldsymbol{x}\,|\,H_1)}{p(\boldsymbol{x}\,|\,H_0)}\underset{H_0}{\overset{H_1}{\gtrless}}\frac{P(H_0)}{P(H_1)}=\eta \tag{3-2-16}$$

或

$$\ln\Lambda(\boldsymbol{x})\underset{H_0}{\overset{H_1}{\gtrless}}\ln\eta \tag{3-2-17}$$

仍为似然比检验。

如果假设 H_0 和假设 H_1 的先验概率相等，即 $P(H_0)=P(H_1)$，则似然比检验为

$$\Lambda(\boldsymbol{x})=\frac{p(\boldsymbol{x}\,|\,H_1)}{p(\boldsymbol{x}\,|\,H_0)}\underset{H_0}{\overset{H_1}{\gtrless}}1 \tag{3-2-18}$$

或写成两似然函数直接比较，即

$$p(\boldsymbol{x}\,|\,H_1)\underset{H_0}{\overset{H_1}{\gtrless}}p(\boldsymbol{x}\,|\,H_0) \tag{3-2-19}$$

的形式。因此，可将等先验概率下的最小总错误概率准则称为最大似然准则。

将最小总错误概率准则与贝叶斯准则对比，当选择代价因子 $c_{00}=c_{11}=0$，$c_{10}=c_{01}=1$ 时，贝叶斯准则就成为最小总错误概率准则。因此最小总错误概率准则是贝叶斯准则的特例；同样，最大似然准则是等先验概率条件下的最小总错误概率准则。

例 3.2.6 在两种假设下，信源输出的都是零均值正态分布信号。在 H_0 假设下方差为 σ^2，在 H_1 假设下方差为 $2\sigma^2$。$P(H_0)=P(H_1)=0.5$。进行 N 次观测，观测值相互统计独立。利用最小总错误概率准则进行判决。

解：依题意

$$H_0: x_i\sim N(0,\sigma^2)$$

$$H_1: x_i\sim N(0,2\sigma^2)$$

由于观测值是统计独立的，因此似然函数为

$$p(\boldsymbol{x}\,|\,H_0)=\prod_{i=1}^{N}p(x_i\,|\,H_0)=\left(\frac{1}{\sqrt{2\pi}\sigma}\right)^N\exp\left(-\sum_{i=1}^{N}\frac{x_i^2}{2\sigma^2}\right)$$

$$p(\boldsymbol{x}\,|\,H_1)=\prod_{i=1}^{N}p(x_i\,|\,H_1)=\left(\frac{1}{\sqrt{2\pi}\sigma}\right)^N\exp\left(-\sum_{i=1}^{N}\frac{x_i^2}{2\sigma^2}\right)$$

似然比为

$$\Lambda(\boldsymbol{x}) = \frac{p(\boldsymbol{x} \mid H_1)}{p(\boldsymbol{x} \mid H_0)} = 2^{-N/2}\exp\left[\sum_{i=1}^{N}\left(\frac{x_i^2}{2\sigma^2} - \frac{x_i^2}{4\sigma^2}\right)\right]$$

$$= 2^{-N/2}\exp\left(\sum_{i=1}^{N}\frac{x_i^2}{4\sigma^2}\right)$$

似然比检测门限为

$$\eta = \frac{P_0}{P_1} = 1$$

判决准则为

$$2^{-N/2}\exp\left(\sum_{i=1}^{N}\frac{x_i^2}{4\sigma^2}\right) \underset{H_0}{\overset{H_1}{\gtrless}} 1$$

取对数

$$-\frac{N}{2}\ln 2 + \frac{1}{4\sigma^2}\sum_{i=1}^{N}x_i^2 \underset{H_0}{\overset{H_1}{\gtrless}} 1$$

整理得

$$\frac{1}{N}\sum_{i=1}^{N}x_i^2 \underset{H_0}{\overset{H_1}{\gtrless}} 2\sigma^2\ln 2$$

或记为

$$l(\boldsymbol{x}) \underset{H_0}{\overset{H_1}{\gtrless}} \frac{1}{N}\eta'$$

这里 $l(\boldsymbol{x}) = \frac{1}{N}\sum_{i=1}^{N}x_i^2$ 为充分统计量，$\eta' = 2\sigma^2\ln 2$ 为判决门限。

为了说明判决门限偏离上面给出的最佳门限 η' 时检测性能的变化情况，图 3-2-6 给出了 $\sigma^2 = 1$ 时平均错误概率与门限 η 的关系的仿真结果。当 $\eta = \eta' = 1.39$（最佳门限）时，平均错误概率达到最小。当 N 较大时，平均错误概率对门限不是很敏感。

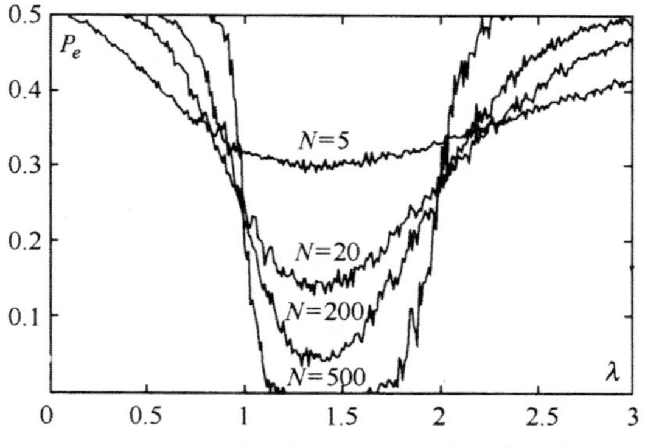

图 3-2-6　平均错误概率与门限关系仿真结果

3.2.3 最大后验概率准则

在代价未知的情况下，还可以根据后验概率研究最佳判决问题。在已经得到观测矢量 $\boldsymbol{x}$ 的前提下，比较假设 H_0 和 H_1 出现的概率。用 $P(H_0|\boldsymbol{x})$)表示已知观测矢量 $\boldsymbol{x}$ 的前提下，H_0 出现的概率，称为后验概率。$P(H_1|\boldsymbol{x})$ 表示 H_1 的后验概率。显然后验概率应当与 H_0 和 H_1 的先验概率 $P(H_0)$ 和 $P(H_1)$ 不同，因为后验概率反映了获得观测矢量 $\boldsymbol{x}$ 后(即实验后)所得到的信息，而先验概率与本次观测值无关。例如，在 H_0 假设下信源输出为0V，在 H_1 假设下信源输出为+5V电压值。信源输出 H_0 和 H_1 的概率相等，即 $P(H_0)=P(H_1)=0.5$。观测值受加性噪声干扰，噪声服从 $N(0,\sigma^2)$ 分布。因此无论信源输出的是 H_0 为真还是 H_1 为真，接收端收到的可能是任意电压值，如图3-2-7所示。在两种假设下，产生某一特定输出值的概率是不一样的，因此某一观测值是由 H_0 产生的还是由 H_1 产生的概率(即后验概率)不同。例如得到观测值为4V。虽然信源输出为0V和5V时由于噪声的干扰在接收端都可能观测到4V，但显然当信源输出为5V时得到4V的可能性更大。最大后验概率准则就是选择对应后验概率较大的那个假设。

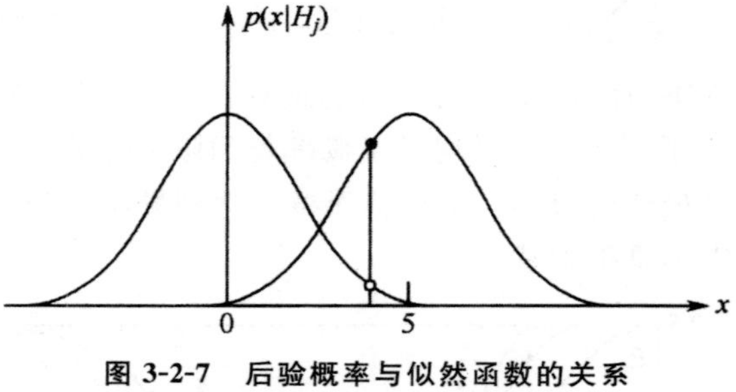

图3-2-7 后验概率与似然函数的关系

最大后验概率准则可以表示为

$$P(H_1|\boldsymbol{x})=\frac{p(\boldsymbol{x}|H_1)P(H_1)}{p(\boldsymbol{x})} \tag{3-2-20}$$

$$P(H_0|\boldsymbol{x})=\frac{p(\boldsymbol{x}|H_0)P(H_0)}{p(\boldsymbol{x})} \tag{3-2-21}$$

最大后验概率检测准则的似然比检验判决式为

$$\Lambda(\boldsymbol{x})=\frac{p(\boldsymbol{x}|H_1)}{p(\boldsymbol{x}|H_0)}\mathop{\gtrless}_{H_0}^{H_1}1\,\frac{P(H_0)}{P(H_1)}=\eta \tag{3-2-22}$$

例3.2.7 在两种假设下，信源输出幅度分别为 a_0 和 a_1 的直流信号。加性测量噪声服从 $N(0,\sigma^2)$ 分布。进行 N 次观测，观测噪声相互统计独立。设计最大后验概率检测器。

解：依题意

$$H_0: x_i = a_0 + n_i$$
$$H_1: x_i = a_1 + n_i$$

似然函数为

$$p(\boldsymbol{x} \mid H_0) = (2\pi\sigma^2)^{-N/2} \exp\left[-\sum_{i=1}^{N}(x_i - a_0)^2\right]$$

$$p(\boldsymbol{x} \mid H_1) = (2\pi\sigma^2)^{-N/2} \exp\left[-\sum_{i=1}^{N}(x_i - a_1)^2\right]$$

因此似然比为

$$\Lambda(\boldsymbol{x}) = \frac{p(\boldsymbol{x} \mid H_1)}{p(\boldsymbol{x} \mid H_0)} = \exp\left[-\frac{a_1 - a_0}{\sigma^2}\sum_{i=1}^{N} x_i - \frac{N(a_1^2 - a_0^2)}{2\sigma^2}\right]$$

最大后验概率判决准则为

$$\Lambda(\boldsymbol{x}) \underset{H_0}{\overset{H_1}{\gtrless}} \eta = \frac{P(H_0)}{P(H_1)}$$

取对数得

$$\frac{a_1 - a_0}{\sigma^2}\sum_{i=1}^{N} x_i - \frac{N(a_1^2 - a_0^2)}{2\sigma^2} \underset{H_0}{\overset{H_1}{\gtrless}} \ln\eta$$

假设 $a_1 > a_0$，上式可整理为

$$l(\boldsymbol{x}) = \frac{1}{N}\sum_{i=1}^{N} x_i \underset{H_0}{\overset{H_1}{\gtrless}} \frac{a_1 + a_0}{2} + \frac{\sigma^2 \ln\eta}{N(a_1 - a_0)} = \eta_1$$

判决区域 R_0 和 R_1 是由一个 N 维观测空间的平面来划分的，该平面的方程为

$$\sum_{i=1}^{N} x_i = N\eta_1$$

下面分析错误概率 P_F 和 P_M。

由于 $l(\boldsymbol{x}) = \frac{1}{N}\sum_{i=1}^{N} x_i$ 是 N 个独立高斯随机变量的线性组合，仍然服从高斯分布，其方差为 σ^2/N，在 H_0 和 H_1 假设下，其均值分别为 a_0 和 a_1

因此有

$$p(l \mid H_0) = \frac{\sqrt{N}}{\sqrt{2\pi}\,\sigma}\exp\left[-\frac{N(l - a_0)^2}{2\sigma^2}\right]$$

$$p(l \mid H_1) = \frac{\sqrt{N}}{\sqrt{2\pi}\,\sigma}\exp\left[-\frac{N(l - a_1)^2}{2\sigma^2}\right]$$

所以虚警概率和漏警概率分别为

$$P_F = \int_{\eta_1}^{\infty} p(l \mid H_0)\mathrm{d}l = \frac{\sqrt{N}}{\sqrt{2\pi}\sigma}\int_{\eta_1}^{\infty} \exp\left[-\frac{N(l-a_0)^2}{2\sigma^2}\right]\mathrm{d}l$$

$$= \mathrm{erfc}\left[\frac{\sqrt{N}(\eta_1 - a_0)}{\sqrt{2}\sigma}\right]$$

$$P_M = \int_{-\infty}^{\eta_1} p(l \mid H_1)\mathrm{d}l = \frac{\sqrt{N}}{\sqrt{2\pi}\sigma}\int_{-\infty}^{\eta_1} \exp\left[-\frac{N(l-a_1)^2}{2\sigma^2}\right]\mathrm{d}l$$

$$= 1 - \frac{1}{2}\mathrm{erfc}\left[\frac{\sqrt{N}(\eta_1 - a_1)}{\sqrt{2}\sigma}\right]$$

图 3-2-8 画出了 P_F 和 P_M 的示意图。显然在其他条件相同的情况下，观测次数越多 P_F 和 P_M 越小，即检测性能越好。

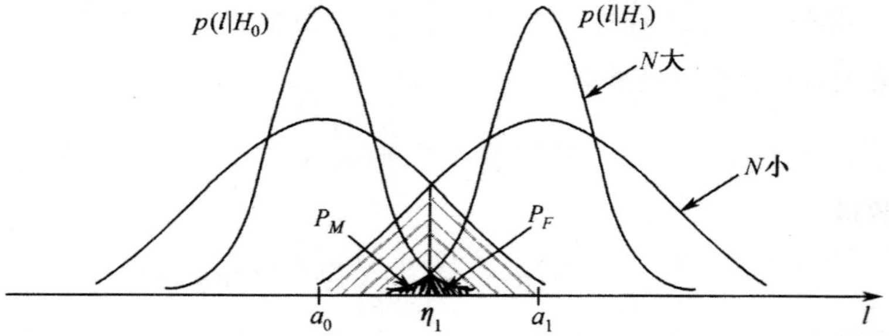

图 3-2-8　P_F 和 P_M 示意图

3.2.4　极小化极大准则

优化准则需要知道各种判决的代价和假设的先验概率 $P(H_i)(i=0,1)$。但有时只知道判决的代价 $c_{ij}(i,j=0,1)$，而不知道假设的先验概率 $P(H_i)(i=0,1)$。此时，通常的做法就是寻找某一个先验概率作为代表，用它按照式(3-2-8)计算门限，用该门限组成似然比处理器，使得不论实际上假设的先验概率如何，其风险都不超过用“先验概率代表”计算的风险。寻找平均风险中最大者对应的先验概率作为这个“代表”，即为寻找贝叶斯检验中的最不利先验概率，因此称这个准则为极小化极大准则。

极小化极大准则的关键是寻求那个最不利的先验概率，有了它就可以按照式(3-2-8)计算检验门限。首先，我们知道判决风险为

$$C = c_{00}P(H_0)P(H_0 \mid H_0) + c_{10}P(H_0)P(H_1 \mid H_0) + c_{11}P(H_1)(H_1 \mid H_1) + c_{01}P(H_1)(H_0 \mid H_1) \qquad (3\text{-}2\text{-}23)$$

令 $P_1 = P(H_1), P(H_0) = 1 - P(H_1)$，又 $P_F = P(H_1 \mid H_0)$，

$P(H_0 \mid H_0) = 1 - P_F, P_M = P(H_0 \mid H_1), P(H_1 \mid H_1) = 1 - P_M$，将这些关系代入式(3-2-23)，经整理后可得

$$C = c_{00}(1 - P_F) + c_{10}P_F + P_1[(c_{11} - c_{00}) + (c_{01} - c_{11})P_M - (c_{10} - c_{00})P_F] \tag{3-2-24}$$

对于给定的 P_1，如果按照贝叶斯准则确定判决门限，即

$$\Lambda(\boldsymbol{x}) = \frac{p(\boldsymbol{x} \mid H_1)}{p(\boldsymbol{x} \mid H_0)} \underset{H_0}{\overset{H_1}{\gtrless}} \frac{(c_{10} - c_{00})(1 - P_1)}{(c_{01} - c_{11})P_1} \tag{3-2-25}$$

那么，按式(3-2-23)计算的风险是对应于先验概率 P_1 的最小风险，即贝叶斯风险可表示为

$$C_{\min} = c_{00}(1 - P_F) + c_{10}P_F + P_1[(c_{11} - c_{00}) + (c_{01} - c_{11})P_M - (c_{10} - c_{00})P_F] \tag{3-2-26}$$

很显然，不同的先验概率 P_1、判决门限不同，对应的最小风险也不同。可以证明，式(3-2-26)表示的风险是严格凸函数，由此可以画出一条最小风险随先验概率 P_1 变化的曲线，如图 3-2-9 中的曲线 4 所示。

由图 3-2-9 可以看出，存在一个先验概率 P_1^*，对应的最小风险达到最大，这个先验概率 P_1^* 称为最不利的先验概率。

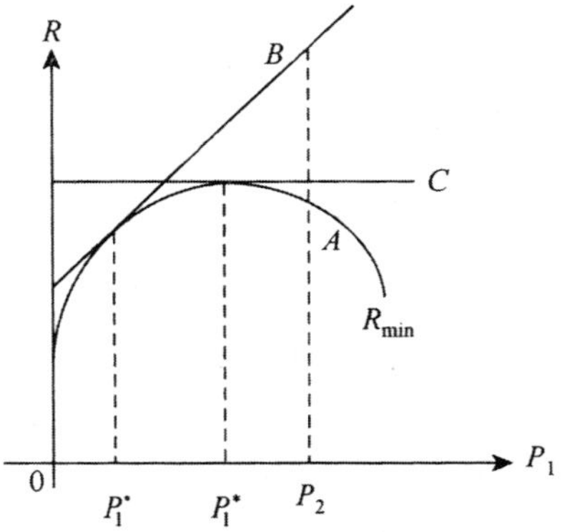

图 3-2-9 最小风险与先验概率 P_1 的关系曲线

现在考虑不知道先验概率 P_1 的情况，为了能采用贝叶斯准则，只能猜测一个先验概率 $P_1^{\cdot}$，用这个先验概率 $P_1^{\cdot}$ 确定贝叶斯判决门限，此时 P_F 和 P_M 都是 $P_1^{\cdot}$ 的函数，记为 $P_F(P_1^{\cdot})$和 $P_M(P_1^{\cdot})$。此时的风险为

$$C(P_1^{\cdot}, P) = c_{00}(1 - P_F(P_1^{\cdot})) + c_{10}P_F(P_1^{\cdot}) + P_1[(c_{11} - c_{00}) + (c_{01} - c_{11})P_M(P_1^{\cdot}) - (c_{10} - c_{00})P_F(P_1^{\cdot})] \tag{3-2-27}$$

$C(P_1^{\cdot}, P)$ 与 P_1 的关系是一条直线，如图 3-2-9 中的曲线 B 所示。很显然，$C(P_1^{\cdot}, P_1^{\cdot}) = C_{\min}(P_1^{\cdot})$，即当猜测的先验概率 $P_1^{\cdot}$ 恰好等于实际的先

验概率 P_1 时，风险达到最小，即为贝叶斯风险，所以直线 $C(P_1^{\cdot},P)$ 与 $C_{\min}(P_1)$ 在 $P_1^{\cdot}=P$ 处相切。

由图 3-2-9 可以看出，当实际的 P_1 与 $P_1^{\cdot}$ 相差不大时，风险与最小风险相差不大；当实际的 P_1 与 $P_1^{\cdot}$ 相差较大时，风险会变得很大，如图 3-2-9 中 P_2 只对应的风险，我们不希望出现这样的情况；如果选择 $P_1^{\cdot}=P_1^{*}$，这时风险是平行于横轴的，这时的风险不随 P_1 变化，是个恒定值。极小化极大准则就是根据最不利的先验概率确定门限的一种贝叶斯判决方法，这时的风险是一个恒定值，不随先验概率变化。要使风险为常数，式(3-2-27)表示的直线斜率应该为零，因此，由式(3-2-27)可解出最不利的先验概率 P_1^{*}。

$$(c_{11}-c_{00})+(c_{01}-c_{11})P_M(P_1^{*})-(c_{10}-c_{00})P_F(P_1^{*})=0 \tag{3-2-28}$$

式(3-2-28)称为极小化极大方程，通过令最小风险对 P_1 的导数为零也可以求得最不利先验概率 P_1^{*}，即

$$\frac{\partial C_{\min}(P_1)}{\partial P_1}\Big|_{P_1=P_1^{*}}=0 \tag{3-2-29}$$

式(3-2-29)也称为极小化极大方程。当 $c_{11}=c_{00}=0$、$c_{01}=c_{10}=1$ 时，式(3-2-28)简化为

$$P_M(P_1^{*})=P_F(P_1^{*}) \tag{3-2-30}$$

此时的平均代价等于总错误概率。

例 3.2.8 设有两种假设

$$H_0: r(t)=n(t)$$
$$H_1: r(t)=1+n(t)$$

其中，$n(t)$ 服从均值为零、方差为 1 的高斯分布，即，$n(t)\sim N(0,1)$。假定 $c_{11}=c_{00}=0, c_{01}=c_{10}=1$，求极小化极大准则的判决表达式和判决门限。

解：根据题目已知条件，计算出的似然比为

$$\Lambda(\boldsymbol{x})=\frac{p(\boldsymbol{x}\mid H_1)}{p(\boldsymbol{x}\mid H_0)}=\exp\left(x-\frac{1}{2}\right)$$

所以判决表达式为

$$\Lambda(\boldsymbol{x})=\frac{p(\boldsymbol{x}\mid H_1)}{p(\boldsymbol{x}\mid H_0)}=\exp\left(x-\frac{1}{2}\right)\underset{H_0}{\overset{H_1}{\gtrless}}\frac{(c_{10}-c_{00})P(H_0)}{(c_{01}-c_{11})P(H_1)}=\frac{1-P_1}{P_1}$$

或者取对数再化简为

$$\boldsymbol{x}\underset{H_0}{\overset{H_1}{\gtrless}}\frac{1}{2}+\ln\left(\frac{1-P_1}{P_1}\right)=\gamma$$

其中，判决门限 γ 由极小化极大方程(3-2-28)或式(3-2-30)求出。

因为

$$P_F = P(H_1 \mid H_0) = \int_{\gamma}^{\infty} p(\boldsymbol{x} \mid H_0)\mathrm{d}\boldsymbol{x}$$
$$= \int_{\gamma}^{\infty} \frac{1}{\sqrt{2\pi}}\exp\left(-\frac{x^2}{2}\right)\mathrm{d}x = Q(\gamma)$$
$$P_M = P(H_0 \mid H_1) = \int_{-\infty}^{\gamma} p(\boldsymbol{x} \mid H_1)\mathrm{d}\boldsymbol{x}$$
$$= \int_{-\infty}^{\gamma} \frac{1}{\sqrt{2\pi}}\exp\left[-\frac{(x-1)^2}{2}\right]\mathrm{d}x$$
$$= 1 - Q(\gamma - 1)$$

根据极小化极大方程(3-2-29)得到

$$1 - Q(\gamma - 1) = Q(\gamma)$$

从而解得判决门限，$\gamma = 1/2$。

3.2.5　奈曼-皮尔逊准则

奈曼-皮尔逊准则就是指在虚警概率 $P_F = \alpha$ 的约束条件下，使检测概率 P_D 最大的准则。

奈曼-皮尔逊准则限定 $P_F = \alpha$，根据这个约束，设计使 P_D 最大（或 $P_M = 1 - P_D$ 最小）的检验。应用拉格朗日(Largrange)乘子 $\mu(\mu \geqslant 0)$，构造一个目标函数

$$J = P_M + \mu(P_F - \alpha)$$
$$= \int_{R_0} p(\boldsymbol{x} \mid H_1)\mathrm{d}\boldsymbol{x} + \mu\left[\int_{R_1} p(\boldsymbol{x} \mid H_0)\mathrm{d}\boldsymbol{x} - \alpha\right] \tag{3-2-31}$$

显然，若 $P_F = \alpha$，则 J 达到最小，P_M 就达到最小。变换积分域，(3-2-31)变为

$$J = \mu(1-\alpha) + \int_{R_0} [p(\boldsymbol{x} \mid H_1) - \mu p(\boldsymbol{x} \mid H_0)]\mathrm{d}\boldsymbol{x} \tag{3-2-32}$$

因为 $\mu \geqslant 0$，所以式(3-2-32)中第一项为正数，要使 J 达到最小，只有把式(3-2-32)中方括号内的项为负的 $\boldsymbol{x}$ 点划归 R_0 域，判 H_0 成立；否则划归 R_1 域，判 H_1 成立，即

$$p(\boldsymbol{x} \mid H_1) \underset{H_0}{\overset{H_1}{\gtrless}} p(\boldsymbol{x} \mid H_0) \tag{3-2-33}$$

写成似然比检验的形式为

$$\frac{p(\boldsymbol{x} \mid H_1)}{p(\boldsymbol{x} \mid H_0)} \underset{H_0}{\overset{H_1}{\gtrless}} \mu \tag{3-2-34}$$

为了满足 $P_F = \alpha$ 的约束，选择 μ 使

$$P_F=\int_{R_1}p(\boldsymbol{x}\mid H_0)\mathrm{d}\boldsymbol{x}=\int_{\mu}^{\infty}p(\boldsymbol{x}\mid H_0)\mathrm{d}\Lambda=\alpha \tag{3-2-35}$$

于是对于给定的 α，μ 可以由式(3-2-35)求出。

因为 $0\leqslant\alpha\leqslant1$，$\Lambda(\boldsymbol{x})=\dfrac{p(\boldsymbol{x}\mid H_1)}{p(\boldsymbol{x}\mid H_0)}>0$，$p[\Lambda(\boldsymbol{x})]>0$，所以由式(3-2-35)解出的 μ 必满足 $\mu\geqslant0$。

现在说明似然比检测门限 μ 的作用。类似式(3-2-35)有

$$P_D=\int_{\mu}^{\infty}p(\Lambda\mid H_1)\mathrm{d}\Lambda \tag{3-2-36}$$

$$P_M=\int_{0}^{\mu}p(\Lambda\mid H_1)\mathrm{d}\Lambda \tag{3-2-37}$$

显然，μ 增加，P_F 减小，P_M 增加；相反，μ 减小，P_F 增加，P_M 减小。这就是说，改变 μ 就能调整判决域 R_0 和 R_1。

奈曼-皮尔逊准则可看成是贝叶斯准则在 $P(H_1)(c_{01}-c_{11})=1$，$P(H_0)(c_{10}-c_{00})=\mu$ 时的特例，μ 为似然比检测门限，仍可用 η 的函数表示。

由上可知奈曼-皮尔逊准则的最佳检验是由三个步骤完成的：

①对观测量 $\boldsymbol{x}$ 进行加工，求出似然比检验式并进行化简，得检验统计量 $l(\boldsymbol{x})$ 的判决规则表示式、检测门限 η；

②根据检验统计量 $l(\boldsymbol{x})$ 与检测门限 η 的判决规则表示式，由 $P_F=\alpha$ 的约束求出检测门限 η'（是似然比检验门限 η 的函数）；

③完成判决，得出结论。

例 3.2.9 在加性噪声背景下，测量 0V 和 1V 的直流电压，在 $P(H_1\mid H_0)=0.1$ 的条件下，采用奈曼-皮尔逊准则，对一次观测数据进行判决。假定加性噪声服从均值为 0，方差为 2 的正态分布。

解：根据正态分布的概率密度函数得

$$p(x\mid H_0)=\frac{1}{2\sqrt{\pi}}\mathrm{e}^{-\frac{x^2}{4}}$$

$$p(x\mid H_1)=\frac{1}{2\sqrt{\pi}}\mathrm{e}^{-\frac{(x-1)^2}{4}}$$

根据奈曼-皮尔逊准则的判决规则，可得

$$\frac{p(\boldsymbol{x}\mid H_1)}{p(\boldsymbol{x}\mid H_0)}=\mathrm{e}^{\frac{x}{2}-\frac{1}{4}}\underset{H_0}{\overset{H_1}{\gtrless}}\eta$$

上式判决等效于

$$\boldsymbol{x}\underset{H_0}{\overset{H_1}{\gtrless}}\frac{1}{2}+2\ln\eta=\gamma$$

对于奈曼-皮尔逊准则，门限 η 应满足 $P(H_1\mid H_0)=\alpha$ 的约束条件，即

$$P(H_1|H_0)=0.1=\int_{R_1}p(\boldsymbol{x}|H_0)\mathrm{d}\boldsymbol{x}=\int_{\gamma}^{+\infty}\frac{1}{2\sqrt{\pi}}\mathrm{e}^{-\frac{x^2}{4}}\mathrm{d}x$$

$$=\frac{1}{2}\left[\frac{2}{\sqrt{\pi}}\int_0^{\infty}\mathrm{e}^{-\left(\frac{x}{2}\right)^2}\mathrm{d}\,\frac{x}{2}-\frac{2}{\sqrt{\pi}}\int_0^{\gamma}\mathrm{e}^{-\left(\frac{x}{2}\right)^2}\mathrm{d}\,\frac{x}{2}\right]$$

$$=\frac{1}{2}\left[1-\frac{2}{\sqrt{\pi}}\int_0^{\frac{\gamma}{2}}\mathrm{e}^{-t^2}\mathrm{d}t\right]$$

$$=\frac{1}{2}\left[1-\mathrm{erf}\left(\frac{\gamma}{2}\right)\right]$$

得

$$\mathrm{erf}\left(\frac{\gamma}{2}\right)=1-0.2=0.8$$

查误差函数表得

$$\mathrm{erf}(0.9)=0.796915$$

因此

$$\frac{\gamma}{2}=0.9,\gamma=1.8$$

得到判决规则，为

$$x\underset{H_0}{\overset{H_1}{\gtrless}}1.8$$

由于 $\frac{1}{2}+2\ln\eta=1.8,\ln\eta=0.65,\eta=\mathrm{e}^{0.65}=1.92$。

3.3　M 元信号的统计检测

设 M 元假设检验问题中，M 个假设为 $H_i(i=0,1,\cdots,M-1)H_i(i=0,1,\cdots,M-1)$，每次检验作出 M 个判决之一。观测空间 $\boldsymbol{R}$ 按选定的最佳检验准则划分为 M 个子空间，即 $R_i(i=0,1,\cdots,M-1)$，并满足

$$\begin{cases}\boldsymbol{R}=\sum\limits_{i=0}^{M-1}R_i\\ R_i\cap R_j=\varnothing,i\neq j\end{cases}\tag{3-3-1}$$

其中，R_i 代表判决信号为假设 H_i 的判决区域。这样，根据观测值 x 所落在的判决区域，就可以作出是哪个假设的判决。M 元假设检验观测模型如图 3-3-1 所示。

在讨论多元假设检验的贝叶斯准则时，假定 M 个假设 $H_i(i=0,1,\cdots,M-1)$ 所对应的先验概率 $P(H_i)(i=0,1,\cdots,M-1)$ 是已知的，并且每种

判决的代价 $c_{ij}(i=0,1,\cdots,M-1)$，即假设为 H_j，而判决为 H_i 所付出的代价也是已知的，这时贝叶斯平均代价 C 为

$$C=\sum_{i=0}^{M-1}\sum_{j=0}^{M-1}c_{ij}P(H_j)P(H_i\,|\,H_j)$$

$$=\sum_{i=0}^{M-1}\sum_{j=0}^{M-1}c_{ij}P(H_j)\int_{R_i}p(\boldsymbol{x}\,|\,H_j)\mathrm{d}\boldsymbol{x} \tag{3-3-2}$$

其中，$P(H_i\,|\,H_j)$ 表示假设 H_j 为真而判决为假设 H_i 的概率。

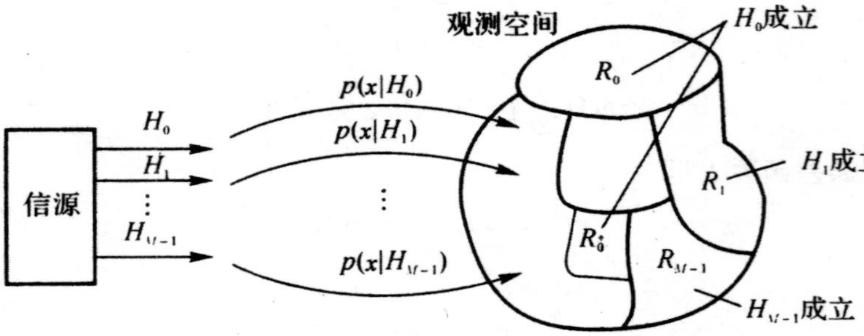

图 3-3-1　M 元假设检验观测模型

由于区域 R_i 可以写成

$$R_i=R-\sum_{i=0,i\neq j}^{M-1}R_i \tag{3-3-3}$$

且

$$\int_R p(\boldsymbol{x}\,|\,H_j)\mathrm{d}\boldsymbol{x}=1 \tag{3-3-4}$$

所以

$$\int_{R_j}p(\boldsymbol{x}\,|\,H_j)\mathrm{d}\boldsymbol{x}=\int_R p(\boldsymbol{x}\,|\,H_j)\mathrm{d}\boldsymbol{x}-\int_{\sum\limits_{i=0,i\neq j}^{M-1}R_i}p(\boldsymbol{x}\,|\,H_j)\mathrm{d}\boldsymbol{x}$$

$$=1-\int_{\sum\limits_{i=0,i\neq j}^{M-1}R_i}p(\boldsymbol{x}\,|\,H_j)\mathrm{d}\boldsymbol{x}$$

$$=1-\sum_{i=0,i\neq j}^{M-1}\int_{R_i}p(\boldsymbol{x}\,|\,H_j)\mathrm{d}\boldsymbol{x} \tag{3-3-5}$$

式(3-3-2)计算的平均代价可表示为

$$\sum_{i=0}^{M-1}\sum_{j=0}^{M-1}c_{ij}P(H_j)\int_{R_i}p(\boldsymbol{x}\,|\,H_j)\mathrm{d}\boldsymbol{x}$$

$$=\sum_{j=0}^{M-1}c_{jj}P(H_j)+\sum_{j=0}^{M-1}\int_{R_j}\sum_{i=0,i\neq j}^{M-1}(c_{ji}-c_{ii})P(H_i)p(\boldsymbol{x}\,|\,H_i)\mathrm{d}\boldsymbol{x} \tag{3-3-6}$$

现在对式(3-3-6)表示的平均代价进行分析，式中第一项是常数项，即固定代价，与判决区域的划分无关，式中第二项是 M 个积分项之和，它与判

决区域 $R_i(i=0,1,\cdots,M-1)$ 的划分有关。贝叶斯准则就是要使平均代价的这部分达到最小，即使下式最小

$$C_2=\sum_{j=0}^{M-1}c_{jj}P(H_j)+\sum_{j=0}^{M-1}\int_{R_j}\sum_{i=0,i\neq j}^{M-1}(c_{ji}-c_{ii})P(H_i)p(\boldsymbol{x}\mid H_i)\mathrm{d}\boldsymbol{x} \tag{3-3-7}$$

为此，定义函数

$$I_j(\boldsymbol{x})=\sum_{i=0,i\neq j}^{M-1}(c_{ji}-c_{ii})P(H_i)p(\boldsymbol{x}\mid H_i),j=0,1,\cdots,M-1 \tag{3-3-8}$$

因为对于所有的 i 和 j 有

$$\begin{cases}c_{ji}-c_{ii}\geqslant 0\\ p(\boldsymbol{x}\mid H_i)\geqslant 0\\ P(H_i)\geqslant 0\end{cases} \tag{3-3-9}$$

所以有

$$I_j(\boldsymbol{x})\geqslant 0,j=0,1,\cdots,M-1 \tag{3-3-10}$$

于是判决规则应选择使得 $I_j(\boldsymbol{x})(j=0,1,\cdots,M-1)$ 最小的假设，即若

$$I_i(\boldsymbol{x})=\min\{I_0(x),I_1(x),\cdots,I_{M-1}(x)\} \tag{3-3-11}$$

则应选择假设 H_i。

或者说，判决区域 R_i 由解式(3-3-12)所示的联立方程获得。

$$I_i(\boldsymbol{x})\underset{H_0}{\overset{H_1}{\gtrless}}I_j(\boldsymbol{x}),j=0,1,\cdots,M-1;j\neq i \tag{3-3-12}$$

在 $i\neq j$ 时，如果 $c_{ii}=0$，而 $c_{ij}=1$，则贝叶斯准则就成为最小总错误概率准则。

选择最小的 $I_j(\boldsymbol{x})$ 等效于选择最大的 $p(\boldsymbol{x}\mid H_j)$，此时称为最大似然准则。此时的最小平均错误概率为

$$P_e=\frac{1}{M}\sum_{j=0}^{M-1}\sum_{i=0,i\neq j}^{M-1}P(H_j\mid H_i) \tag{3-3-13}$$

例 3.3.1 设某信源有四个输出电压，即假设 H_1 时，输出 1；假设 H_2 时，输出 2；假设 H_3 时，输出 3；假设 H_4 时，输出 4。各种假设是等概率的，输出信号在传输和接收过程中混叠有均值为零、方差为 σ_n^2 的加性噪声。假定各种判决的代价因子为 $c_{ij}=\begin{cases}1,i\neq j\\0,i=j\end{cases},i,j=1,2,3,4$。现进行了 N 次独立观测，观测矢量为 $\boldsymbol{x}=[x_1\quad x_2\quad\cdots\quad x_N]^{\mathrm{T}}$，请设计一个四元假设检验。

解:根据等先验概率 $P(H_j)=P$ 和代价因子的表示式,四元假设检验可按最大似然准则来设计。

因为观测是独立的,所以 N 维观测矢量的似然函数为

$$p(\boldsymbol{x}|H_i)=\prod_{k=1}^{N}p(x_k|H_i)=\prod_{k=1}^{N}\left(\frac{1}{2\pi\sigma_n^2}\right)^{\frac{1}{2}}\exp\left[-\frac{(x_k-s_i)^2}{2\sigma_n^2}\right]$$

$$=\left(\frac{1}{2\pi\sigma_n^2}\right)^{\frac{N}{2}}\exp\left[-\sum_{k=1}^{N}\frac{(x_k-s_i)^2}{2\sigma_n^2}\right],i=1,2,3,4$$

其中

$$s_i=\begin{cases}1,i=1(\text{假设 }H_1)\\2,i=2(\text{假设 }H_2)\\3,i=3(\text{假设 }H_3)\\4,i=4(\text{假设 }H_4)\end{cases}$$

在选择最大似然函数时,公有的常数项 $\left(\frac{1}{2\pi\sigma_n^2}\right)^{\frac{N}{2}}$ 可以消去而不予考虑。而且,其中的指数运算是相同的,指数中的分母 $2\sigma_n^2$ 也是相同的。这样选择最大似然函数等价于选择

$$-\sum_{k=1}^{N}x_k^2+2s_i\sum_{k=1}^{N}x_k-Ns_i^2,i=1,2,3,4$$

最大。因为对任何一个假设,$-\sum_{k=1}^{N}x_k^2$ 都是一样的,所以,该四元假设的判决规则最终等价于选择

$$\frac{2s_i}{N}\sum_{k=1}^{N}x_k-s_i^2,i=1,2,3,4$$

为最大的 H_i 成立。具体写出各假设对应的结果如下:

$$\frac{2}{N}\sum_{k=1}^{N}x_k-1$$

$$\frac{4}{N}\sum_{k=1}^{N}x_k-4$$

$$\frac{6}{N}\sum_{k=1}^{N}x_k-9$$

$$\frac{8}{N}\sum_{k=1}^{N}x_k-16$$

若选择假设 H_1 成立,即 $p(\boldsymbol{x}|H_1)$ 最大,则等价地有 $\frac{2}{N}\sum_{k=1}^{N}x_k-1$ 最大。于是选择假设 H_1 成立的判决规则由求解下列联立方程获得:

$$\begin{cases}\dfrac{2}{N}\sum_{k=1}^{N}x_k-1\geqslant\dfrac{4}{N}\sum_{k=1}^{N}x_k-4\\\dfrac{2}{N}\sum_{k=1}^{N}x_k-1\geqslant\dfrac{6}{N}\sum_{k=1}^{N}x_k-9\\\dfrac{2}{N}\sum_{k=1}^{N}x_k-1\geqslant\dfrac{8}{N}\sum_{k=1}^{N}x_k-16\end{cases}$$

若记检验统计量

$$\hat{\boldsymbol{x}}=\frac{1}{N}\sum_{k=1}^{N}x_k$$

则有

$$\begin{cases}2\hat{\boldsymbol{x}}-1\geqslant4\hat{\boldsymbol{x}}-4\\2\hat{\boldsymbol{x}}-1\geqslant6\hat{\boldsymbol{x}}-9\\2\hat{\boldsymbol{x}}-1\geqslant8\hat{\boldsymbol{x}}-16\end{cases}$$

即

$$\begin{cases}\hat{\boldsymbol{x}}\leqslant1.5\\\hat{\boldsymbol{x}}<2\\\hat{\boldsymbol{x}}<2.5\end{cases}$$

这样，假设 H_1 成立的判决规则为

$$\hat{\boldsymbol{x}}=\frac{1}{N}\sum_{k=1}^{N}x_k\leqslant1.5\text{，判决 }H_1\text{ 成立}$$

类似地，可得 H_2，H_3 和 H_4 成立的判决规则为

$$1.5<\hat{\boldsymbol{x}}\leqslant2.5\text{，判决 }H_2\text{ 成立}$$

$$2.5<\hat{\boldsymbol{x}}\leqslant3.5\text{，判决 }H_3\text{ 成立}$$

$$\hat{\boldsymbol{x}}>3.5\text{，判决 }H_4\text{ 成立}$$

各假设成立的判决域如图 3-3-2 所示。

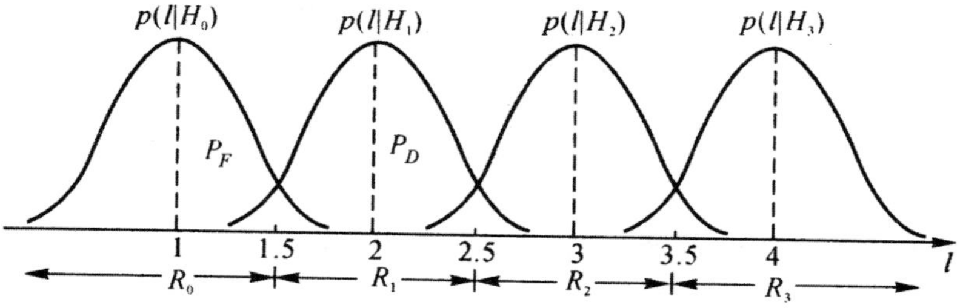

图 3-3-2　四元假设检验的判决域

3.4 复合假设检验

含有未知参数的信号一般可表示为

$$s(t,\boldsymbol{\theta}) = s(t;\theta_1,\theta_2,\cdots,\theta_n) \tag{3-4-1}$$

其中，$\theta_1,\theta_2,\cdots,\theta_n$ 为信号 $s(t)$ 的未知(随机或非随机)参量。在假设检验中对含有未知参量信号的假设称为复合假设。前面讨论的对确知信号的假设可以看做复合假设的特例，称为简单假设。含有未知参量信号的检验称为复合假设检验。复合假设检验问题比简单假设检验复杂得多，一般很难找到一种通用的最优的方法。

下面讨论二元复合假设检验问题，并设 $\boldsymbol{\theta}_0 = (\theta_{01},\theta_{02},\cdots,\theta_{0m})$ 是代表与复合假设 H_0 有关的一组未知参量，$\boldsymbol{\theta}_1 = (\theta_{11},\theta_{12},\cdots,\theta_{1n})$ 代表与复合假设 H_1 有关的一组未知参量。信号检验问题就是在假设 H_0 和假设 H_1 之间判决哪个为真。

3.4.1 广义似然比检验

设在假设 H_0 和假设 H_1 下的观测矢量 $\boldsymbol{x}$，的概率密度函数分别为 $p(\boldsymbol{x}|\boldsymbol{\theta}_0,H_0)$ 和 $p(\boldsymbol{x}|\boldsymbol{\theta}_1,H_1)$。首先由概率密度函数 $p(\boldsymbol{x}|\boldsymbol{\theta}_j,H_j)$，利用最大似然估计方法求信号参量 $\boldsymbol{\theta}_j$ 的最大似然估计，即使得似然函数 $p(\boldsymbol{x}|\boldsymbol{\theta}_j,H_j)$ 达到最大，设该估计为 $\hat{\boldsymbol{\theta}}_{jml}$。获得参数的似然估计 $\hat{\boldsymbol{\theta}}_{jml}$ 后，复合假设检验问题就变为确知信号的统计检验了。这样，广义似然比检验为

$$\Lambda(\boldsymbol{x}) = \frac{p(\boldsymbol{x}|\hat{\boldsymbol{\theta}}_{1ml},H_1)}{p(\boldsymbol{x}|\hat{\boldsymbol{\theta}}_{0ml},H_0)} \underset{H_0}{\overset{H_1}{\gtrless}} \eta \tag{3-4-2}$$

如果假设 H_0 是简单假设，而假设 H_1 是复合假设，则广义似然比检验为

$$\Lambda(\boldsymbol{x}) = \frac{p(\boldsymbol{x}|\hat{\boldsymbol{\theta}}_{1ml},H_1)}{p(\boldsymbol{x}|H_0)} \underset{H_0}{\overset{H_1}{\gtrless}} \eta \tag{3-4-3}$$

3.4.2 贝叶斯方法

如果信号参量是随机参量，并且其先验概率密度函数 $p(\boldsymbol{\theta}_j)(j = 0,1)$ 已知，则可以用统计平均的方法去掉信号参量的随机性。即根据条件概率密度函数性质有

$$p(\boldsymbol{x}|H_0)=\int_{\{\boldsymbol{\theta}_0\}}p(\boldsymbol{x}|\boldsymbol{\theta}_0,H_0)p(\boldsymbol{\theta}_0)\mathrm{d}\boldsymbol{\theta}_0 \tag{3-4-4}$$

$$p(\boldsymbol{x}|H_1)=\int_{\{\boldsymbol{\theta}_1\}}p(\boldsymbol{x}|\boldsymbol{\theta}_1,H_1)p(\boldsymbol{\theta}_1)\mathrm{d}\boldsymbol{\theta}_1 \tag{3-4-5}$$

这样，通过求统计平均的方法去掉了参数 $\boldsymbol{\theta}_j\ (j=0,1)$ 的随机性，获得了概率密度函数 $p(\boldsymbol{x}|H_0)$ 和 $p(\boldsymbol{x}|H_1)$。这时，问题变为确知信号的情况，于是，随机信号参量下的似然比检验为

$$\Lambda(\boldsymbol{x})=\frac{p(\boldsymbol{x}|H_1)}{p(\boldsymbol{x}|H_0)}=\frac{\displaystyle\int_{\{\boldsymbol{\theta}_1\}}p(\boldsymbol{x}|\boldsymbol{\theta}_1,H_1)p(\boldsymbol{\theta}_1)\mathrm{d}\boldsymbol{\theta}_1}{\displaystyle\int_{\{\boldsymbol{\theta}_0\}}p(\boldsymbol{x}|\boldsymbol{\theta}_0,H_0)p(\boldsymbol{\theta}_0)\mathrm{d}\boldsymbol{\theta}_0}\underset{H_0}{\overset{H_1}{\gtrless}}\eta \tag{3-4-6}$$

如果假设 H_0 是简单假设，而假设 H_1 是复合假设，则这时的似然比检验为

$$\Lambda(\boldsymbol{x})=\frac{p(\boldsymbol{x}|H_1)}{p(\boldsymbol{x}|H_0)}=\frac{\displaystyle\int_{\{\boldsymbol{\theta}_1\}}p(\boldsymbol{x}|\boldsymbol{\theta}_1,H_1)p(\boldsymbol{\theta}_1)\mathrm{d}\boldsymbol{\theta}_1}{p(\boldsymbol{x}|H_0)}\underset{H_0}{\overset{H_1}{\gtrless}}\eta \tag{3-4-7}$$

如果信号参量 $\boldsymbol{\theta}_j$ 是随机的，但事先未指定其概率密度函数，此时，我们可以利用某些先验知识，猜测一个合理的概率密度函数，然后利用前面介绍的已知参量概率密度函数的方法进行信号检测。

例 3.4.1　研究高斯白噪声背景中随机幅度信号的检测问题。

在 H_0 假设下，$s_0(t)=0$，观测波形为 $x(t)=n(t)$；

在 H_1 假设下，$s_1(t)=m$，观测波形为 $x(t)=m+n(t)$。

其中，$n(t)$是零均值、方差为 σ_n^2 的高斯白噪声；m 是未知幅度信号。已知先验概率和代价，$c_{10}=c_{01}=0,c_{00}=c_{11}=1,P(H_0)=P(H_1)=\dfrac{1}{2}$，即似然比检验门限 $\eta=1$。

(1)m 服从高斯分布，均值为 m_0，方差为 σ_m^2。进行 N 次观测，观测期间 m 值不变，噪声采样值独立，且 $n(t)$与 m 独立，设计似然比检验。

(2)m 的概率密度函数未知，其取值范围为 $m_0\leqslant m\leqslant m_1$。设计 N-P 检验。

(3)m 的概率密度函数未知，设计广义似然比检验。

解：(1)在 H_0 假设下单次观测似然函数为

$$p(x_i|H_0)=\frac{1}{\sqrt{2\pi}\sigma_n}\exp\left(-\frac{x_i^2}{2\sigma_n^2}\right),i=1,2,\cdots,N$$

N 次观测似然函数为

$$p(\boldsymbol{x}|H_0)=\left(\frac{1}{\sqrt{2\pi}\sigma_n}\right)^N\exp\left(-\frac{1}{2\sigma_n^2}\sum_{i=1}^{N}x_i^2\right)$$

在 H_1 假设下单次观测似然函数为

$$p(x_i|H_1)=\int_{-\infty}^{+\infty}p(x_i,m)\mathrm{d}m$$
$$=\int_{-\infty}^{+\infty}p(x_i,m)p(m)\mathrm{d}m, i=1,2,\cdots,N$$

代入

$$p(x_i|m)=\frac{1}{\sqrt{2\pi}\sigma_n}\exp\left[-\frac{(x_i-m)^2}{2\sigma_n^2}\right]$$

及

$$p(m)=\frac{1}{\sqrt{2\pi}\sigma_m}\exp\left[-\frac{(m-m_0)^2}{2\sigma_m^2}\right]$$

得

$$p(x_i|H_1)=\int_{-\infty}^{+\infty}\frac{1}{\sqrt{2\pi}\sigma_n}\exp\left[-\frac{(x_i-m)^2}{2\sigma_n^2}\right]\cdot\frac{1}{\sqrt{2\pi}\sigma_m}\exp\left[-\frac{(m-m_0)^2}{2\sigma_m^2}\right]\mathrm{d}m$$

整理上式得

$$p(x_i|H_1)=\frac{1}{\sqrt{2\pi}\sigma_n}\exp\left(-\frac{x_i^2}{2\sigma_n^2}\right)\cdot\sqrt{\frac{\sigma_n^2}{\sigma_m^2+\sigma_n^2}}\cdot\exp\left[\frac{\sigma_m^2x_i^2-\sigma_n^2m_0^2+2\sigma_n^2m_0x_i}{2(\sigma_m^2+\sigma_n^2)\sigma_n^2}\right]$$
$$\cdot\sqrt{\frac{\sigma_m^2+\sigma_n^2}{2\pi\sigma_m^2\sigma_n^2}}\int_{-\infty}^{+\infty}\exp\left[-\frac{\sigma_m^2+\sigma_n^2}{2\sigma_m^2\sigma_n^2}\left(m-\frac{\sigma_m^2x_i+\sigma_n^2m_0}{\sigma_m^2+\sigma_n^2}\right)^2\right]\mathrm{d}m$$

代入

$$\sqrt{\frac{\sigma_m^2+\sigma_n^2}{2\pi\sigma_m^2\sigma_n^2}}\int_{-\infty}^{+\infty}\exp\left[-\frac{\sigma_m^2+\sigma_n^2}{2\sigma_m^2\sigma_n^2}\left(m-\frac{\sigma_m^2x_i+\sigma_n^2m_0}{\sigma_m^2+\sigma_n^2}\right)^2\right]\mathrm{d}m=1$$

得

$$p(x_i|H_1)=\frac{1}{\sqrt{2\pi}\sigma_n}\exp\left(-\frac{x_i^2}{2\sigma_n^2}\right)\cdot\sqrt{\frac{\sigma_n^2}{\sigma_m^2+\sigma_n^2}}\cdot\exp\left[\frac{\sigma_m^2x_i^2-\sigma_n^2m_0^2+2\sigma_n^2m_0x_i}{2(\sigma_m^2+\sigma_n^2)\sigma_n^2}\right]$$

因此在 H_1 假设下 N 次观测似然函数为

$$p(\boldsymbol{x}|H_1)$$
$$=\left(\frac{1}{\sqrt{2\pi}\sigma_n}\right)^N\exp\left(-\frac{1}{2\sigma_n^2}\sum_{i=1}^{N}x_i^2\right)$$
$$\cdot\left(\frac{\sigma_n^2}{\sigma_m^2+\sigma_n^2}\right)^{N/2}\exp\left[\frac{\sigma_m^2}{2(\sigma_m^2+\sigma_n^2)\sigma_n^2}\sum_{i=1}^{N}x_i^2+\frac{m_0}{\sigma_m^2+\sigma_n^2}\sum_{i=1}^{N}x_i-\frac{Nm_0^2}{2(\sigma_m^2+\sigma_n^2)}\right]$$

将 $p(\boldsymbol{x}|H_0)$和 $p(\boldsymbol{x}|H_1)$ 代入似然比表达式，得

$$\Lambda(\boldsymbol{x})=\left(\frac{\sigma_n^2}{\sigma_m^2+\sigma_n^2}\right)^{N/2}\exp\left[\frac{\sigma_m^2}{2(\sigma_m^2+\sigma_n^2)\sigma_n^2}\sum_{i=1}^{N}x_i^2+\frac{m_0}{\sigma_m^2+\sigma_n^2}\sum_{i=1}^{N}x_i-\frac{Nm_0^2}{2(\sigma_m^2+\sigma_n^2)}\right]$$

似然比检验为

$$\Lambda(\boldsymbol{x}) \underset{H_0}{\overset{H_1}{\gtrless}} \eta$$

取对数，代入 $\eta = 1$ 再整理，判决式可表示为

$$\frac{1}{N}\sum_{i=1}^{N}x_i^2 + \frac{2\sigma_n^2}{\sigma_m^2}\frac{m_0}{N}\sum_{i=1}^{N}x_i \underset{H_0}{\overset{H_1}{\gtrless}} \frac{\sigma_n^2}{\sigma_m^2}m_0^2 + \frac{\sigma_n^2(\sigma_m^2+\sigma_n^2)}{\sigma_m^2}\ln\left(1+\frac{\sigma_m^2}{\sigma_n^2}\right)$$

若已知 $m_0 > 0$，则似然比检验可整理为

$$\frac{1}{N}\sum_{i=1}^{N}x_i + \frac{\sigma_m^2}{2m_0\sigma_n^2}\frac{1}{N}\sum_{i=1}^{N}x_i^2 \underset{H_0}{\overset{H_1}{\gtrless}} \frac{m_0}{2} + \frac{\sigma_m^2+\sigma_n^2}{2m_0}\ln\left(1+\frac{\sigma_m^2}{\sigma_n^2}\right)$$

若已知 $m_0 < 0$，则似然比检验可整理为

$$\frac{1}{N}\sum_{i=1}^{N}x_i + \frac{\sigma_m^2}{2m_0\sigma_n^2}\frac{1}{N}\sum_{i=1}^{N}x_i^2 \underset{H_0}{\overset{H_1}{\gtrless}} \frac{m_0}{2} + \frac{\sigma_m^2+\sigma_n^2}{2m_0}\ln\left(1+\frac{\sigma_m^2}{\sigma_n^2}\right)$$

当 $\sigma_m^2 = 0$（即 $m = m_0$ 为确知）时，判决式简化为

$$m_0 > 0: \frac{1}{N}\sum_{i=1}^{N}x_i \underset{H_0}{\overset{H_1}{\gtrless}} \frac{m_0}{2}$$

$$m_0 < 0: \frac{1}{N}\sum_{i=1}^{N}x_i \underset{H_0}{\overset{H_1}{\gtrless}} \frac{m_0}{2}$$

当 $m_0 = 0(\sigma_m^2 \neq 0)$ 时，判决式为

$$\frac{1}{N}\sum_{i=1}^{N}x_i^2 \underset{H_0}{\overset{H_1}{\gtrless}} \sigma_n^2\left(1+\frac{\sigma_n^2}{\sigma_m^2}\right)\ln\left(1+\frac{\sigma_m^2}{\sigma_n^2}\right)$$

可见，当 m 为确知信号时，在 H_0 和 H_1 两个假设下，观测信号 $x(t)$ 的区别是均值不同。因此判决是根据观测值的平均值的大小来进行的。而 $m_0 = 0$ 时，在 H_0 和 H_1 两个假设下，观测信号的区别是方差不同，因此判决是依据观测值的功率进行的。当 m 为随机信号且 $m_0 \neq 0$ 时，判决要更加复杂。不论 m_0 是正还是负，观测值 $\boldsymbol{x}$ 都有可能是正也可能是负的。因此仅仅利用观测值的平均值与门限比较无法进行判决。所以在上面的判决式的左端同时包含观测值的均值和功率。当信号的方差 σ_m^2 与噪声方差 σ_n^2 相比较小时，判决主要是依据观测值的均值；而当信号的方差 σ_m^2 与噪声方差 σ_n^2 相比较大时，判决主要是根据观测值的功率来进行的。

当 $N = 1$ 时，判决式可表示为

$$\sigma_m^2 x^2 + 2\sigma_n^2 m_0 x \underset{H_0}{\overset{H_1}{\gtrless}} \sigma_n^2 m_0^2 + \sigma_n^2(\sigma_m^2+\sigma_n^2)\ln\left(1+\frac{\sigma_m^2}{\sigma_n^2}\right)$$

整理得

$$(\sigma_m x + \sigma_n^2 m_0)^2 \underset{H_0}{\overset{H_1}{\gtrless}} \frac{\sigma_n^2}{\sigma_m^2}(\sigma_m^2+\sigma_n^2)\left[m_0^2 + \sigma_m^2\ln\left(1+\frac{\sigma_m^2}{\sigma_n^2}\right)\right]$$

令

$$T_r = -\frac{\sigma_n^2}{\sigma_m^2}m_0 + \frac{\sigma_n}{\sigma_m^2}\sqrt{(\sigma_m^2+\sigma_n^2)\left[m_0^2+\sigma_m^2\ln\left(1+\frac{\sigma_m^2}{\sigma_n^2}\right)\right]}$$

$$T_l = -\frac{\sigma_n^2}{\sigma_m^2}m_0 - \frac{\sigma_n}{\sigma_m^2}\sqrt{(\sigma_m^2+\sigma_n^2)\left[m_0^2+\sigma_m^2\ln\left(1+\frac{\sigma_m^2}{\sigma_n^2}\right)\right]}$$

参考图 3-4-1，判决式可表示为：若 $(x < T_r) \cap (x < T_l)$，判为 H_0；若 $(x < T_l) \cup (x < T_r)$，判为 H_1。

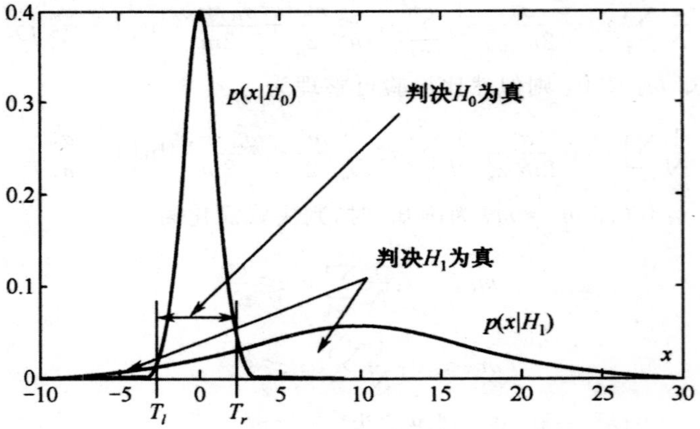

图 3-4-1　$p(x|H_0)$ 和 $p(x|H_0)$ 及判决门限

$(\sigma_n^2 = 1, \sigma_m^2 = 50, m_0 = 10, T_l = -2.66, T_r = 2.26)$

图 3-4-2 和图 3-4-3 所示为 $N=1, \sigma_n = 1$ 时，门限 T_l 和 T_r 随 σ_m 及 m_0 变化的情况。其中最左端 $\sigma_m = 0$ 对应确定信号检测的情况，虚线代表 $m_0 = 0$ 的情况。

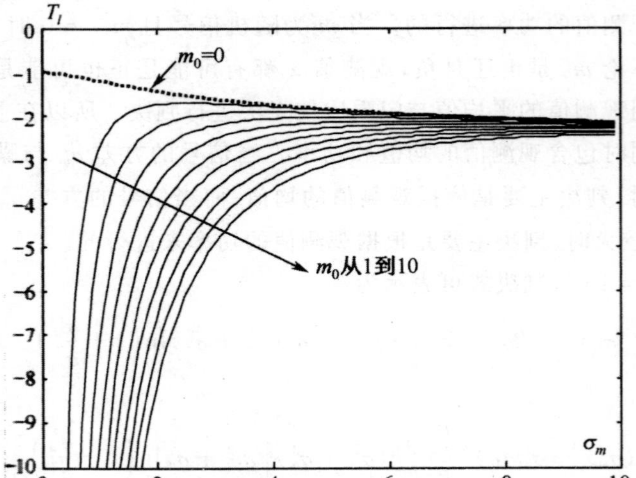

图 3-4-2　门限 T_l 与 σ_m 及 m_0 的关系（$\sigma_n = 1$）

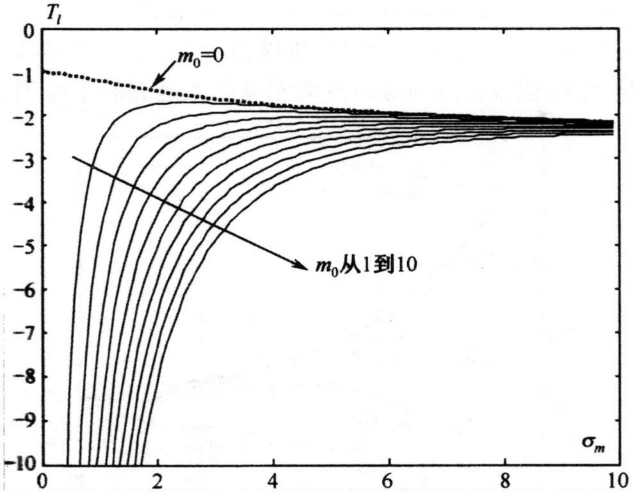

图 3-4-3　门限 T_r 与 σ_m 及 m_0 的关系($\sigma_n = 1$)

图 3-4-4 所示为 $N=1, m_0=10$ 条件下，判决平均错误概率 $P_e = \dfrac{P(H_0 \mid H_1)+P(H_1 \mid H_0)}{2}$ 随信号的方差 σ_m^2 与噪声方差 σ_n^2 变化情况的仿真实验结果。其中 $\sigma_m = 0$ 对应确知信号情况，可见当 m_0 较大时随机信号检测的性能比相同条件下确知信号检测的性能差(但是，当 m_0 较小时，情况并非如此，见图 3-4-5)。虚线代表实际信号为随机变化($\sigma_m = 1$)，按确知信号($\sigma_m = 0$)进行检测的平均错误概率，可见把随机信号当确知信号检测将造成性能下降。

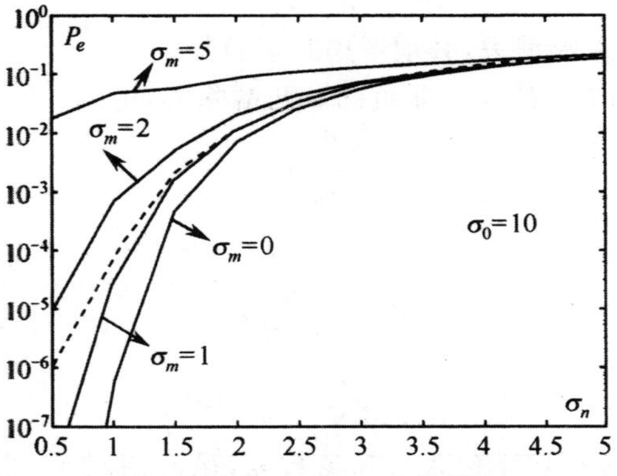

图 3-4-4　错误概率随 σ_m 和 σ_n 变化情况(m_0 不变)

图 3-4-5 所示为 $N=1, \sigma_n = 2$ 条件下，判决平均错误概率 P_e 随信号的方差 σ_m^2 与均值 m_0 变化情况的仿真实验结果。当 m_0(与 σ_n 比较)较大时，

错误概率 P_e 随 σ_m 的增加而增加，即当信号均值较大时信号方差越大越不利于检测；而当 m_0（与 σ_n 比较较小时，错误概率 P_e 随 σ_m 的增加而下降，即当信号均值较小时信号方差与噪声方差相差越大越有利于检测。

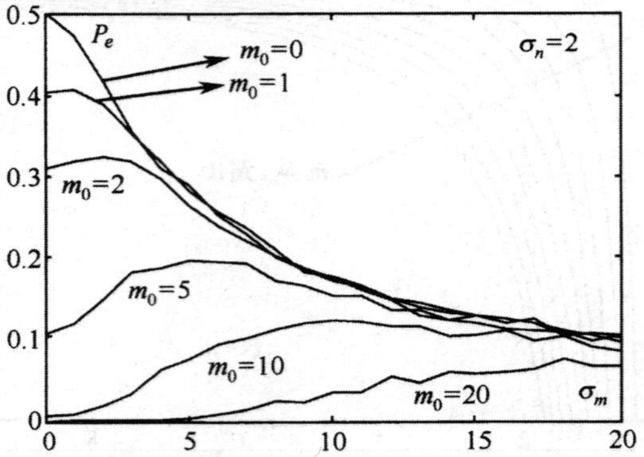

图 3-4-5　错误概率随 σ_m 和 m_0 变化情况（σ_n 不变）

（2）似然比检验表示为

$$\Lambda(\boldsymbol{x}) = \frac{p(\boldsymbol{x} \mid m, H_1)}{p(\boldsymbol{x} \mid H_0)} = \exp\left[\frac{1}{2\sigma_n^2}\left(2m\sum_{i=1}^{N} x_i - m^2\right)\right] \underset{H_0}{\overset{H_1}{\gtrless}} \eta$$

取对数

$$\frac{m}{\sigma_n^2}\sum_{i=1}^{N} x_i - \frac{m^2}{2\sigma_n^2} \underset{H_0}{\overset{H_1}{\gtrless}} \ln\eta$$

整理

$$m\sum_{i=1}^{N} x_i \underset{H_0}{\overset{H_1}{\gtrless}} \frac{m^2}{2} + \sigma_n^2 \ln\eta$$

为了将 m 从左端消去，必须考虑其正负号。

① $m_0 > 0$，即 m 的值是非负的。两端除 m，得

$$\bar{x} \underset{H_0}{\overset{H_1}{\gtrless}} \gamma^+$$

式中，

$$\bar{x} = \frac{1}{N}\sum_{i=1}^{N} x_i$$

$$\gamma^+ = \frac{m}{2N} + \frac{\sigma_n^2}{mN}\ln\eta$$

判决式的左端已经不包含未知参数 m，虽然门限 γ^+ 中还含有参数 m。但实际当中 N-P 准则并不需要按上式来计算检测门限，而是根据设定的虚警概率来确定检测门限。

$$P_F = \int_{\gamma^+}^{\infty} p(\bar{x} \mid H_0)\,\mathrm{d}\bar{x} = \alpha$$

因此，给定 χ，根据上式便可求出 γ^+。检测概率可以表示为

$$P_D = \int_{\gamma^+}^{\infty} p(\bar{x} \mid H_1) \mathrm{d}\bar{x}$$

显然，P_D 与参数 m 有关，但这并不影响检测器的实现。

② $m_1 < 0$，即 m 仅取负值。判决式为

$$\bar{x} \underset{H_0}{\overset{H_1}{\gtrless}} \gamma^-$$

式中，

$$\gamma^- = \frac{m}{2N} + \frac{\sigma_n^2}{mN} \ln\eta$$

γ^- 由下式确定

$$P_F = \int_{-\infty}^{\gamma^-} p(y \mid H_0) \mathrm{d}y = \alpha$$

检测概率可以表示为

$$P_D = \int_{-\infty}^{\gamma^-} p(y \mid H_1) \mathrm{d}y$$

可见，不论 m 的值是多少，只要知道 m 是正还是负，都可以设计出在满足 $P_F = \alpha$ 的前提下使检测概率 P_D 达到最大的似然比检测器。因此对于这个问题一致最大势检验存在。但是，如果不能断定 m 是正还是负，则一致最大势检验不存在。

(3)根据广义似然比检验原理可得

$$\frac{\hat{m}_{ml}}{\sigma_n^2} \sum_{i=1}^{N} x_i - \frac{N}{\sigma_n^2} (\hat{m}_{ml})^2 \underset{H_0}{\overset{H_1}{\gtrless}} \ln\eta$$

m 的最大似然估计为

$$\hat{m}_{ml} = \frac{1}{N} \sum_{i=1}^{N} x_i$$

将 $\hat{m}_{ml}$ 代入似然比判决式，整理得

$$\left(\frac{1}{N} \sum_{i=1}^{N} x_i \right)^2 \underset{H_0}{\overset{H_1}{\gtrless}} \gamma$$

式中，$\gamma = \dfrac{2\sigma_n^2}{N} \ln\eta$，或表示为

$$|\bar{x}| \underset{H_0}{\overset{H_1}{\gtrless}} \gamma'$$

式中，$\gamma' = \sqrt{\gamma}$。

注意此处门限 γ 的确定。若根据给定条件和前面一样按照贝叶斯检验确定检测门限，则 $\gamma = 0$。判决式为

$$(\bar{x})^2 \underset{H_0}{\overset{H_1}{\gtrless}} 0$$

可见无论观测值如何(假设观测值为实数),判决结果都是 H_1 为真。显然这个结果是没有意义的。因此这时通常采用 N-P 准则,即根据

$$\begin{aligned} P_F &= P\left(|\bar{x}| > \frac{\gamma'}{H_0}\right) \\ &= \int_{-\infty}^{-\gamma'} p_{\bar{x}}(\bar{x}|H_0)\mathrm{d}\bar{x} + \int_{\gamma'}^{\infty} p_{\bar{x}}(\bar{x}|H_0)\mathrm{d}\bar{x} \\ &= \alpha \end{aligned}$$

或利用 $p_{\bar{x}}(\bar{x}|H_0)$ 的对称性,由

$$\int_{\gamma'}^{\infty} p_{\bar{x}}(\bar{x}|H_0)\mathrm{d}\bar{x} = \frac{\alpha}{2}$$

来确定门限 γ'。

另外,若问题变为在 H_0 假设下,$s_0(t) = m_0$,观测值为

$$x(t) = m_0 + n(t)$$

在 H_1 假设下,$s_1(t_1) = m_1$,观测值为

$$x(t) = m_1 + n(t)$$

其他条件同前,则无法应用广义似然此检验。因为此时

$$\Lambda(\boldsymbol{x}) = \frac{p(\boldsymbol{x}|\hat{m}_{1ml}, H_1)}{p(\boldsymbol{x}|\hat{m}_{0ml}, H_0)}$$

而

$$\hat{m}_{0ml} = \hat{m}_{1ml} = \frac{1}{N}\sum_{i=1}^{N} x_i$$

所以 $\Lambda(\boldsymbol{x}) = 1$,因此无法进行似然比检验。

N-P 检验需要知道参数 m 是正还是负。图 3-4-6 为双边检验与单边检验性能对比的示意图。

图 3-4-7 所示为按上述方法先进行参数估计再进行信号检测的错误概率仿真实验结果(通过 10 次观测进行判决,仿真次数为 10000)。

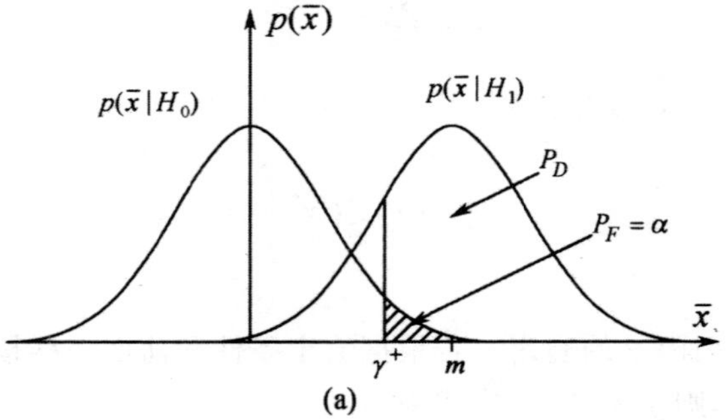

(a)

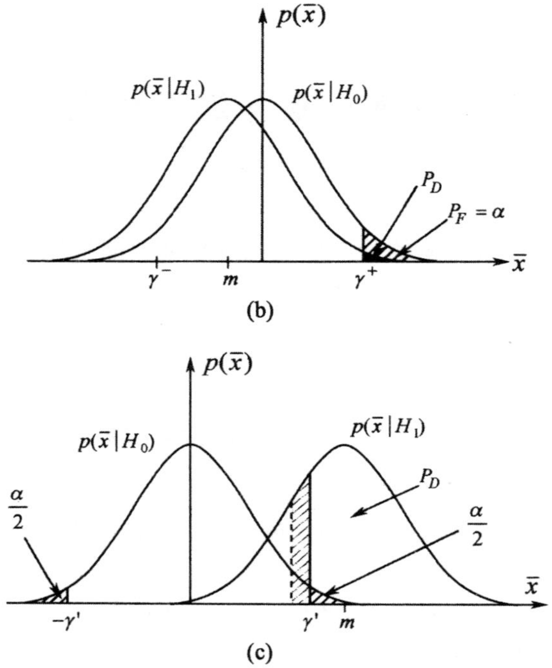

图 3-4-6　双边检验与单边检验性能对比（$m>0$）

（a）N-P 检验（m 的符号与假设不一致）；

（b）N-P 检验（m 的符号与假设不一致）；（c）广义似然比检验

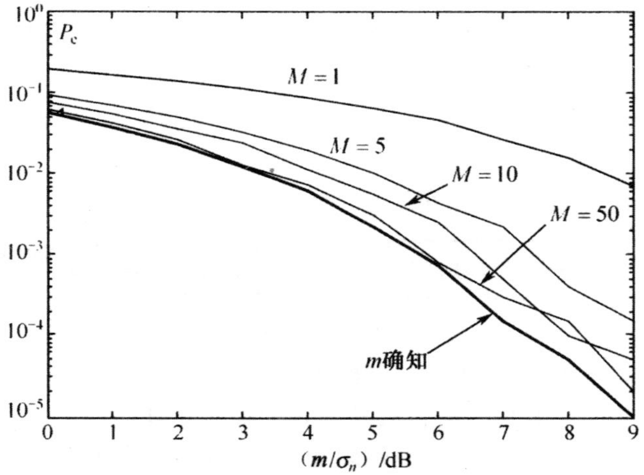

图 3-4-7　参数估计对检测性能的影响仿真实验结果

第 4 章　信号波形检测

噪声中信号波形检测的基本任务就是根据性能指标要求，设计与环境相匹配的接收机（检测系统），以便从噪声污染的接收信号中提取有用的信号，或者在噪声干扰背景中区别不同特性、不同参量的信号。

4.1　匹配滤波器理论

在电子信息系统中，在获取最大的输出功率信噪比时，对接收机的要求是按匹配滤波器来设计。

为什么说匹配滤波器是系统中的重要组成部分？

其原因是在对信号波形检测时，通常情况下我们采用匹配滤波器来构造最佳检测器。

4.1.1　匹配滤波器的概念

在通信、雷达等电子信息系统中，许多常用的接收机，其模型均可由如下两部分组成：

①线性滤波器。

②判决电路。

收割机模型如图 4-1-1 所示。

图 4-1-1　接收机模型

在接收机模型中，线性滤波器的作用具有怎样的功能？

其功能为对接收信号进行某种方式的加工处理，以利于正确判决。通常情况下，判决电路为一个非线性装置，最简单的判决电路有以下两个部分组成：

①输入信号。

②比较器。

若线性时不变滤波器输入的信号是确知信号，噪声是加性平稳噪声，则在输入功率信噪比，一定的条件下，使输出功率信噪比为最大的滤波器，就是一个与输入信号相匹配的最佳滤波器，称为匹配滤波器（Matched Filter，MF），使输出信噪比最大是匹配滤波器的设计准则。

4.1.2　匹配滤波器的定义

设单位冲激响应为 $h(t)$、频率响应函数为 $H(\omega)$ 的线性时不变滤波器如图 4-1-2 所示。滤波器的输入信号为

$$x(t)=s(t)+n(t) \tag{4-1-1}$$

若确知信号 $s(t)$ 的功率为 P_s，零均值平稳噪声 $n(t)$ 的平均功率为 P_n，则 $x(t)$ 的功率信噪比（Power Signal-to-Noise Ratio）为

$$\mathrm{SNR}=\frac{P_s}{P_n}$$

由线性系统的叠加定理，滤波器的输出信号为

$$y(t)=s_o(t)+n_o(t) \tag{4-1-2}$$

若输出信号 $s_o(t)$ 的功率为 P_{s_o}，输出噪声 $n_o(t)$ 的平均功率为 P_{n_o}，则 $y(t)$ 的功率信噪比为

$$\mathrm{SNR}_o=\frac{P_{s_o}}{P_{n_o}}$$

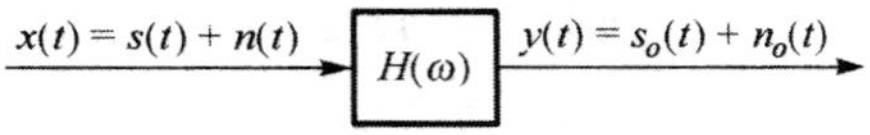

图 4-1-2　线性时不变滤波器

4.1.3　配滤波器的设计

给出功率谱密度

$$P_n(\omega)=\frac{N_0}{2}$$

注意这里假定输入信号 $s(t)$ 是已知的；噪声 $n(t)$ 是白噪声，N_0 为常数。

设 $S(\omega)$ 表示 $s(t)$ 的频谱，当 $s(t)$ 给定时，可用下式求得

$$S(\omega)=\int_{-\infty}^{\infty}s(t)\mathrm{e}^{-\mathrm{j}\omega t}\,\mathrm{d}t$$

由于输出信号的频谱为

$$S_o(\omega)=S(\omega)H(\omega)$$

故输出信号 $s_o(t)$ 为

$$s_o(t) = \frac{1}{2\pi}\int_{-\infty}^{\infty} S(\omega)H(\omega)\mathrm{e}^{\mathrm{j}\omega t}\,\mathrm{d}\omega$$

输出噪声 $s_o(t)$ 的平均功率为

$$s_o(t) = \frac{1}{2\pi}\int_{-\infty}^{\infty} S(\omega)H(\omega)\mathrm{e}^{\mathrm{j}\omega t}\,\mathrm{d}\omega$$

输出噪声 $n_o(t)$ 的平均功率为

$$E[n_o^2(t)] = \frac{1}{2\pi}\int_{-\infty}^{\infty} \frac{N_0}{2}H(\omega)\,\mathrm{d}\omega$$

因此，可以写出在某一时刻 $t = t_0$，滤波器输出的瞬时功率信噪比 r 为

$$r = \frac{|s_o(t_0)|^2}{E[n_o^2(t)]} = \frac{\left|\frac{1}{2\pi}\int_{-\infty}^{\infty} S(\omega)H(\omega)\mathrm{e}^{\mathrm{j}\omega t}\,\mathrm{d}\omega\right|^2}{\frac{1}{2\pi}\int_{-\infty}^{\infty}\frac{N_0}{2}|H(\omega)|^2\,\mathrm{d}\omega} \tag{4-1-3}$$

为得到使 r 达到最大的条件，利用施瓦兹(Schwartz)不等式及其取等号成立的条件式。

$$\left|\int_{-\infty}^{\infty} A(\omega)B(\omega)\mathrm{e}^{\mathrm{j}\omega t}\,\mathrm{d}\omega\right| \leqslant \int_{-\infty}^{\infty}|A(\omega)|^2\,\mathrm{d}\omega \cdot \int_{-\infty}^{\infty}|B(\omega)|^2\,\mathrm{d}\omega$$

来求解。必须满足

$$A(\omega) = KB^*(\omega)$$

等式才能够成立。

不妨设

$$\begin{cases} A(\omega) = H(\omega) \\ B(\omega) = S(\omega)\mathrm{e}^{\mathrm{j}\omega t} \end{cases}$$

那么式(4-1-3)则可改写为如下不等式形式

$$\begin{aligned} r &\leqslant \frac{\frac{1}{4\pi^2}\int_{-\infty}^{\infty}|S(\omega)|^2\,\mathrm{d}\omega \cdot \int_{-\infty}^{\infty}|H(\omega)|^2\,\mathrm{d}\omega}{\frac{N_0}{4\pi}\int_{-\infty}^{\infty}|H(\omega)|^2\,\mathrm{d}\omega} \\ &= \frac{\frac{1}{2\pi}\int_{-\infty}^{\infty}|S(\omega)|^2\,\mathrm{d}\omega}{\frac{N_0}{2}} \\ &= \frac{2E}{N_0} \end{aligned} \tag{4-1-4}$$

式中，E 代表信号的能量，易知

$$E = \int_{-\infty}^{\infty} s^2(t)\,\mathrm{d}t = \frac{1}{2\pi}\int_{-\infty}^{\infty}|S(\omega)|^2\,\mathrm{d}\omega$$

式(4-1-4)表明，该不等式取等号时，r 达到最大

$$r_{\max} = \frac{2E}{N_0}$$

根据施瓦兹不等式成立的条件，必须使

$$H(\omega) = KS^*(\omega)e^{-j\omega t} \tag{4-1-5}$$

式中，K 为任意常数。也就是说，如果想要获得输出端的最大信噪比 $r_{\max}$，十分简单就仅需按式(4-1-5)选取滤波器的传递函数 $H(\omega)$ 即可。最大信噪比与输入信号 $s(t)$的能量成正比；在白噪声背景下，滤波器的传递函数除了一个相乘因子 $Ke^{-j\omega t}$ 外，与信号 $s(t)$的共轭谱相同，或者说 $H(\omega)$ 是信号 $s(t)$超前 t_0 时刻 $s(t+t_0)$ 的共轭谱。因此，知道了输入信号 $s(t)$的频谱函数 $S(\omega)$，就可以设计出与 $s(t)$相匹配的匹配滤波器的传递函数 $H(\omega)$。

滤波器的冲击响应函数 $h(t)$和传递函数 $H(\omega)$ 构成一对傅里叶变换对。因此匹配滤波器的冲击响应函数 $h(t)$为

$$\begin{aligned} h(t) &= \frac{1}{2\pi}\int_{-\infty}^{\infty} H(\omega)e^{j\omega t}\,d\omega \\ &= \frac{1}{2\pi}\int_{-\infty}^{\infty} KS^*(\omega)e^{-j\omega t_0}e^{j\omega t}\,d\omega \\ &= \frac{1}{2\pi}\int_{-\infty}^{\infty} KS^*(\omega)e^{-j\omega(t-t_0)}\,d\omega \end{aligned} \tag{4-1-6}$$

对于实信号 $s(t)$，由

$$S^*(\omega) = S(-\omega)$$

代入式(4-1-6)，设

$$\omega' = \omega$$

式(4-1-6)变为

$$\begin{aligned} h(t) &= \frac{1}{2\pi}\int_{-\infty}^{\infty} KS(-\omega)e^{-j\omega(t_0-t)}\,d\omega \\ &= \frac{1}{2\pi}\int_{-\infty}^{\infty} KS(\omega')e^{j\omega(t_0-t)}\,d\omega' \\ &= Ks(t_0-t) \end{aligned}$$

这表明，$s(t)$为实信号时，匹配滤波器的冲击响应函数 $h(t)$等于输入信号 $s(t)$的镜像，但在时间上右移了 t_0，幅度上乘以非零常数 K。

4.1.4　匹配滤波器的特性

当滤波器的输入噪声 $n(t)$是功率谱密度为 $P(\omega) = \frac{N_0}{2}$ 的白噪声时，匹配滤波器主要特征如下。

1. 匹配滤波器冲击响应函数 $h(t)$ 的特性和 t_0 的选择

对实信号 $s(t)$ 的匹配滤波器，其冲击响应函数为

$$h(t) = s(t_0 - t)$$

显然，滤波器的冲击响应 $h(t)$ 与实信号 $s(t)$ 对于 $\frac{t_0}{2}$ 呈偶对称关系，如图 4-1-3 所示。

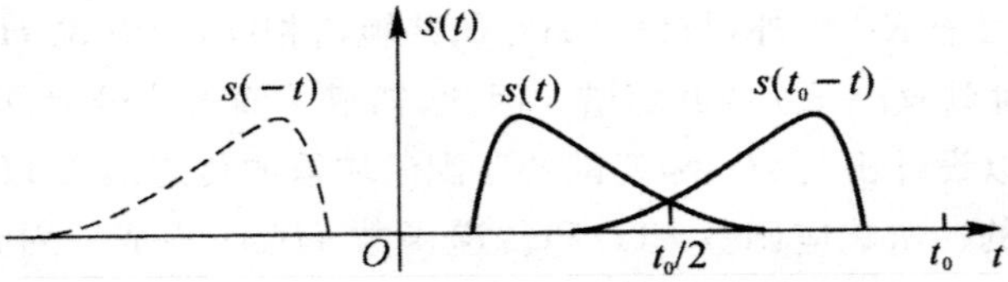

图 4-1-3　匹配滤波器的冲击响应函数的特性

为了使匹配滤波器是物理可实现的，其必须满足以下因果关系，即其冲击响应函数满足

$$h(t) = \begin{cases} s(t_0 - t), t \geqslant 0 \\ 0, t < 0 \end{cases} \tag{4-1-7}$$

即系统的冲击响应不能发生在冲击脉冲之前。将式(4-1-7)代入 $h(t) = s(t_0 - t)$ 之中，则必然有

$$h(t) = s(t_0 - t) = 0, t_0 - t < 0 \tag{4-1-8}$$

即当 $t < t_0$ 时，$s(t) = 0$，表示在 t_0 之后输入信号必须为零，即信号的持续时间最长只应该到 t_0。换句话说，观测时间 t_0 必须选在信号 $s(t)$ 结束之后，只有这样才能将信号的能量全部利用上。若信号的持续时间为 T，则应选

$$t_0 \geqslant T$$

根据前面的分析，当 $t_0 = T$ 时，输出信号已经达到最大值，故一般情况下选 $t_0 = T$。

2. 匹配滤波器的输出功率信噪比

如果输入信号 $s(t)$ 的能量为 E_s，白噪声 $n(t)$ 的功率谱密度为 $\frac{N_0}{2}$，则匹配滤波器的输出信号功率信噪比为

$$r_{\max} = \frac{1}{2\pi}\int_{-\infty}^{\infty} \frac{|S(\omega)|^2}{N_0/2} d\omega = \frac{2E_s}{N_0}$$

它与输入信号 $s(t)$ 的能量 E_s 有关，而与 $s(t)$ 的波形无关。

3. 匹配滤波器的适应性

这里对一个对 $s(t)$ 匹配的滤波器，当输入信号发生变化时，其性能如何

进行讨论。

设滤波器的输入信号为

$$s_1(t) = as(t-\tau) \tag{4-1-9}$$

即 $s_1(t)$ 与 $s(t)$形状相同，区别在于：

①幅度发生变化。

②具有时延。

根据傅里叶变换，$s_1(t)$ 的频谱为

$$S_1(\omega) = aS(\omega)e^{-j\omega\tau} \tag{4-1-10}$$

与这种信号匹配的滤波器的传递函数 $H_1(\omega)$ 应为

$$\begin{aligned} H_1(\omega) &= KS_1^*(\omega)e^{-j\omega t_1} \\ &= aKS^*(\omega)e^{-j\omega t_0 - j\omega[t_1-(t_0+\tau)]} \\ &= AH(\omega)e^{-j\omega[t_1-(t_0+\tau)]} \end{aligned} \tag{4-1-11}$$

式中，

$$A = aK$$

$H(\omega)$ 是与信号 $s(t)$匹配的滤波器的传递函数；t_0 是 $s(t)$通过 $H(\omega)$ 后得到最大输出信噪比的时刻；t_1 是 $s_1(t)$ 通过 $H_1(\omega)$ 后得到最大输出信噪比的时刻。因为 $s_1(t)$ 与 $s(t)$相差一个延迟 τ，所以设计与 $s_1(t)$ 匹配的 $H_1(\omega)$ 时，其观测时间 t_1，应较 t_0 推后一段时间 τ，即

$$t_1 = t_0 + \tau$$

这样式(4-1-11)变为

$$H_1(\omega) = AH(\omega) \tag{4-1-12}$$

上述表明，两个匹配滤波器的传递函数之间，除了一个表示相对放大量的系数 A 之外，它们的频率特性是完全一样的。因此，与信号 $s(t)$匹配的滤波器的传递函数对于谱分量无变化，只有一个时间上的平移，对于幅度上变化的信号 $as(t-\tau)$来说，仍是匹配的，只不过最大输出信噪比出现的时刻延迟了 τ。

但匹配滤波器对信号的频移不具有适应性。这是因为频移了 Ω 的信号 $s_2(t)$，其频谱 $S_2(\omega) = S(\omega \pm \Omega)$，与这种信号匹配的滤波器的传递函数应是

$$H_2(\omega) = KS^*(\omega)e^{-j\omega t_0}$$

显然，当 $\Omega \neq 0$ 时，$H_2(\omega)$ 的频率特性和 $H(\omega)$ 的频率特性是不一样的。因此匹配滤波器对频移信号没有适应性。

4. 匹配滤波器与相关器的关系

相关器可分为自相关器和互相关器两种类型。

(1)自相关器

自相关器对输入信号作自相关函数运算，如图 4-1-4 所示。

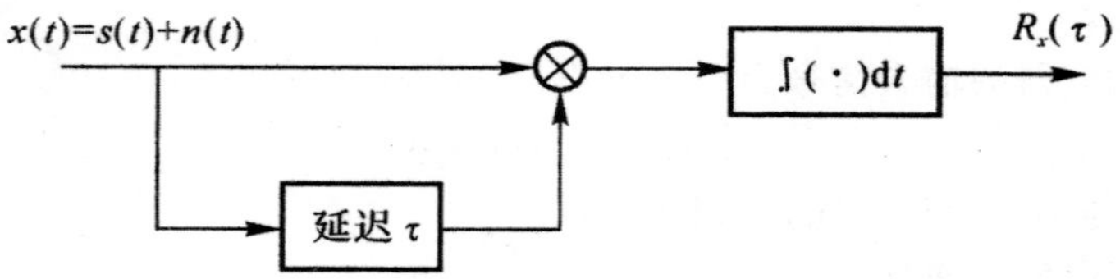

图 4-1-4　自相关器

对于平稳输入信号

$$x(t) = s(t) + n(t)$$

自相关器的输出是输入信号 $x(t)$的自相关函数 $R_x(\tau)$，即

$$\begin{aligned} R_x(\tau) &= \int_{-\infty}^{\infty} x(t)x(t-\tau)\mathrm{d}t \\ &= \int_{-\infty}^{\infty} [s(t)+n(t)][s(t-\tau)+n(t-\tau)]\mathrm{d}t \\ &= R_s(\tau)+R_n(\tau)+R_{sn}(\tau)+R_{ns}(\tau) \end{aligned}$$

通常，噪声 $n(t)$的均值为零，信号 $s(t)$与零均值噪声 $n(t)$是互不相关的，此时

$$R_x(\tau) = R_s(\tau) + R_n(\tau) \tag{4-1-13}$$

(2)互相关器

互相关器对两个输入信号 x_1，x_2 做互相关运算，如图 4-1-5 所示。图 4-1-6 与图 4-1-5 有些不同，经迟延线加至乘法器的所谓参考信号，是取自发射机的纯信号 $s(t)$，它是波形完全确定的确知信号。

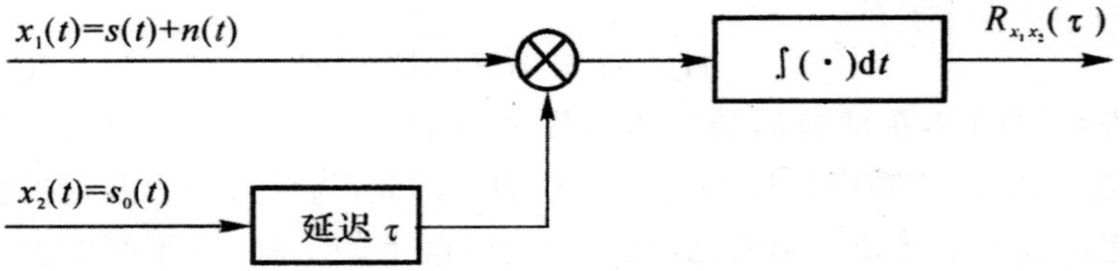

图 4-1-5　互相关器

对于平稳输入信号

$$x_1(t) = s(t) + n(t)$$

$$x_2(t) = s_0(t)$$

互相关器的输出是输入信号 $x_1(t)$ 与 $x_2(t)$ 的互相关函数 $R_{x_1x_2}(\tau)$，即

$$R_{x_1x_2}(\tau) = \int_{-\infty}^{\infty} x_1(t)x_2(t)\mathrm{d}t$$

如果 $x_2(t)$ 是本地信号，

$$s_0(t) = s(t)$$

噪声 $n(t)$的均值为零，信号 $s(t)$与零均值噪声 $n(t)$互不相关，则有

$$R_{x_1x_2}(\tau) = R_s(\tau)$$

互相关器输出的是信号 $s(t)$ 的自相关函数。

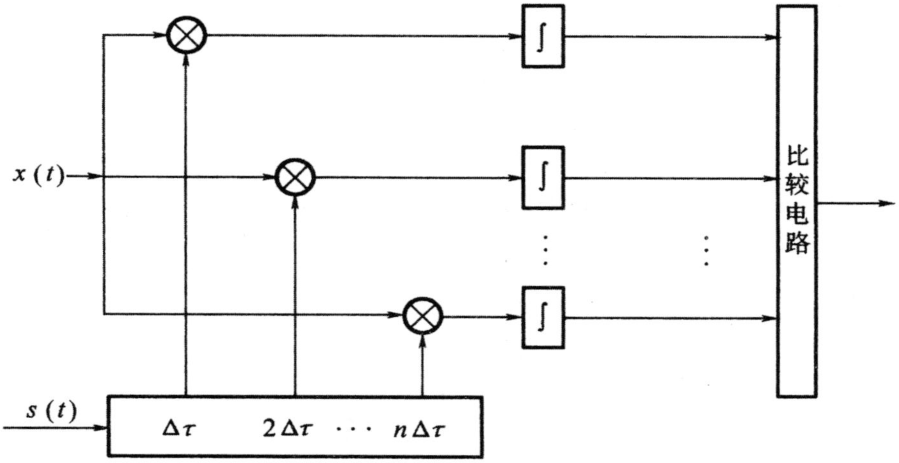

图 4-1-6　互相关器框图

上面介绍了自相关器和互相关器，这里将简单对比下自相关接收法与互相关接收法，互相关接收法与匹配滤波器法。

自相关器与互相关器的比较如图 4-1-7 所示。

自相关接收法不须预知信号形式，而互相关接收法则须预知信号形式

互相关接收法比自相关接收法更为有效，因前者采用的参考信号是无噪声的，而后者采用的参考信号本身就已含有噪声

图 4-1-7　自相关器与互相关器的比较

互相关接收法与匹配滤波器法的比较如图 4-1-8 所示。

匹配滤波接收法利用的是频域特性，采用的是频域分析方法；而互相关接收法利用的是时域特性，采用的是时域分析方法

匹配滤波器可用模拟方法实现，且能连续地给出实时输出。而互相关器中的时延不便于实现连续的取值

图 4-1-8　互相关接收法与匹配滤波器法的比较

4.1.5 应用举例

例 4.1.1 单矩形脉冲信号的匹配滤波器。设脉冲信号

$$s(t)=\begin{cases}A,0\leqslant t\leqslant T\\0,\text{其他}\end{cases}$$

如图 4-1-9 所示。求匹配滤波器 $H(\omega)$ 与输出信号。

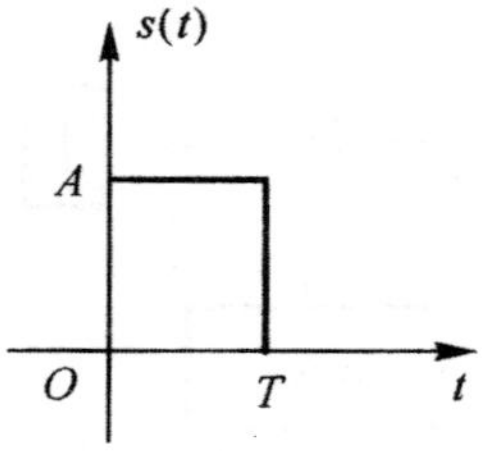

图 4-1-9 单个矩形脉冲信号图

解:先计算信号 $s(t)$ 的频谱

$$S(\omega)=\int_{-\infty}^{\infty}s(t)\mathrm{e}^{-\mathrm{j}\omega t}\mathrm{d}t=\int_{0}^{T}A\mathrm{e}^{-\mathrm{j}\omega t}\mathrm{d}t=\frac{A}{\mathrm{j}\omega}(1-\mathrm{e}^{-\mathrm{j}\omega T})$$
$$=\frac{KA}{\mathrm{j}\omega}(1-\mathrm{e}^{-\mathrm{j}\omega T})$$

取观测时刻 t_0 等于信号结束的时刻 T(即 $t_0=T$),则得匹配滤波器的传递函数为

$$S(\omega)=\int_{-\infty}^{\infty}s(t)\mathrm{e}^{-\mathrm{j}\omega t}\mathrm{d}t=\int_{-\infty}^{\infty}s(t)\mathrm{e}^{-\mathrm{j}\omega t}\mathrm{d}t=\frac{A}{\mathrm{j}\omega}(1-\mathrm{e}^{-\mathrm{j}\omega T})$$

易知匹配滤波器的冲击响应函数

$$h(t)=Ks(t_0-t)=Ks(T-t)$$

即

$$h(t)=\begin{cases}KA,0\leqslant t\leqslant T\\0,\text{其他}\end{cases}$$

如图 4-1-10 所示。匹配滤波器的输出信号为

$$s_o(t)=h(t)*s(t)=\int_{-\infty}^{\infty}s(\tau)h(t-\tau)\mathrm{d}\tau$$
$$=\begin{cases}\int_{0}^{t}AKA\mathrm{d}\tau=KA^2t,0\leqslant t<T\\\int_{t-T}^{\mathrm{T}}AKA\mathrm{d}\tau=KA^2(2T-t),T\leqslant t\leqslant 2T\\0,t\langle 0,t\rangle 2T\end{cases}$$

其波形如图 4-1-11 所示。匹配滤波器的输出波形的形状变成自相关积分的形状，且关于 $t=t_0$ 对称，对称点 t_0 是输出信号的峰点。给出其结构如图 4-1-12 所示。

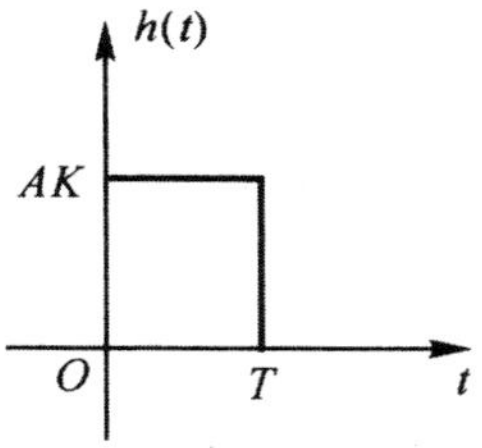

图 4-1-10　匹配滤波器的冲击响应

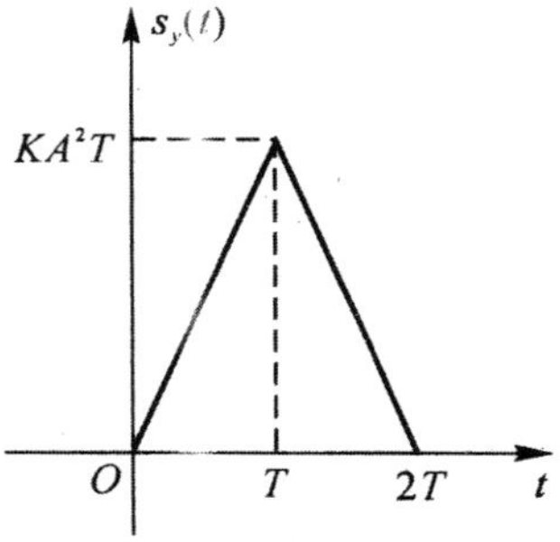

图 4-1-11　匹配滤波器的输出波形

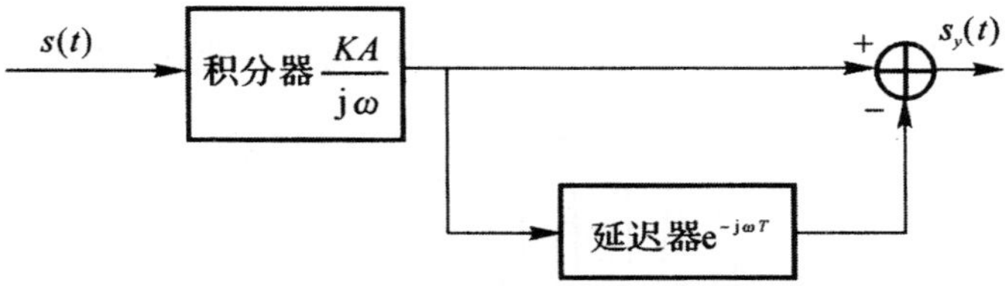

图 4-1-12　匹配滤波器结构框图

例 4.1.2　单个矩形射频脉冲信号的匹配滤波器。设信号 $s(t)$ 的表达式为

$$s(t)=\begin{cases}\cos\omega_0 t, 0\leqslant t\leqslant T\\ 0,\text{其他}\end{cases}$$

式中，

$$\omega_0=m\frac{2\pi}{T}, m\gg 0$$

且为整数。白噪声的功率谱密度为 $\frac{N_0}{2}$。求匹配滤波器的冲击响应函数、输出波形和输出最大信噪比。

解：若选择 $t_0=T$，则匹配滤波器的冲击响应函数为

$$h(t)=K\cos\omega_0(T-t), 0\leqslant t\leqslant T$$

匹配滤波器的输出为

$$s_o(t)=\int_{-\infty}^{\infty}h(\tau)s(t-\tau)\mathrm{d}\tau$$

因为

$$\int_0^t K\cos\omega_0(T-t)\cos\omega_0(t-\tau)\mathrm{d}\tau$$

$$= \frac{K}{2}\int_0^t [\cos\omega_0(T-t) + \cos\omega_0(T+t-2\tau)]\mathrm{d}\tau$$

$$\approx \frac{1}{2}Kt\cos\omega_0(T-t)$$

$$\int_{t-T}^{T} K\cos\omega_0(T-\tau)\cos\omega_0(t-\tau)\mathrm{d}\tau \approx \frac{1}{2}K(2T-t)\cos\omega_0(T-t)$$

如果考虑到

$$\omega_0 T = 2\pi m$$

那么有

$$s_o(t) = \begin{cases} \frac{Kt}{2}\cos\omega_0 t, 0 \leqslant t \leqslant T \\ \frac{K}{2}(2T-t)\cos\omega_0 t, T \leqslant t \leqslant 2T \\ 0,\text{其他} \end{cases}$$

图 4-1-13 为该信号的冲击响应函数和匹配滤波器的输出信号波形。

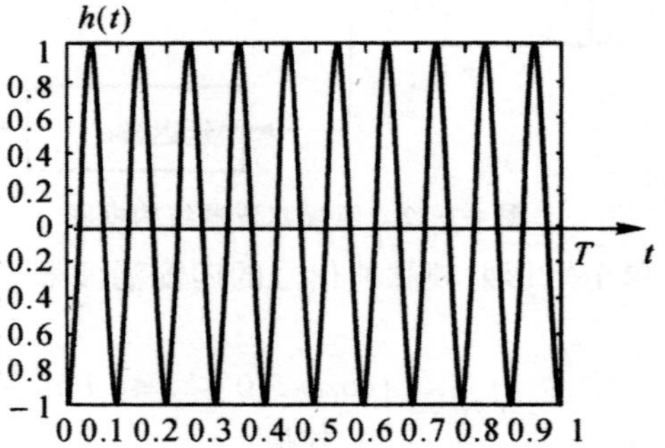

(a)

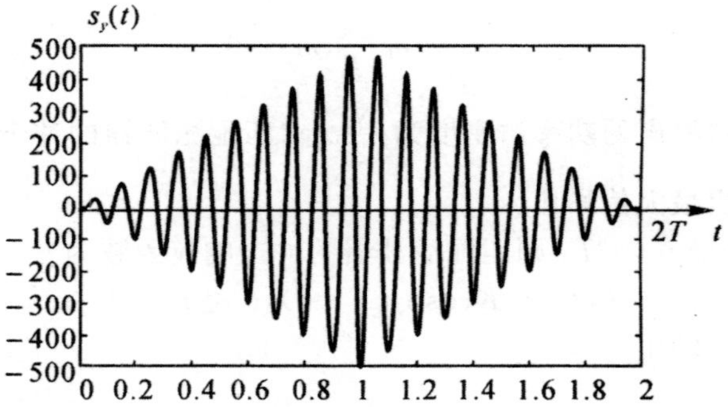

(b)

图 4-1-13 输入信号的冲击响应函数和输出信号波形

(a)输入信号的冲击响应函数;(b)输出信号波形

计算信号的能量

$$E = \int_{-\infty}^{\infty} s^2(t)\mathrm{d}t = \int_0^T \cos^2 \omega_0 t \mathrm{d}t = \frac{T}{2}$$

所以

$$r_{\max} = \frac{2E}{N_0} = \frac{T}{N_0}$$

4.2　确知信号的检测

信道中的信号类型可以表示为如图 4-2-1 所示。

- 信号 + 噪声
  - 信号
    - 确知信号
    - 随机参量信号
      - 随机相位信号
      - 随机幅度信号
      - 随机频率信号
      - 随机到达时间信号
    - 随机信号
  - 加性噪声
    - 高斯噪声
      - 白噪声
      - 色噪色
    - 非高斯噪声
      - 白噪声
      - 色噪色

图 4-2-1　信号类型

4.2.1　独立样本的获取

若在观测时间 T 内，以 Δt 为采样间隔对 $x(t)$ 进行采样，得到 N 个观测值 $x_1, x_2, \cdots, x_N$。这里我们思考下 Δt 应该取何值才能使各观测值之间相互独立呢？

假设噪声 $n(t)$ 是高斯限带白噪声，$n(t)$ 的功率谱密度 $P_n(\omega)$ 为

$$P_n(\omega) = \begin{cases} \dfrac{N_0}{2}, & |\omega| \leqslant \Omega \\ 0, & |\omega| > \Omega \end{cases}$$

$n(t)$ 的自相关函数为

$$R_n(\tau) = \frac{\Omega N_0}{2\pi} \cdot \frac{\sin \Omega\tau}{\Omega\tau} \tag{4-2-1}$$

如图 4-2-2(a) 和 (b) 所示。

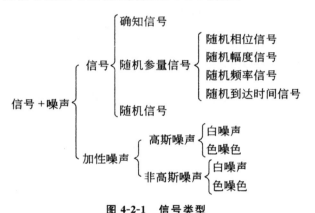

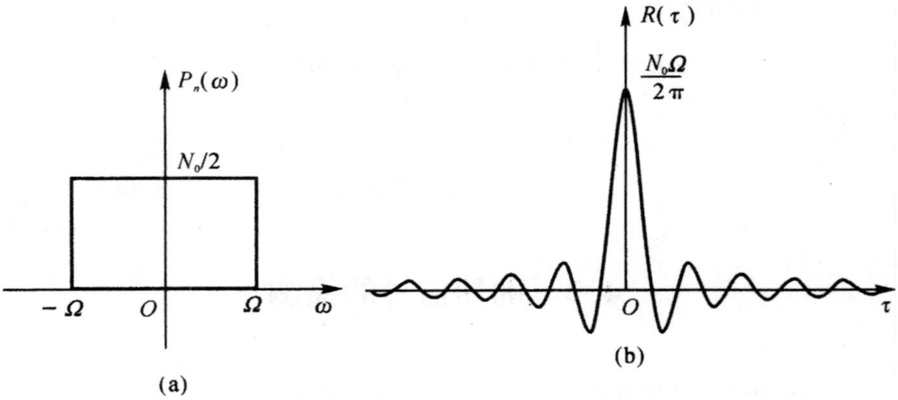

图 4-2-2 自相关函数

(a)窄带白噪声的功率谱密度;(b)窄带白噪声自相关函数

由式(4-2-1)可见,$R_n(\tau)$ 的第一个零点出现在 $\tau = \frac{\pi}{\Omega}$ 处,因此,如果以时间间隔 $\Delta t = \frac{\pi}{\Omega}$ 进行采样,所得各样本是不相关的。对于高斯分布的噪声,也是独立的。若设

$$\Omega = 2\pi F$$

则

$$\Delta t = \frac{1}{2F}$$

4.2.2 接收机的结构形式

在雷达中,H_1 假设和 H_0 假设分别对应于

$$H_1: x(t) = s(t) + n(t)$$

$$H_0: x(t) = n(t)$$

对于 H_1 和 H_0 假设下的观测信号进行离散化后得

$$H_1: \boldsymbol{x} = \boldsymbol{s} + \boldsymbol{n}$$

$$H_0: \boldsymbol{x} = \boldsymbol{n}$$

式中,$n(t)$是零均值高斯限带白噪声,$s(t)$是确知信号。

$$\boldsymbol{x} = [x_1, x_2, \cdots, x_N]^{\mathrm{T}}$$

$$\boldsymbol{s} = [s_1, s_2, \cdots, s_N]^{\mathrm{T}}$$

$$\boldsymbol{n} = [n_1, n_2, \cdots, n_N]^{\mathrm{T}}$$

$$E[x_k \mid H_0] = E[n_k] = 0$$

$$D[x_k|H_0]=D[n_k|H_0]=E[n_k^2]-E^2[n_k]$$
$$=R_n(0)=\frac{N_0\Omega}{2\pi}$$
$$=\sigma_n^2 \tag{4-2-2}$$

当采样间隔为

$$\Delta t=\frac{\pi}{\Omega} \tag{4-2-3}$$

时，由式(4-2-1)可知 $\{n_1,n_2,\cdots,n_N\}$ 是相互独立的高斯随机变量，于是，条件概率密度 $p(\boldsymbol{x}|H_1)$ 和 $p(\boldsymbol{x}|H_0)$ 可分别表示为

$$p(\boldsymbol{x}|H_0)=\left(\frac{1}{2\pi\sigma_n^2}\right)^{N/2}\exp\left[-\frac{\sum_{k=1}^{N}x_k^2}{2\sigma_n^2}\right]$$

$$p(\boldsymbol{x}|H_1)=\left(\frac{1}{2\pi\sigma_n^2}\right)^{N/2}\exp\left[-\frac{\sum_{k=1}^{N}(x_k-s_k)^2}{2\sigma_n^2}\right]$$

依然比为

$$\lambda(\boldsymbol{x})=\frac{p(\boldsymbol{x}|H_1)}{p(\boldsymbol{x}|H_0)}=\frac{\exp\left[-\sum_{k=1}^{N}\frac{(x_k-s_k)^2}{2\sigma_n^2}\right]}{\exp\left(-\sum_{k=1}^{N}\frac{x_k^2}{2\sigma_n^2}\right)} \tag{4-2-4}$$

假设似然比检测的最佳门限为 $\lambda^*(\boldsymbol{x})$，似然比检测判决规则为

$$\lambda(\boldsymbol{x})\underset{H_0}{\overset{H_1}{\gtrless}}\lambda^*(\boldsymbol{x})$$

若用对数似然比，判决规则为

$$\ln\lambda(\boldsymbol{x})\underset{H_0}{\overset{H_1}{\gtrless}}\ln\lambda^*(\boldsymbol{x})$$

由式(4-2-4)，判决规则为

$$\frac{1}{2\sigma_n^2}\sum_{k=1}^{N}(2x_ks_k-s_k^2)\underset{H_0}{\overset{H_1}{\gtrless}}\ln\lambda^*(\boldsymbol{x})$$

代入式(4-2-2)和式(4-2-3)，上式变为

$$\frac{\Delta t}{N_0}\sum_{k=1}^{N}(2x_ks_k-s_k^2)\underset{H_0}{\overset{H_1}{\gtrless}}\ln\lambda^*(\boldsymbol{x})$$

设

$$t\to 0,N\to\infty$$

上式左端求和变成积分

$$\frac{2}{N_0}\int_0^T x(t)s(t)\mathrm{d}t-\frac{1}{N_0}\int_0^T s^2(t)\mathrm{d}t\underset{H_0}{\overset{H_1}{\gtrless}}\ln\lambda^*(\boldsymbol{x})$$

$$\frac{2}{N_0}\int_0^T x(t)s(t)\mathrm{d}t - \frac{1}{2}\int_0^T s^2(t)\mathrm{d}t \underset{H_0}{\overset{H_1}{\gtrless}} \frac{N_0}{2}\ln\lambda^*(\boldsymbol{x})$$

$$\frac{1}{2}\int_0^T s^2(t)\mathrm{d}t = E$$

判决规则为

$$\int_0^T x(t)s(t)\mathrm{d}t \underset{H_0}{\overset{H_1}{\gtrless}} V_T$$

其中

$$V_T = \frac{N_0}{2}\ln\lambda^* + \frac{E}{2}$$

检验统计量为

$$G = \int_0^T x(t)s(t)\mathrm{d}t$$

其接收机结构如图 4-2-3 所示。可见，只要对观测到的 $x(t)$ 进行互相关处理，就可以得到检验统计量，并与门限 V_T 进行比较，作出判决。

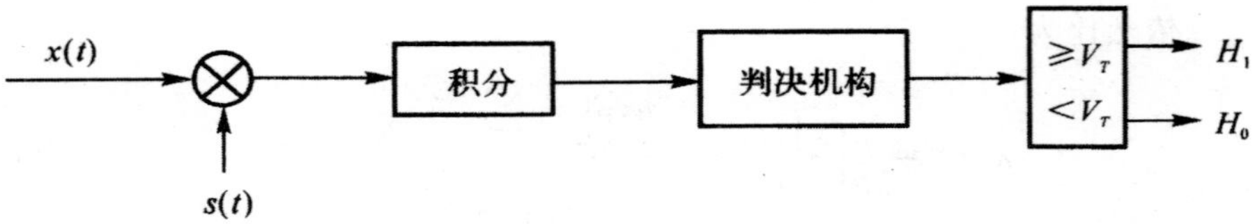

图 4-2-3　相关接收机

也可用匹配滤波器实现。由于匹配滤波器在 $t = t_0$ 时刻输出信号达到最大值，如果选

$$t_0 = T$$

则匹配滤波器的冲击响应函数为

$$h(t) = \begin{cases} s(T-t), 0 \leqslant t \leqslant T \\ 0, \text{其他} \end{cases}$$

则输入波形 $x(t)$ 经匹配滤波后，在 $t = T$ 时刻的输出为

$$y(T) = \int_0^T h(\lambda)x(T-\lambda)\mathrm{d}\lambda$$

$$= \int_0^T s(T-\lambda)x(T-\lambda)\mathrm{d}\lambda$$

$$\underline{\underline{T-\lambda = t}}\int_0^T s(t)x(t)\mathrm{d}t$$

可见，只要对匹配滤波器的输出在 $t-T$ 时刻进行取样，所得结果与相关器的输出是等效 $t = T$ 的。检测确知信号的接收机是互相关处理器或匹配滤波器。接收机的设计过程就是求得检验统计量的过程。

4.2.3 接收机的检测性能

在信号检测理论中，研究系统的检测性能通常是在给定信号与噪声条件下，研究系统的平均风险或各类判决概率与输入信噪比的关系。在二元通信系统中，通常研究系统的平均错误概率与输入信噪比的关系。

为了便于计算二元通信系统中相关接收机的性能，首先假定两类假设的先验概率相等；而且假定正确判决不付出代价，错误判决付出相等的代价。

为了得到接收机的性能，首先我们对检验统计量 G 的统计特性进行讨论。

由于 G 是对 $x(t)$ 进行线性运算，并且 $x(t)$ 是高斯随机过程，从而我们可知 G 也是高斯随机过程。我们先求出 G 的条件均值与方差，然后才能达到求出 G 的条件概率密度的目的。

当 H_0 为真时，均值为

$$
\begin{aligned}
E_0[G] &= E_0\left[\int_0^T x(t)s(t)\mathrm{d}t\right] \\
&= \int_0^T E[n(t)]s(t)\mathrm{d}t \\
&= 0
\end{aligned}
$$

方差为

$$
\begin{aligned}
D_0[G] &= E_0[G^2] - E_0^2[G] = E_0[G^2] \\
&= E_0\left[\left(\int_0^T x(t)s(t)\mathrm{d}t\right)^2\right] \\
&= E\left\{\left[\int_0^T n(t)s(t)\mathrm{d}t\right]^2\right\} \\
&= E\left[\int_0^T\int_0^T n(t_1)n(t_2)s(t_1)s(t_2)\mathrm{d}t_1\mathrm{d}t_2\right] \\
&= \int_0^T\int_0^T E[n(t_1)n(t_2)]s(t_1)s(t_2)\mathrm{d}t_1\mathrm{d}t_2 \\
&= \int_0^T\int_0^T \frac{N_0}{2}\delta(t_2-t_1)s(t_1)s(t_2)\mathrm{d}t_1\mathrm{d}t_2 \\
&= \frac{N_0}{2}\int_0^T s^2(t)\mathrm{d}t \\
&= \frac{N_0E}{2}
\end{aligned}
$$

则检验统计量 G 的条件概率密度函数分别为

$$p(G|H_0)=\frac{1}{\sqrt{N_0E\pi}}\mathrm{e}^{-\frac{G^2}{N_0E}}$$

$$p(G|H_1)=\frac{1}{\sqrt{N_0E\pi}}\mathrm{e}^{-\frac{(G-E)^2}{N_0E}}$$

接收机的虚警概率和检测概率分别为

$$\begin{aligned}P_F&=\int_{V_T}^{\infty}p(G|H_0)\mathrm{d}G\\&=\int_{V_T}^{\infty}\frac{1}{\sqrt{N_0E\pi}}\mathrm{e}^{-\frac{G^2}{N_0E}}\mathrm{d}G\\&=\int_{V_T\sqrt{\frac{2}{N_0E}}}^{\infty}\frac{1}{\sqrt{2\pi}}\mathrm{e}^{-\frac{t^2}{2}}\mathrm{d}t\\&=1-\Phi\left(V_T\sqrt{\frac{2}{N_0E}}\right)\end{aligned}$$

$$\begin{aligned}P_D&=\int_{V_T}^{\infty}p(G|H_1)\mathrm{d}G\\&=\int_{V_T}^{\infty}\frac{1}{\sqrt{N_0E\pi}}\mathrm{e}^{-\frac{(G-E)^2}{N_0E}}\mathrm{d}G\\&=\int_{V_T\sqrt{\frac{2}{N_0E}}\sqrt{\frac{2E}{N_0}}}^{\infty}\frac{1}{\sqrt{2\pi}}\mathrm{e}^{-\frac{t^2}{2}}\mathrm{d}t\\&=1-\Phi\left(V_T\sqrt{\frac{2}{N_0E}}-\sqrt{\frac{2E}{N_0}}\right)\end{aligned}\tag{4-2-5}$$

式中，

$$\Phi(x)=\int_{-\infty}^{x}\frac{1}{\sqrt{2\pi}}\mathrm{e}^{-\frac{t^2}{2}}\mathrm{d}t$$

是标准正态分布，可以查表求得。由式(4-2-5)可以看出，P_F 和 P_D 都与接收机的输出信噪比 r 和 λ_0 有关，而 λ_0 决定于所用判决准则。如以 r 为参量，称 P_F 和 P_D 的关系曲线为接收机工作特性曲线(Receiver Operating Characteristic，ROC)。如图 4-2-4 所示。

信噪比 r 在信号检测中占有非常重要的地位，是接收机的主要技术指标之一，因此常把图 4-2-4 所示的接收机工作特性改画成 P_D-r 曲线，而以 P_F 作参变量，结果如图 4-2-5 所示的检测特性曲线。

虽然在不同的问题中，观测空间中的随机观测量 $\boldsymbol{x}$ 的统计特性 $p(\boldsymbol{x}|H_j)$ 会有所不同，但接收机的工作特性却是有大致相同的形状。如果似然比函数 $\lambda(\boldsymbol{x})$ 是 $\boldsymbol{x}$ 的连续函数，则接收机工作特性有如下共同特点：

①所有连续似然比检验的接收机工作特性都是上凸的。

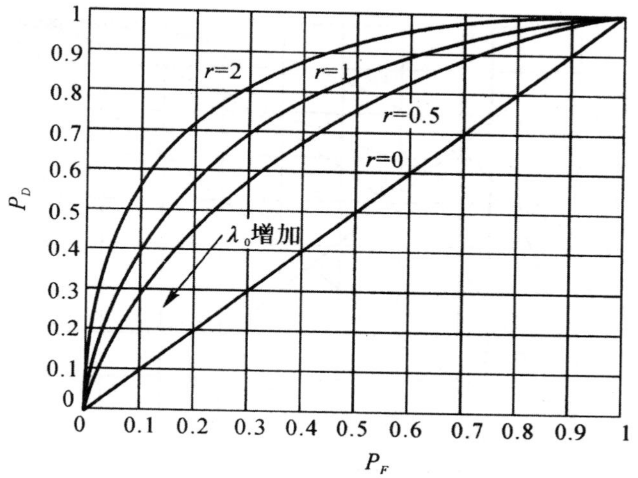

图 4-2-4　接收机工作特性曲线(ROC)

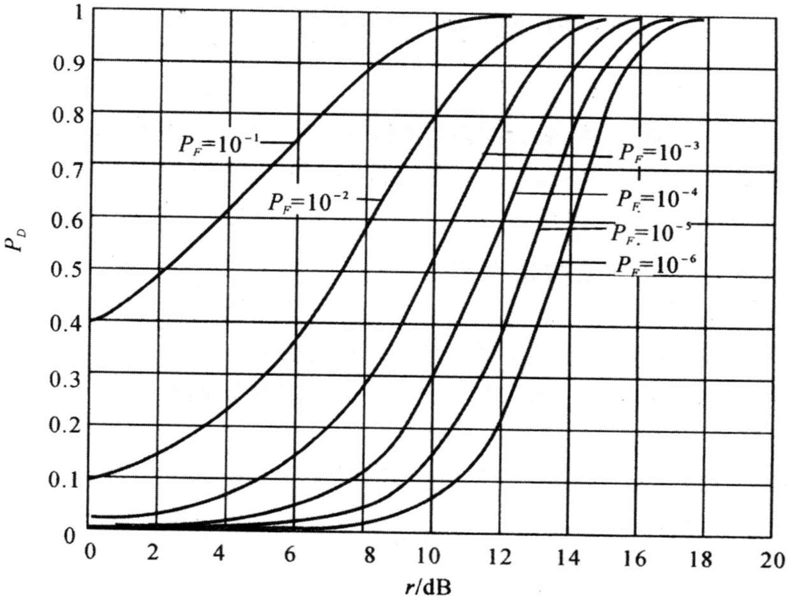

图 4-2-5　检测概率 PD 与信噪比厂的关系

②所有连续似然比检验的接收机工作特性均位于对角线 $P_F = P_D$ 之上。

③接收机工作特性在某点处的斜率等于该点 P_D 和 P_F 所要求的检测门限值 λ_0。

图 4-2-6 为接收机工作特性在不同准则下的解。

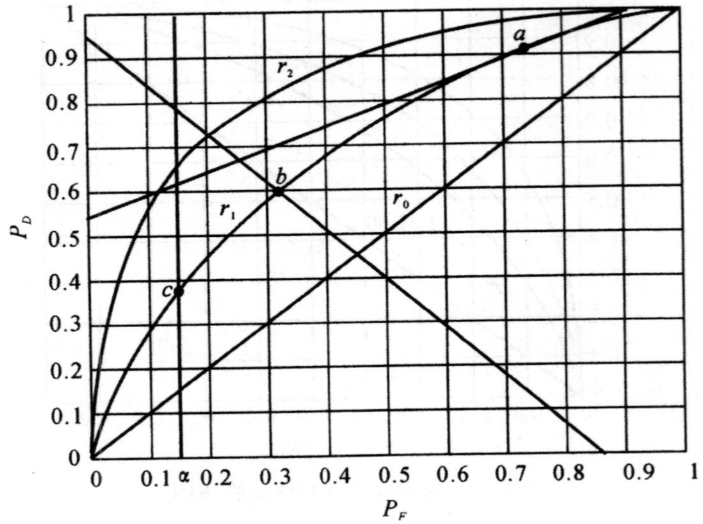

图 4-2-6　接收机工作特性在不同准则下的解

4.3　参量信号的检测——贝叶斯方法

4.3.1　贝叶斯方法原理

下面我们简单介绍下参量信号统计检测的贝叶斯方法。

即在未知参数 θ_i 为参数的观测量 $\boldsymbol{x}$ 的概率密度函数 $p(\boldsymbol{x}|\theta_i,H_i)$ 的基础上，根据未知参数 θ_i 的概率密度函数 $p(\theta_i)(i=0,1)$ 完成参量信号的统计检测。此时，θ_i 为在观测时间内不随时间变化的随机参量，检测的信号为随机参量信号。

由于信号检测问题，只对判决假设 H_0 成立，还是判决 H_1 成立关心，因此在已知随机信号参量 θ_0 和 θ_1 的先验概率密度函数 $p(\theta_0)$ 和 $p(\theta_1)$ 的情况下，可以采用统计平均的方法去掉随机参量信号的随机性。具体地说，用 $p(\boldsymbol{x},\theta_i|H_i)$ 表示 H_i 为真，信号含随机参量 θ_i 时，接收信号 $x(t)$ 与 θ_i 的联合概率密度函数。根据贝叶斯公式

$$p(\boldsymbol{x},\theta_i|H_i)=p(\boldsymbol{x}|\theta_i,H_i)p(\theta_i|H_i) \tag{4-3-1}$$

因为

$$p(\theta_i|H_i)=p(\theta_i)$$

所以式(4-3-1)成为

$$p(\boldsymbol{x},\theta_i|H_i)=p(\boldsymbol{x}|H_i,\theta_i)p(\theta_i)$$

式中，$p(\boldsymbol{x}|H_i,\theta_i)$ 表示当 H_i 为真，θ_i 给定时，$x(t)$的条件概率密度函数。

当 H_i 为真时，$x(t)$的似然函数为

$$\begin{aligned}p(\boldsymbol{x}|H_i)&=\int_{\theta_i}p(x,\theta_i|H_i)\mathrm{d}\theta_i\\&=\int_{\theta_i}p(x|H_i,\theta_i)p(\theta_i)\mathrm{d}\theta_i\end{aligned}\tag{4-3-2}$$

这样，通过求 $p(\boldsymbol{x}|H_i,\theta_i)$ 统计平均的方法去掉了 θ_i 的随机性，使 $p(\boldsymbol{x}|H_i)$ 的统计特性相当于确知信号的情况。于是随机信号参量下的似然比为

$$\lambda(\boldsymbol{x})=\frac{p(\boldsymbol{x}|H_1)}{p(\boldsymbol{x}|H_0)}=\frac{\int_{\theta_1}p(\boldsymbol{x}|H_1,\theta_1)p(\theta_1)\mathrm{d}\theta_1}{\int_{\theta_1}p(\boldsymbol{x}|H_0,\theta_0)p(\theta_0)\mathrm{d}\theta_0}\tag{4-3-3}$$

式(4-3-3)等号右边的分子与分母是两种假设下的平均(对参量而言)似然函数，因此式(4-3-3)叫做平均似然比，似然比门限可根据所采用的判决准则确定。这种情况也可以退化为假设 H_1 是复合的，而假设 H_0 是简单的，如判断信号有无的二元假设检验。在这种情况下，似然比为

$$\lambda(\boldsymbol{x})=\frac{p(\boldsymbol{x}|H_1)}{p(\boldsymbol{x}|H_0)}=\frac{\int_{\theta}p(\boldsymbol{x}|H_1,\theta)p(\theta)\mathrm{d}\theta}{p(\boldsymbol{x}|H_0)}$$

4.3.2 高斯白噪声中随机相位信号波形检测

我们设信号是雷达或声呐系统目标的回波。下面给出两种假设下的接收信号 $x(t)$分别为

$$\begin{cases}H_0:x(t)=n(t),0\leqslant t\leqslant T\\H_1:x(t)=A\sin(\omega t+\theta)+n(t),0\leqslant t\leqslant T\end{cases}$$

式中，振幅 A 和频率 ω 已知，并满足

$$\omega=2m\pi$$

其中上式中 m 为正整数；相位 θ 是随机变量，它服从均匀分布

$$p(\theta)=\begin{cases}\dfrac{1}{2\pi},0\leqslant\theta\leqslant2\pi\\0,其他\end{cases}$$

其他噪声 $n(t)$是均值为零、功率谱密度为 $\dfrac{N_0}{2}$ 的高斯白噪声。

1. 判决表示式

为了实现对接收机的设计，首先我们要对似然函数和似然比进行求解。

当 H_0 为真时，只有噪声，这里首先假定 $n(t)$ 是限带白噪声，以 $\Delta t = \frac{1}{2F}$ 进行采样，从而获得 N 个独立样本，求得观测值的多维条件概率密度函数

$$p(\boldsymbol{x}|H_0) = \left(\frac{1}{\sqrt{2\pi}\sigma_n}\right)^N \exp\left(-\frac{1}{2\sigma_n^2}\sum_{k=1}^{N} x_k^2\right)$$

由于

$$\sigma_n^2 = \frac{N_0}{2\Delta t}$$

设

$$\Delta t \to 0, N \to \infty, N\Delta t = T$$

从而可得连续观测的似然函数为

$$p(\boldsymbol{x}|H_0) = \left(\frac{1}{\sqrt{2\pi}\sigma_n}\right)^N \exp\left(-\frac{1}{N_0}\int_0^T x^2(t)\mathrm{d}t\right)$$

当 H_1 为真时，由式(4-3-2)可知，要想求出 $p(\boldsymbol{x}|H_1)$，那么首先要对 $p(\boldsymbol{x}|H_1,\theta)$ 进行求解，当 θ 给定时，$A\sin(\omega t+\theta)$ 就变成确知信号，这样

$$E[x(t)|\theta] = A\sin(\omega t+\theta)$$

$$D[x(t)|\theta] = \sigma_n^2 = \frac{N_0}{2\Delta t}$$

所以有

$$p(\boldsymbol{x}|H_1,\theta) = \left(\frac{1}{\sqrt{2\pi}\sigma_n}\right)^N \exp\left(-\frac{1}{2\sigma_n^2}\sum_{k=1}^{N}[x_k - A\sin(\omega t+\theta)]^2\right)$$

$$\underline{\text{连续观测}}\left(\frac{1}{\sqrt{2\pi}\sigma_n}\right)^N \exp\left(-\frac{1}{N_0}\int_0^T [x(t) - A\sin(\omega t+\theta)]^2\mathrm{d}t\right)$$

所以

$$\begin{aligned} p(\boldsymbol{x}|H_1) &= \int_\theta p(x|H_1,\theta)p(\theta)\mathrm{d}\theta \\ &= \left(\frac{1}{\sqrt{2\pi}\sigma_n}\right)^N \int_0^{2\pi}\exp\left(-\frac{1}{N_0}\int_0^T [x(t) - A\sin(\omega t+\theta)]^2\mathrm{d}t\right)\frac{1}{2\pi}\mathrm{d}\theta \end{aligned}$$

窄带信号，射频正弦波周期与持续时间的关系是远远小于，可表示为

$$T \gg \frac{2\pi}{\omega}$$

那么

$$\int_0^T A^2\sin^2(\omega t+\theta)\mathrm{d}t=\frac{A^2T}{2}-\frac{\sin2(\omega t+\theta)-\sin2\theta}{4\omega}=\frac{A^2T}{2}$$

最终获得

$$p(\boldsymbol{x}\mid H_1)=\left(\frac{1}{\sqrt{2\pi}\sigma_n}\right)^N\exp\left(-\frac{A^2T}{2N_0}\right)\exp\left(-\frac{1}{N_0}\int_0^T x^2(t)\mathrm{d}t\right)$$
$$\cdot\frac{1}{2\pi}\int_0^{2\pi}\exp\left(\frac{A}{N_0}\int_0^T x(t)\sin(\omega t+\theta)\mathrm{d}t\right)\mathrm{d}\theta$$

下面给出似然比判决式为

$$\lambda(\boldsymbol{x})=\frac{p(\boldsymbol{x}\mid H_1)}{p(\boldsymbol{x}\mid H_0)}$$
$$=\frac{1}{2\pi}\exp\left[-\frac{A^2T}{2N_0}\right]\int_0^{2\pi}\exp\left(\frac{2A}{N_0}\int_0^T x(t)\sin(\omega t+\theta)\mathrm{d}t\right)\mathrm{d}\theta\underset{H_0}{\overset{H_1}{\gtrless}}\lambda_0 \tag{4-3-4}$$

化简可得

$$\int_0^T x(t)\sin(\omega t+\theta)\mathrm{d}t=\int_0^T x(t)\sin\omega t\cos\theta\mathrm{d}t+\int_0^T x(t)\cos\omega t\sin\theta\mathrm{d}t$$

设

$$\int_0^T x(t)\sin\omega t\,\mathrm{d}t=q\cos\theta_0$$
$$\int_0^T x(t)\cos\omega t\,\mathrm{d}t=q\cos\theta_0$$

从而有

$$\int_0^T x(t)\sin(\omega t+\theta)\mathrm{d}t=q\cos(\theta-\theta_0)$$

将其代入式(4-3-4)，从而可得出 $\lambda(\boldsymbol{x})$ 为

$$\lambda(\boldsymbol{x})=\exp\left(-\frac{A^2T}{2N_0}\right)\frac{1}{2\pi}\int_0^{2\pi}\exp\left[\frac{2A}{N_0}q\cos(\theta-\theta_0)\right]\mathrm{d}\theta$$

利用第一类零阶修正贝塞尔函数的定义式：

$$I_0(x)=\frac{1}{2\pi}\int_0^{2\pi}\exp[x\cos(\theta-\theta_0)]\mathrm{d}\theta,x\geqslant 0$$

可得

$$\lambda(\boldsymbol{x})=\exp\left(-\frac{A^2T}{2N_0}\right)I_0\left(\frac{2Aq}{N_0}\right)$$

下面给出判决式

$$\lambda(x)=\exp\left(-\frac{A^2T}{2N_0}\right)I_0\left(\frac{2Aq}{N_0}\right)\underset{H_0}{\overset{H_1}{\gtrless}}\lambda_0$$

也可写为

$$I_0\left(\frac{2Aq}{N_0}\right)\underset{H_0}{\overset{H_1}{\gtrless}}\lambda_0\exp\left(\frac{A^2T}{2N_0}\right)$$

由于修正的零阶贝塞尔函数 $I_0(x)$ 为 x 的单调增函数，因此可选择 q 作为检验统计量，其判决式

$$q \underset{H_0}{\overset{H_1}{\gtrless}} q \frac{N_0}{2A} \mathrm{arc} I_0 (\lambda_0 \mathrm{e}^{\frac{A^2 T}{2N_0}}) = \eta, q \geqslant 0$$

或

$$q^2 \underset{H_0}{\overset{H_1}{\gtrless}} \eta^2, q \geqslant 0$$

其中

$$q^2 = \left(\int_0^T x(t) \sin\omega t \, \mathrm{d}t\right)^2 + \left(\int_0^T x(t) \cos\omega t \, \mathrm{d}t\right)^2 \tag{4-3-5}$$

可见，q 是 $x(t)$ 的非线性函数。只要对输入信号进行处理，计算出 q，并与门限 η 比较，就构成最佳检测系统。

2. 接收机结构

式(4-3-5)表示为了得到检验统计量 q^2，接收机应当完成的运算。完成这种运算的接收机如图 4-3-1 所示，通常这种检测系统称为正交接收机。正交接收机的结构可以这样解释：把随机相位信号

$$\sin(\omega t + \theta) = \cos\theta \sin\omega t + \sin\theta \cos\omega t$$

看成是两个随机幅度的正交信号之和。由于在观测期间，θ 是恒定值，所以两个正交信号可以用两个相关器来接收，相关器的本地信号分别是 $\sin\omega t$ 和 $\cos\omega t$。另外由于相关器的输出与随机相位 θ 有关，所以不应在相关器之后立即采用门限比较。但若将两个相关器的输出平方之后再相加，得到的 q^2 就与 θ 无关，就可以进行门限比较。

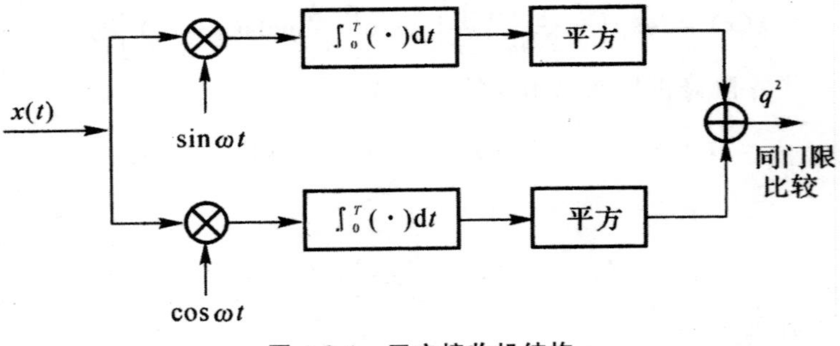

图 4-3-1　正交接收机结构

现在可以导出正交接收机的两种等效形式。第一种等效形式是以匹配滤波器代替相关器得到的。通过前面的讨论知道，对于参考信号为 $s(t)(0 \leqslant t \leqslant T)$ 的相关器，可以由冲击响应函数为

$$h(t) = s(T - t), 0 \leqslant t \leqslant T$$

并在 $t = T$ 时刻对输出抽样的匹配滤波器代替。现在的情况是两个相关器的本地参考信号分别为 $\sin\omega t$ 和 $\cos\omega t\,(0 \leqslant t \leqslant T)$。因此图 4-3-1 的正交接收机可用图 4-3-2 的等效接收机来代替。

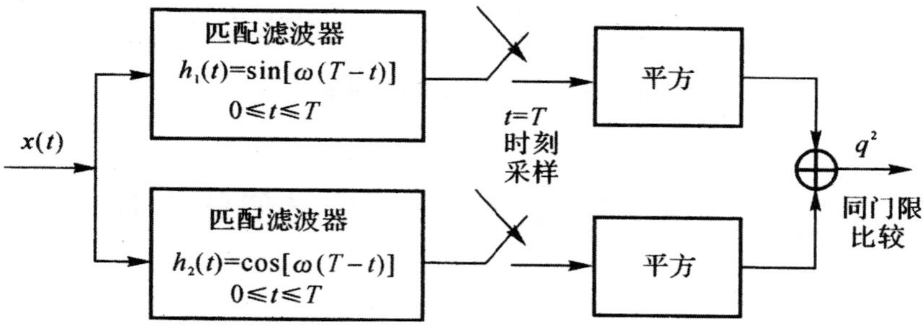

图 4-3-2　正交接收机的等效形式——两路匹配滤波器

第二种等效形式。假定有一个与信号 $\sin(\omega t+\theta)$ 相匹配的滤波器，其冲击响应 $h(t)$ 为

$$h(t) = \sin[\omega(T-t)+\theta],\quad 0 \leqslant t \leqslant T$$

当观测波形 $x(t)$ 输入该滤波器时，其输出 $y(t)$ 为

$$\begin{aligned} y(t) &= \int_0^t x(\lambda)h(t-\lambda)\,\mathrm{d}\lambda \\ &= \int_0^t x(\lambda)\sin[\omega(T-t+\lambda)+\theta]\,\mathrm{d}\lambda \\ &= \sin[\omega(T-t)+\theta]\int_0^t x(\lambda)\cos\omega\lambda\,\mathrm{d}\lambda + \cos[\omega(T-t)+\theta]\int_0^t x(\lambda)\sin\omega\lambda\,\mathrm{d}\lambda \end{aligned}$$

这里讨论 $t = T$ 时，$y(t)$ 的包络值为

$$|y(T)| = \left[\left(\int_0^T x(\lambda)\cos\omega\lambda\,\mathrm{d}\lambda\right)^2 + \left(\int_0^T x(\lambda)\sin\omega\lambda\,\mathrm{d}\lambda\right)^2\right]$$

这正好就是式(4-3-5)中的 q，$y(t)$ 的包络与 θ 无关。因此滤波器可设成与具有任意相位(如 $\theta = 0$)的信号相匹配，其后接一个包络检波器，它在 $t = T$ 时刻的输出就是检验统计量 q。这种匹配滤波器加包络检波器的组合常称为非相干匹配滤波器，如图 4-3-3 所示。因为相位匹配是任意的，所以在图 4-3-3 中可以使用对 $\sin\omega t$ 或 $\cos\omega t$ 的匹配滤波器。

匹配滤波器对于信号的延迟时间有适应性。对于频率为 ω 的正(余)弦信号，频率 ω 乘时延就是相位量，因此在此等效为对任意相位的信号有适应性，即上述滤波器对于任何相位的信号都是匹配的。虽然在 T 时刻输出的信号峰值随 θ 的不同有些前后移动，但是观测时间远大于射频周期，即

$$T \gg \frac{2\pi}{\omega}$$

其包络值在一个信号射频周期内增加量是很小的。因此，可用除相位

外与信号相匹配的滤波器后接包络检波器，在 $t = T$ 时输出 q，进行检测。

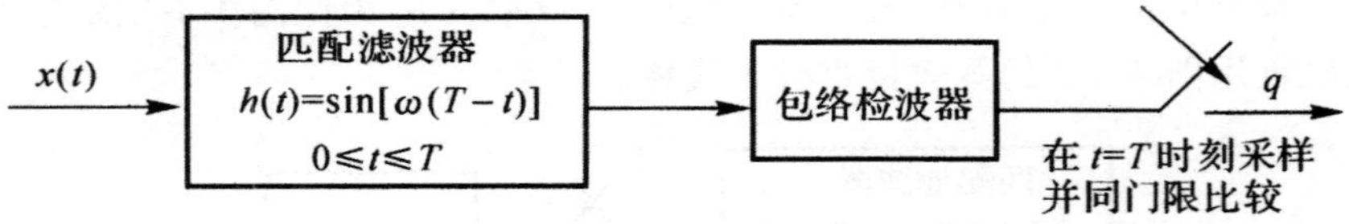

图 4-3-3　非相干匹配滤波器结构

4.4　参量信号的检测——广义似然比方法

4.4.1　广义似然比方法原理

做如下假设：

①在假设 H_0 下，可以得出以未知参量 $\boldsymbol{\theta}_0$ 为参数的观测矢量 $\boldsymbol{x}$ 的概率密度函数为

$$p(\boldsymbol{x} | \boldsymbol{\theta}_0, H_0)$$

②在假设 H_1 下未知参量 $\boldsymbol{\theta}_1$ 的概率密度函数为

$$p(\boldsymbol{x} | \boldsymbol{\theta}_1, H_1)$$

首先由概率密度函数 $p(\boldsymbol{x} | \boldsymbol{\theta}_j, H_j)$，利用最大似然估计方法求出信号参量 $\boldsymbol{\theta}_j$ 的最大似然估计。

下面简单介绍下最大似然估计。

就是使似然函数 $p(\boldsymbol{x} | \boldsymbol{\theta}_j, H_j)$ 达到最大的 $\boldsymbol{\theta}_j$ 作为该参量的估计量，记为 $\hat{\boldsymbol{\theta}}_{jm1}$。

根据求得的估计量或 $\hat{\boldsymbol{\theta}}_{jm1}$ 代替似然函数中的未知参量 $\boldsymbol{\theta}_j (j = 0,1)$ 使问题转化为确知信号的统计检测。

广义似然比方法是一种把信号参量的最大似然估计与确知信号的检测相结合的一种方法。

广义似然比检验为

$$\lambda_G(\boldsymbol{x}) = \frac{p(\boldsymbol{x} | \hat{\boldsymbol{\theta}}_{1m1}, H_1)}{p(\boldsymbol{x} | \hat{\boldsymbol{\theta}}_{0m1}, H_0)} \underset{H_0}{\overset{H_1}{\gtrless}} \lambda_0 \tag{4-4-1}$$

给出如下假设：

①H_0 是简单的。

②H_1 是复合的。

则广义似然比检验为

$$\lambda_G(\boldsymbol{x}) = \frac{p(\boldsymbol{x}|\hat{\boldsymbol{\theta}}_{1m1}, H_1)}{p(\boldsymbol{x}|H_0)} \underset{H_0}{\overset{H_1}{\gtrless}} \lambda_0 \tag{4-4-2}$$

换一种方式表示：

由于 $\hat{\boldsymbol{\theta}}_j$ 是在 H_j 条件下，使似然函数 $p(\boldsymbol{x}|\boldsymbol{\theta}_j, H_j)$ 最大，或者

$$p(\boldsymbol{x}|\hat{\boldsymbol{\theta}}_{jm1}, H_j) = \max_{\boldsymbol{\theta}_j}(\boldsymbol{x}|\boldsymbol{\theta}_j, H_j)$$

因此有

$$\lambda_G(\boldsymbol{x}) = \frac{\max\limits_{\boldsymbol{\theta}_1} p(\boldsymbol{x}|\boldsymbol{\theta}_1, H_1)}{\max\limits_{\boldsymbol{\theta}_0} p(\boldsymbol{x}|\boldsymbol{\theta}_0, H_0)}$$

这里讨论一种特殊情况，即 H_0 条件下概率密度函数完全已知的情况，有

$$\lambda_G(\boldsymbol{x}) = \frac{\max\limits_{\boldsymbol{\theta}_1} p(\boldsymbol{x}|\boldsymbol{\theta}_1, H_1)}{\max\limits_{\boldsymbol{\theta}_0} p(\boldsymbol{x}|H_0)} = \max_{\boldsymbol{\theta}_1} \frac{p(\boldsymbol{x}|\boldsymbol{\theta}_1, H_1)}{p(\boldsymbol{x}|H_0)}$$

广义似然比检验用最大似然估计取代了未知参数，它只是一种"合理"的替代方式，并没有任何"最佳"含义。但是当估计的信噪比很高时，估计值 $\hat{\boldsymbol{\theta}}_j$ 尽管是随机变量，但其分布将几乎是一个在 $\boldsymbol{\theta}_j$ 真值处的冲击函数 $\delta(\boldsymbol{\theta}_j - \hat{\boldsymbol{\theta}}_j)$，因此该方法是一准最佳或渐进最佳检测器，在估计信噪比很高时它接近最佳检测器。由于这种方法在求 $\lambda_G(\boldsymbol{x})$ 的第一步时就是求最大似然估计，所以也提供了有关未知参数的信息。

4.4.2　高斯白噪声中幅度未知信号波形检测

考虑在高斯白噪声中除了幅度以外已知的确定性信号检测问题，此时，两种假设下的接收信号 $x(t)$ 分别为

$$\begin{cases} H_0: x(t) = n(t), 0 \leqslant t \leqslant T \\ H_1: x(t) = As(t) + n(t), 0 \leqslant t \leqslant T \end{cases}$$

式中，$s(t)$ 是已知的；幅度 A 是未知的；噪声 $n(t)$ 是均值为零、功率谱密度为 $\frac{N_0}{2}$ 的高斯白噪声。

1. 判决表示式

为了求得广义似然比检验的判决式，首先需要求出 A 的最大似然估计。若在 $[0, T]$ 观测时间内，得到 N 个独立的观测样本 $x_1, x_2, \cdots, x_N$，则假设 H_1 条件下的似然函数为

$$p(\boldsymbol{x}|A, H_1) = \frac{1}{(2\pi\sigma_n^2)^{N/2}} \exp\left[-\frac{1}{2\sigma_n^2}\sum_{n=1}^{N}(x_n - As_n)^2\right]$$

可以求得 A 的最大似然估计

$$\hat{A}_{m1} = \frac{\sum_{n=1}^{N} x_n s_n}{\sum_{n=1}^{N} s_n^2}$$

代入式(4-4-2)得广义似然比判决式

$$\lambda_G(\boldsymbol{x}) = \frac{p(x|\hat{A}_{m1}, H_1)}{p(x|H_0)} = \frac{\dfrac{1}{(2\pi\sigma_n^2)^{N/2}}\exp\left[-\dfrac{1}{2\sigma_n^2}\sum_{n=1}^{N}(x_n - \hat{A}_{m1}s_n)^2\right]}{\dfrac{1}{(2\pi\sigma_n^2)^{N/2}}\exp\left[-\dfrac{1}{2\sigma_n^2}\sum_{n=1}^{N}x_n^2\right]}$$

$$= \exp\left[-\frac{1}{2\sigma_n^2}\sum_{n=1}^{N}(-2\hat{A}_{m1}s_n x_n + \hat{A}_{m1}^2 s_n^2)\right] \underset{H_0}{\overset{H_1}{\gtrless}} \lambda_0$$

化简可得判决式

$$\left(\sum_{n=1}^{N} x_n s_n\right)^2 \underset{H_0}{\overset{H_1}{\gtrless}} 2\sigma_n^2 \ln\lambda_0 \sum_{n=1}^{N} s_n^2 = \eta$$

由于

$$\sigma_n^2 = \frac{N_0}{2\Delta t}$$

其中 Δt 是采样间隔，当 $\Delta t \to 0$ 时，可得连续观测时的判决式

$$\left(\int_0^T x(t)s(t)\mathrm{d}t\right)^2 \underset{H_0}{\overset{H_1}{\gtrless}} N_0 \ln\lambda_0 \int_0^T s^2(t)\mathrm{d}t = \gamma, \gamma > 0$$

或

$$\left|\int_0^T x(t)s(t)\mathrm{d}t\right| \underset{H_0}{\overset{H_1}{\gtrless}} \sqrt{N_0 \ln\lambda_0 \int_0^T s^2(t)\mathrm{d}t} = \gamma', \gamma' > 0 \qquad (4\text{-}4\text{-}3)$$

检测器刚好是相关器，取绝对值是由于 A 的符号未知的缘故。式(4-4-3)的检测器结构如图 4-4-1 所示。

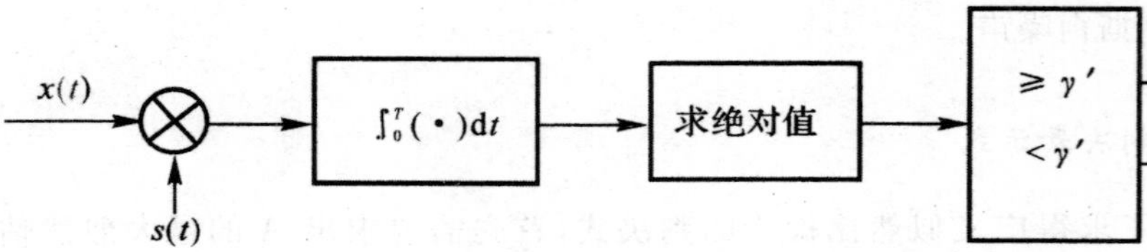

图 4-4-1　幅度未知信号的广义似然比检测系统结构

2. 检测性能

幅度知识的缺乏将使检测性能降低，但从相关器的性能来看只有轻微

的下降。为了求得检测性能，设

$$\int_0^T x(t)s(t)\mathrm{d}t$$

则在 $G>\gamma'$ 和 $G<-\gamma'$ 时 H_1 成立，在 $-\gamma'<G<\gamma'$ 时 H_0 成立。

根据上节知识可知

$$G=\int_0^T x(t)s(t)\mathrm{d}t \sim \begin{cases} N\left(0,\dfrac{N_0E_s}{2}\right),\text{在 } H_0 \text{ 条件下} \\ N\left(AE_s,\dfrac{N_0E_s}{2}\right),\text{在 } H_1 \text{ 条件下} \end{cases}$$

式中，

$$E_s=\int_0^T s^2(t)\mathrm{d}t$$

接收机的虚警概率和检测概率分别为

$$\begin{aligned} P_F &= \int_{-\infty}^{-\gamma'} p(G|H_0)\mathrm{d}G+\int_{\gamma'}^{\infty} p(G|H_0)\mathrm{d}G \\ &= 2\int_{\gamma'}^{\infty} p(G|H_0)\mathrm{d}G \\ &= 2\int_{\gamma'}^{\infty}\left(\frac{1}{\pi N_0E_s}\right)^{\frac{1}{2}}\mathrm{e}^{-\frac{G^2}{N_0E_s}}\mathrm{d}G \\ &= 2\left[1-\Phi\left(\gamma'\sqrt{\frac{2}{N_0E_s}}\right)\right] \end{aligned} \tag{4-4-4}$$

$$\begin{aligned} P_D &= \int_{-\infty}^{-\gamma'} p(G|H_1)\mathrm{d}G+\int_{\gamma'}^{\infty} p(G|H_1)\mathrm{d}G \\ &= \int_{-\infty}^{-\gamma'}\left(\frac{1}{\pi N_0E_s}\right)^{\frac{1}{2}}\mathrm{e}^{-\frac{(G-AE_s)^2}{N_0E_s}}\mathrm{d}G+\int_{\gamma'}^{\infty}\left(\frac{1}{\pi N_0E_s}\right)^{\frac{1}{2}}\mathrm{e}^{-\frac{(G-AE_s)^2}{N_0E_s}}\mathrm{d}G \\ &= \Phi\left[(-\gamma'-AE_s)\sqrt{\frac{2}{N_0E_s}}\right]+\left\{1-\Phi\left[(\gamma'-AE_s)\sqrt{\frac{2}{N_0E_s}}\right]\right\} \end{aligned} \tag{4-4-5}$$

根据式(4-4-4)和式(4-4-5)可得虚警概率 P_F 和检测概率 P_D 之间的关系式为

$$P_D=2-\Phi\left[\Phi^{-1}\left(1-\frac{P_F}{2}\right)-\sqrt{r}\right]-\Phi\left[\Phi^{-1}\left(1-\frac{P_F}{2}\right)+\sqrt{r}\right]$$

式中，

$$r=\frac{(2A^2E_s)}{N_0}=\frac{2E}{N_0}$$

是匹配滤波器的输出信噪比；

$$E=A^2E_s$$

是信号的能量。

将上述 P_D，P_F 和 r 的关系绘成曲线，可以得到其检测曲线，如图 4-4-2 实线所示。为了比较，图中还画出了已知幅度 A 情况的性能曲线。由图中可以看出，在相同的 P_D，P_F 下，检测幅度未知信号所需的输出信噪比大于检测幅度已知信号所需的信噪比，这是由于幅度知识的缺乏造成的。

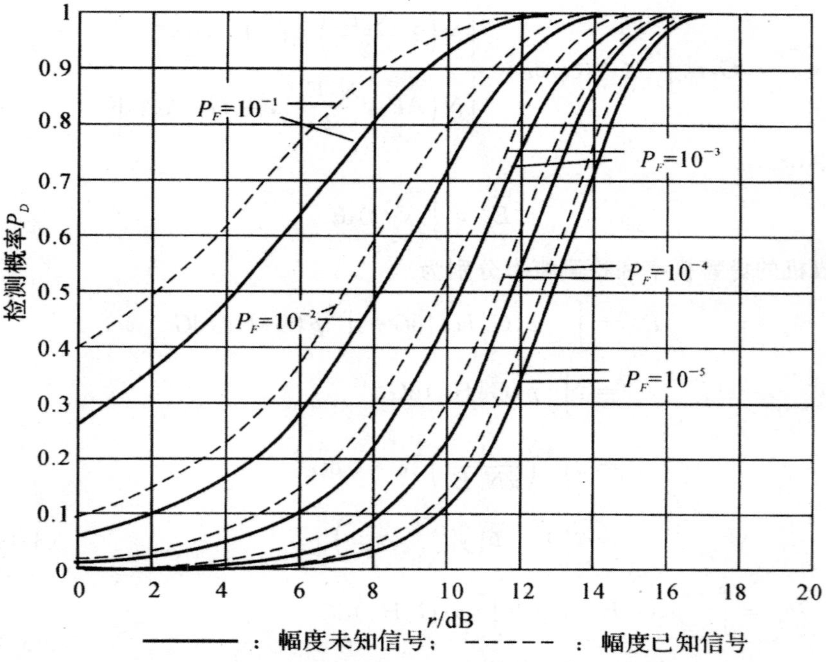

图 4-4-2 幅度未知信号的接收机工作特性曲线

4.4.3 高斯白噪声中未知到达时间信号波形检测

在雷达或声呐系统等情况下，希望检测信号的到达时间（或者等效的它的延迟是未知的信号）。期望在时间区间 $[0,T]$ 内的任何时刻回波信号出现，而该时间比回波信号本身的持续时间长得多。到达时间的任何先验分布都是一个很宽的函数，以至于平均似然比的值基本上决定于其峰值，即参量的估计值。因此，广义似然比检验可以作为一个检测器或估计器。

两种假设下的接收信号 $x(t)$分别为

$$\begin{cases} H_0: x(t) = n(t), 0 \leqslant t \leqslant T \\ H_1: x(t) = s(t-\tau) + n(t), 0 \leqslant t \leqslant T \end{cases}$$

式中，$s(t)$是一个已知的确定性信号，它在间隔 $[0,T_s]$ 上是非零的；τ 是未

知延迟，如果可能的最大延迟时间是 $\tau_{\max}$，则

$$T = T_s + \tau_{\max}$$

噪声 $n(t)$ 是均值为零、功率谱密度为 $\frac{N_0}{2}$ 的高斯白噪声。很清楚，观测间隔 $[0,T]$ 应该包括所有可能延迟的信号。

为了求得广义似然比检验的判决式，首先需要求出 τ 的最大似然估计。可知 τ 的最大似然估计 $\hat{\tau}_{m1}$，是通过对所有可能的 τ 使

$$\int_{\tau}^{\tau+T_s} x(t)s(t-\tau)\mathrm{d}t \tag{4-4-5}$$

最大而求得的，也就是将接收信号与可能的延迟信号相关，选择使式(4-4-5)最大的 τ 作为 $\hat{\tau}_{m1}$。为了获得广义似然比判决式，假设在 $[0,T]$ 观测时间内，得到 N 个独立的观测样本 $x_1,x_2,\cdots,x_N$，可得在假设 H_1 和 H_0 条件下连续观测的似然函数为

$$\begin{aligned}
& p(\boldsymbol{x}|\hat{\tau}_{m1},H_1) \\
&= \left(\frac{1}{\sqrt{2\pi}\sigma}\right)^N \exp\left\{-\frac{1}{N_0}\left[\int_{\hat{\tau}_{m1}}^{T_s+\hat{\tau}_{m1}} x^2(t)\mathrm{d}t + \int_{\hat{\tau}_{m1}}^{T_s+\hat{\tau}_{m1}} (x(t)\right.\right. \\
&\quad \left.\left. - s(t-\hat{\tau}_{m1}))^2\mathrm{d}t + \int_{T_s+\hat{\tau}_{m1}}^{\mathrm{T}} x^2(t)\mathrm{d}t\right]\right\} \\
&= \left(\frac{1}{\sqrt{2\pi}\sigma}\right)^N \left\{-\frac{1}{N_0}\left[\int_0^T x^2(t)\mathrm{d}t + \int_{\hat{\tau}_{m1}}^{T_s+\hat{\tau}_{m1}} (-2x(t)s(t-\hat{\tau}_{m1}) + s^2(t-\hat{\tau}_{m1}))\mathrm{d}t\right]\right\} \\
&= \left(\frac{1}{\sqrt{2\pi}\sigma}\right)^N \exp\left\{-\frac{1}{N_0}\int_0^T x(t)\mathrm{d}t\right\}
\end{aligned}$$

式中，

$$\begin{aligned}
\lambda_G(\boldsymbol{x}) &= \frac{p(\boldsymbol{x}|\hat{\tau}_{m1},H_1)}{p(\boldsymbol{x}|H_0)} \\
&= \exp\left\{-\frac{1}{N_0}\left[\int_{\hat{\tau}_{m1}}^{T_s+\hat{\tau}_{m1}} (-2x(t)s(t-\hat{\tau}_{m1}) + s^2(t-\hat{\tau}_{m1})\mathrm{d}t\right]\right\} \\
&\underset{H_0}{\overset{H_1}{\gtrless}} \lambda_0
\end{aligned}$$

化简可得

$$\int_{\hat{\tau}_{m1}}^{T_s+\hat{\tau}_{m1}} x(t)s(t-\hat{\tau}_{m1})\mathrm{d}t \underset{H_0}{\overset{H_1}{\gtrless}} \frac{N_0}{2}\ln\lambda_0 + \frac{E}{2} = \gamma, \gamma > 0$$

式中，

$$E = \int_{\hat{\tau}_{m1}}^{T_s+\hat{\tau}_{m1}} s^2(t-\hat{\tau}_{m1})\mathrm{d}t$$

为发射信号的能量。即用 $x(t)$ 与 $s(t-x)$ 的相关以及当 $\tau = \hat{\tau}_{m1}$ 得到的最大值与门限 γ 进行比较来实现广义似然比检测。如果超过门限，判决信号

存在，它的延迟估计为 $\hat{\tau}_{m1}$。否则判决只有噪声。判决式也可以写为

$$\max_{\tau\in[0,T-T_s]}\int_{\tau}^{\tau+T_s}x(t)s(t-\tau)\mathrm{d}t \underset{H_0}{\overset{H_1}{\gtrless}} \gamma,\gamma>0 \tag{4-4-6}$$

图 4-4-3 给出了式(4-4-6)的实现框图。

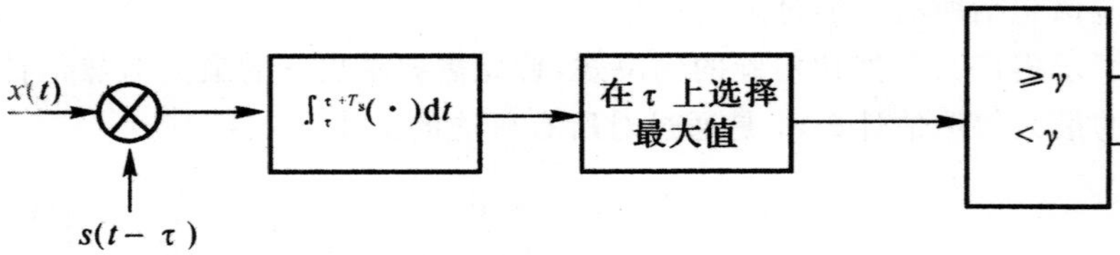

图 4-4-3 未知到达时间信号的广义似然比检测器结构

4.4.4 高斯白噪声中正弦信号波形检测

在高斯白噪声中的正弦信号检测是许多领域中常见的问题。由于其应用的广泛性，因此对检测器的结构和性能作详细的讨论。其结果形成了许多实际领域如雷达、声呐和通信系统的理论基础。一般的检测器是

$$\begin{cases} H_0: x(t)=n(t), 0\leqslant t\leqslant T \\ H_1: x(t)=\begin{cases} n(t), 0\leqslant t\leqslant \tau, T_s+\tau<t<T \\ A\cos(2\pi f_0 t+\varphi)+n(t), \tau\leqslant t\leqslant T_s+\tau \end{cases} \end{cases}$$

噪声 $n(t)$ 是均值为零、功率谱密度为 $\frac{N_0}{2}$ 的高斯白噪声，参数集 (A,f_0,φ) 的任意子集是未知的。正弦信号假定在区间 $[\tau,T_s+\tau]$ 是非零的，T_s 表示信号的长度，τ 是回波延迟时间。在开始时假定 τ 是已知的，且 $\tau=0$。那么，观测区间正好是信号区间或者 $[0,T]=[0,T_s]$，后面考虑未知时延的情况。现在考虑

$$\begin{cases} H_0: x(t)=n(t), 0\leqslant t\leqslant T \\ H_1: x(t)=A\cos(2\pi f_0 t+\varphi)+n(t), 0\leqslant t\leqslant T \end{cases}$$

其中未知参数是确定性的。对于下列情况将使用广义似然比检测：

①A 未知。

②A,φ 未知。

③A,φ,f_0 未知。

④A,φ,f_0,τ 未知。

1. 幅度未知

信号为 $As(t)$，其中

$$s(t)=\cos(2\pi f_0 t+\varphi)$$

$s(t)$是已知的。容易得出广义似然比判决式为

$$\left|\int_0^T x(t)s(t)\mathrm{d}t\right| \underset{H_0}{\overset{H_1}{\gtrless}} \gamma',\gamma'>0$$

检测器的结构如图 4-4-4(a)所示，图 4-4-5(a)绘出了检测器的性能曲线。这里信号的能量

$$E=\frac{A^2T}{2}$$

2. 幅度和相位未知

当 A 和 φ 是未知时，必须假定 $A>0$，否则，A 和 φ 的两个集将产生相同的信号。这样，参数将无法辨认。如果

$$\frac{p(\boldsymbol{x}\,|\,\hat{A},\hat{\varphi},H_1)}{p(\boldsymbol{x}\,|\,H_0)}\geqslant\lambda_0$$

广义似然比判决 H_1 成立，其中 $\hat{A},\hat{\varphi}$ 是最大似然估计，可以证明最大似然估计近似为

$$\hat{A}=\sqrt{\hat{\alpha}_1^2+\hat{\alpha}_2^2}$$

$$\hat{\varphi}=\arctan\left(-\frac{\hat{\alpha}_2}{\hat{\alpha}_1}\right)$$

其中

$$\hat{\alpha}_1=\frac{2}{T}\int_0^T x(t)\cos(2\pi f_0 t)\mathrm{d}t$$

$$\hat{\alpha}_2=\frac{2}{T}\int_0^T x(t)\sin(2\pi f_0 t)\mathrm{d}t$$

从而可得判决式为

$$\lambda_G(\boldsymbol{x})=\frac{\dfrac{1}{(2\pi\sigma^2)^{N/2}}\exp\left\{-\dfrac{1}{N_0}\displaystyle\int_0^T x(t)-\hat{A}\cos(2\pi f_0 t+\hat{\varphi})\mathrm{d}t\right\}}{\dfrac{1}{(2\pi\sigma^2)^{N/2}}\exp\left[-\dfrac{1}{N_0}\displaystyle\int_0^T x^2(t)\mathrm{d}t\right]} \underset{H_0}{\overset{H_1}{\gtrless}} \lambda_0$$

整理得

$$\ln\lambda_G(\boldsymbol{x})=\frac{T}{2N_0}\hat{A}^2 \underset{H_0}{\overset{H_1}{\gtrless}} \ln\lambda_0$$

则判决式为

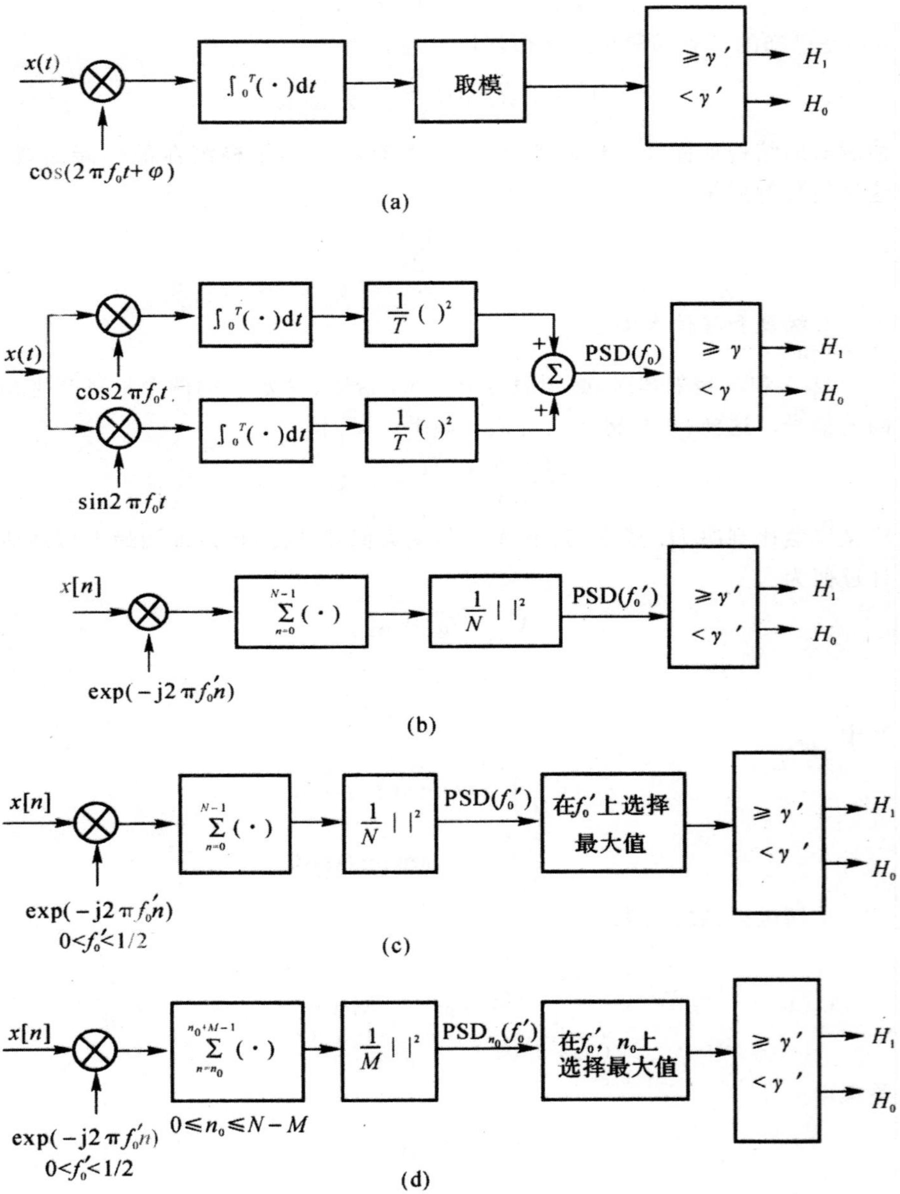

图 4-4-4　正弦信号的广义似然比检测器结构

(a)未知幅度正弦信号的广义似然比检测器结构;

(b)未知幅度和相位正弦信号的广义似然比检测器结构;

(c)未知幅度、相位和频率正弦信号的广义似然比检测器构;

(d)未知幅度、相位、频率和到达时间正弦信号的广义似然比检测器结构

$$\left[\int_0^T x(t)\sin(2\pi f_0 t)\mathrm{d}t\right]^2 + \left[\int_0^T x(t)\cos(2\pi f_0 t)\mathrm{d}t\right]^2 \underset{H_0}{\overset{H_1}{\gtrless}} \frac{N_0 T}{2}\ln\lambda_0$$

假设

$$\mathrm{PSD}(f_0) = \frac{1}{T}\left\{\left[\int_0^T x(t)\sin(2\pi f_0 t)\mathrm{d}t\right]^2 + \left[\int_0^T x(t)\cos(2\pi f_0 t)\mathrm{d}t\right]^2\right\}$$

则其离散情况下的表达式

$$\mathrm{PSD}(f_0') = \frac{1}{N}\left|\sum_{n=1}^{N} x[n]\exp(-\mathrm{j}2\pi f_0' n)\right|^2$$

是在 $f = f_0'$ 处计算的周期图，其中 f_0' 是用采样频率对 f_0 规一化后得到的。最后得判决式

$$\mathrm{PSD}(f_0) \underset{H_0}{\overset{H_1}{\gtrless}} \frac{N_0}{2}\ln\lambda_0 = \gamma$$

或者

$$\mathrm{PSD}(f_0') \underset{H_0}{\overset{H_1}{\gtrless}} \sigma_n^2\ln\lambda_0 = \gamma'$$

可见，检验统计量的表达式和高斯白噪声背景下未知信号相位的贝叶斯方法获得的检验统计量一致，则检测器的结构也与此相同，可用非相干或正交匹配接收机实现，具体见图 4-4-4(b)。检测性能的分析过程同高斯白噪声背景下未知信号相位的贝叶斯方法，在此给出虚警概率和检测概率的表达式

$$P_F = \exp\left(-\frac{\gamma'}{\sigma^2}\right)$$

$$P_D = Q\left(\sqrt{\frac{2E}{N_0}}, \frac{\sqrt{2\gamma'}}{\sigma}\right) \tag{4-4-7}$$

上式中，Q 是马库姆函数；$E = \dfrac{A^2 T}{2}$ 为信号的能量。如果用虚警概率 P_F 来表示，由式(4-4-7)得到

$$\frac{\sqrt{2\gamma'}}{\sigma} = \sqrt{-2\ln P_F}$$

故

$$\begin{aligned} P_D &= Q\left(\sqrt{\frac{2E}{N_0}}, \sqrt{-2\ln P_F}\right) \\ &= Q(\sqrt{r}, \sqrt{-2\ln P_F}) \end{aligned}$$

检测曲线见图 4-4-5(b)。不出所料，与前面的未知幅度情况相比较检测性能有轻微的衰减，比较图 4-4-5(b)和图 4-4-5(a)可以看出，对于小的虚警概率，这种衰减小于 1dB。

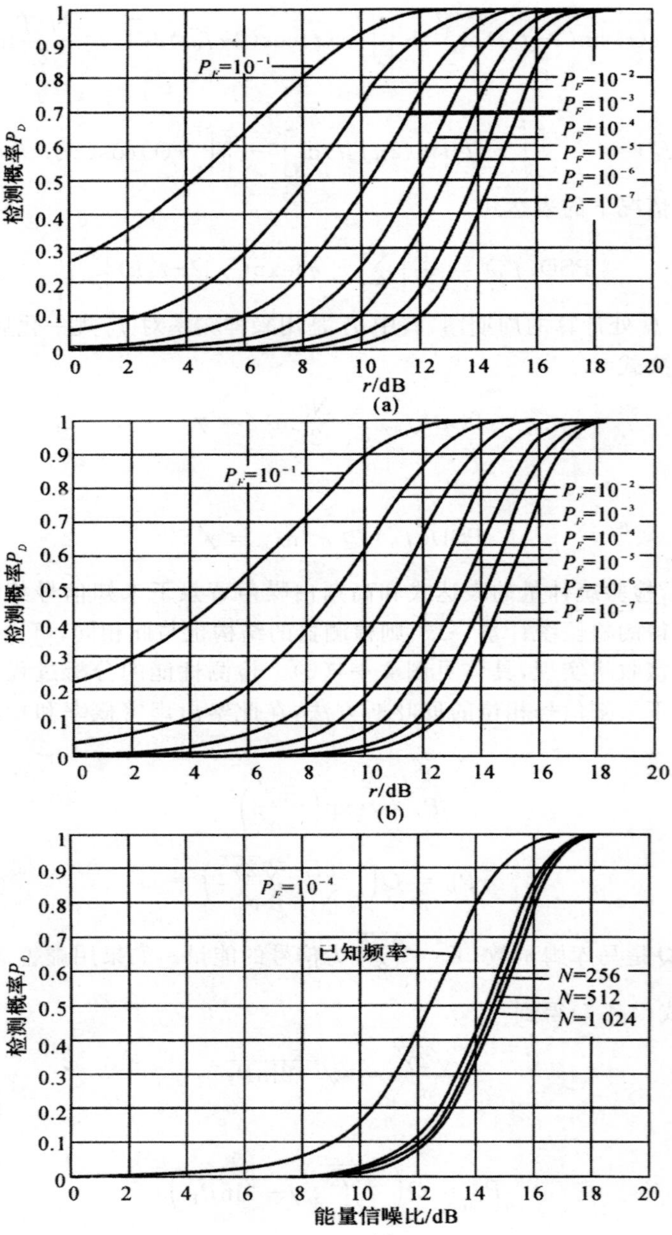

图 4-4-5　正弦信号的广义似然比检测器特性曲线

(a)未知幅度正弦信号的广义似然比检测器特性曲线；

(b)未知幅度和相位正弦信号的广义似然比检测器特性曲线；

(c)未知幅度、相位和频率正弦信号的广义似然比检测器特性曲线

4.5　一致最大势检测器

广义似然比检验是将未知参数看做为确定性的，首先用最大似然估计方法估计未知参量，再用似然比检验的一种方法。两种方法应用的基本原理是不同的，因此直接的比较也是不可能的。本节讨论另一种典型的未知确定性参数的最佳检测器，即一致最大势（Unifo mly Most Powerful, UMP）检测器，该检测对于未知参数的所有值以及给定的虚警概率 P_F 产生最高的检测概率 P_D，但该检测器并不总是存在的。

一致最大势检测器的设计。所谓一致最大势检验是指最佳检测器与未知参数 $\boldsymbol{\theta}$ 无关的检验。在设计该检测器时，第一步就好像 $\boldsymbol{\theta}$ 是已知的那样来设计奈曼-皮尔逊准则下的检测器，接着，如果可能，应求得检验统计量和门限，使判决与 $\boldsymbol{\theta}$ 无关。由于这是奈曼-皮尔逊检测器，所以设计的检测器将是最佳的。下面给出一个例子来说明一致最大势检测器的设计。

例 4.5.1　考虑一个高斯白噪声中的直流电平检测问题。

$$\begin{cases} H_0: x(t) = n(t), 0 \leqslant t \leqslant T \\ H_1: x(t) = A + n(t), 0 \leqslant t \leqslant T \end{cases}$$

式中，A 的值未知，$A > 0$；噪声 $n(t)$ 是均值为零、功率谱密度为 $\dfrac{N_0}{2}$ 的高斯白噪声。与前面的讨论相同，先获得独立离散样本，再考虑连续观测情形，得似然比判决式。

若

$$\frac{p(\boldsymbol{x}|A, H_1)}{p(\boldsymbol{x}|A, H_0)} = \frac{\dfrac{1}{(2\pi\sigma^2)^{\frac{N}{2}}}\exp\left\{-\dfrac{1}{N_0}\displaystyle\int_0^T (x(t)-A)^2 \mathrm{d}t\right\}}{\dfrac{1}{(2\pi\sigma^2)^{\frac{N}{2}}}\exp\left[-\dfrac{1}{N_0}\displaystyle\int_0^T x^2(t)\mathrm{d}t\right]} \underset{H_0}{\overset{H_1}{\gtrless}} \lambda_0$$

化简

$$A\int_0^T x(t)\mathrm{d}t \underset{H_0}{\overset{H_1}{\gtrless}} \frac{N_0}{2}\ln\lambda_0 + \frac{A^2 T}{2}$$

由于

$$A > 0$$

存在检验统计量

$$T(x) = \frac{1}{T}\int_0^T x(t)\mathrm{d}t \underset{H_0}{\overset{H_1}{\gtrless}} \frac{N_0}{2AT}\ln\lambda_0 + \frac{A}{2} = \gamma$$

现在问题的关键是如果没有 A 的精确值，是否能够实现这个检测器。显然

检验统计量与 A 无关，但似乎门限与 A 有关。下面将说明这只是一种假象。可以证明在 H_0 条件下，检验统计量 $T(\boldsymbol{x})$ 服从均值为零、方差为 $\frac{N_0}{(2T)}$（此处 T 为信号持续时间）的高斯分布，因此虚警概率

$$P_F = \int_{\gamma}^{\infty} \frac{1}{\sqrt{\frac{2\pi N_0}{2T}}} \exp\left(\frac{T^2(\boldsymbol{x})}{\frac{2N_0}{2T}}\right) \mathrm{d}T(\boldsymbol{x})$$

$$= 1 - \Phi\left(\frac{\gamma}{\sqrt{\frac{N_0}{2T}}}\right)$$

所以门限

$$\gamma = \sqrt{\frac{N_0}{2T}} \Phi^{-1}(1 - P_F)$$

与 A 无关。因为在 H_0 条件下 $T(\boldsymbol{x})$ 的概率密度函数与 A 无关，从而根据给定的虚警概率计算出的门限值也与 A 无关；另外，检验实际上是奈曼-皮尔逊准则下的检测器，它是在给定虚警概率 P_F 产生最大检测概率 P_D 的最佳检测器。但是，注意到 P_D 与 A 有关，因为在 H_1 条件下检验统计量 $T(x)$ 服从均值为 A，方差为 $\frac{N_0}{2T}$ 的高斯分布，因此检测概率

$$P_D = \int_{\gamma}^{\infty} \frac{1}{\sqrt{\frac{2\pi N_0}{2T}}} \exp\left(-\frac{(T(\boldsymbol{x}) - A)^2}{\frac{2N_0}{2T}}\right) \mathrm{d}T(\boldsymbol{x})$$

$$= 1 - \Phi\left(\frac{\gamma - A}{\sqrt{\frac{N_0}{2T}}}\right)$$

$$= 1 - \Phi\left(\Phi^{-1}(1 - P_F) - \sqrt{\frac{2A^2 T}{N_0}}\right)$$

可见 P_D 随 A 的增加而增加。可以说在所有可能的具有给定 P_F 的检测器里，如果

$$T(\boldsymbol{x}) > \sqrt{\frac{N_0}{2T}} \Phi^{-1}(1 - P_F)$$

则判决 H_1 的那个检测器里，对于任意的 A，只要 $A > 0$，都有最高的 P_D。当检验统计量存在的时候，此类检验称为一致最大势(UMP)检验，任何其他检验的性能都要比 UMP 检验差。遗憾的是，UMP 很少存在。例如，如果 A 可以取任何值，即

$$-\infty < A < \infty$$

则对于 A 为正和 A 为负，将得到不同的检验。对于 $A>0$，有

$$T(\boldsymbol{x})>\sqrt{\frac{N_0}{2T}}\Phi^{-1}(1-P_F)$$

但是对于 $A<0$，应该有

$$T(\boldsymbol{x})<\sqrt{\frac{N_0}{2T}}\Phi^{-1}(1-P_F)$$

判决 H_1 成立。由于 A 的值是未知的，奈曼-皮尔逊方法并不会导出唯一的检验。

第 5 章　信号参量估计理论

在随机噪声干扰背景中，除了研究信号是哪个状态外，还需要获得信号的未知参量和信号的波形，这就是信号参量的统计估计和信号波形的统计估计，简称信号参量的估计和信号波形的估计。

本章研究信号的未知参量估计问题。重点讨论随机噪声干扰背景中，信号的随机参量和未知非随机参量统计估计理论的概念、准则、估计量的构造和性质等。

5.1　信号参量估计概述

5.1.1　信号估计的基本概念

所谓估计理论通常是对以下三种情况而言：

第一种情况是指根据观测样本来估计样本的各类统计特性。这种情况适合于总体分布函数的形式，总体分布不能由有限个参量唯一决定，需估计总体分布的某些数字特征（如均值、方差），称为非参量估计（Nonparametric Estimation）。例如，对样本的均值，均方差，各阶矩，相关函数以及观测样本的概率密度函数等做出的估计。

第二种情况是根据观测样本，对观测样本中未知信号的待定参量做出估计。这种情况适合于总体分布的函数形式，但分布中包含一些未知参量，要估计这些参量的真值，称为参量估计（Parametric Estimation）。参量估计又分为点估计（Point Estimation）和区间估计（Interval Estimation）。点估计的答案是参量真值的一个点，区间估计的答案是参量真值的一个可能区域。

第三种情况则是根据观测样本对随时间变化的信号做出其波形估计。也就是说，对观测样本的随机过程或非随机的未知过程做出估计，其中信号的波形、参量是随时间变化的，称其为波形估计。

第一种和第二种估计情况属于静态估计，静态估计是指在观测时间段内，被估计参量不随时间的变化而变化，第三种情况则属于动态估计。

5.1.2　信号参量估计理论模型

在$(0,T)$时间内，观测波形 $x(t)$可表示为

$$x(t) = s(t;\theta_1,\theta_2,\cdots,\theta_m) + n(t) \tag{5-1-1}$$

其中，$s(t)$代表信号；$\theta_1,\theta_2,\cdots,\theta_m$ 是信号的参量，例如，分别代表幅度、初相、时延或频率等。这些参量可能是随机的，也可能是非随机未知的，但这里假设待估计参量在$(0,T)$时间内不随时间变化（否则为波形估计问题）。这些未知参量可以用矢量来表示

$$\boldsymbol{\theta} = (\boldsymbol{\theta}_1,\boldsymbol{\theta}_2,\cdots,\boldsymbol{\theta}_M)^{\mathrm{T}} \tag{5-1-2}$$

$n(t)$为噪声，其概率密度函数已知。我们可以通过观测值来确定参量 $\boldsymbol{\theta}$ 的值，观测值也可记为矢量

$$\boldsymbol{x} = (\boldsymbol{x}_1,\boldsymbol{x}_2,\cdots,\boldsymbol{x}_N)^{\mathrm{T}} \tag{5-1-3}$$

信号参量估计问题的基本模型一般由四部分构成，如图 5-1-1 所示。

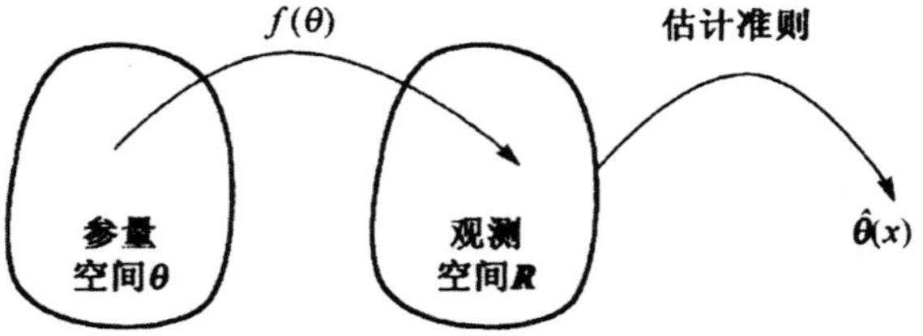

图 5-1-1　信号参量估计问题模型

(1)参量空间 $\boldsymbol{\theta}$

参量空间 $\boldsymbol{\theta}$ 是被估计的随机矢量或未知矢量 $\boldsymbol{\theta}$ 所有可能取值的范围所构成的空间。若待估计参量是多个，则参量空间是多维的；若待估计参量只有一个，则参量空间是一维的，即一条直线。

(2)概率映射机制

该机制是指参量空间 $\boldsymbol{\theta}$ 到观测空间 $\boldsymbol{R}$ 的映射。观测值 $\boldsymbol{x}$ 中含有参量 $\boldsymbol{\theta}$ 的信息，但是由于观测过程中总是不可避免地受到观测噪声的影响，因此观测值是随机变化的。条件概率密度函数 $f(\boldsymbol{\theta})$ 反映了从参量空间到观测空间的概率映射关系，即观测值 $\boldsymbol{x}$ 对参量 $\boldsymbol{\theta}$ 的依赖关系。这种依赖关系是 $\boldsymbol{x}$ 对 $\boldsymbol{\theta}$ 进行估计的基础。

(3)观测空间 $\boldsymbol{R}$

观测空间是指观测矢量 $\boldsymbol{x}$ 所构成的空间。为了实现信号参量的统计估计，需要对被估计的矢量 $\boldsymbol{\theta}$ 进行观测，并伴随随机观测噪声，所得到的观测

信号矢量 $\boldsymbol{x}$ 是随机的。观测空间的维数是由观测次数决定的。通常都是通过多次观测进行参量估计，因此观测空间一般都是多维的。

(4)估计准则

估计准则即根据观测矢量 $\boldsymbol{x}$ 构造参量 $\boldsymbol{\theta}$ 的估计值 $\hat{\boldsymbol{\theta}}(\boldsymbol{x}) = f(\boldsymbol{x})$ 的准则。根据随机观测信号矢量 $\boldsymbol{x}$ 的统计特性、被估计矢量 $\boldsymbol{\theta}$ 的特性及估计的指标要求，确定采用的估计准则，完成信号参量的统计估计，得到估计矢量 $\hat{\boldsymbol{\theta}}(\boldsymbol{x})$ 或估计量 $\hat{\theta}(\boldsymbol{x})$。如果采用的是最佳估计准则，得到的是最佳估计量。

5.1.3 估计量的构造原则

估计量的构造为观测信号 $\boldsymbol{x}$ 的函数，记为 $\hat{\boldsymbol{\theta}}(\boldsymbol{x})$。根据信号参量统计估计理论的模型，它应满足估计的指标要求。估计量的具体构造公式与采用的估计准则有关，$\hat{\boldsymbol{\theta}}(\boldsymbol{x})$ 可简记为 $\hat{\theta}$。

5.1.4 估计量的质量评价

估计量的主要性质，如无偏性、有效性、均方误差最小性等是评价估计矢量 $\hat{\boldsymbol{\theta}}(\boldsymbol{x})$ 或估计量 $\hat{\theta}(\boldsymbol{x})$ 质量的指标。为了得到具有优良性质的估计量，一般应采用最佳估计准则。

例 5.1.1 为了说明信号参量统计估计理论的概念，研究单参量 $\boldsymbol{\theta}$ 的估计问题。

设线性观测方程为

$$\boldsymbol{x}_k = \boldsymbol{\theta} + \boldsymbol{n}_k, (k = 1, 2, \cdots, N)$$

其中，$\boldsymbol{x}_k$ 是第 k 次的观测信号；$\boldsymbol{\theta}$ 是被估计的信号参量，它是非随机的单参量；$\boldsymbol{n}_k$ 是第 k 次的观测噪声，均值为零，方差为 σ_n^2，且 $\boldsymbol{n}_j$ 与 $\boldsymbol{n}_k(j, k = 1, 2, \cdots, N; j \neq k)$ 之间互不相关。

求被估计量 $\boldsymbol{\theta}$ 的估计量 $\hat{\boldsymbol{\theta}}$ 及估计量 $\hat{\boldsymbol{\theta}}$ 的均值 $E(\hat{\boldsymbol{\theta}})$ 和均方误差 $E[(\boldsymbol{\theta} - \hat{\boldsymbol{\theta}})^2]$。

解：因为观测噪声 $\boldsymbol{n}_k(k = 1, 2, \cdots, N)$ 的均值为零，所以可以采用平均值估计构造估计量，即

$$\hat{\boldsymbol{\theta}} = \frac{1}{N}\sum_{k=1}^{N}\boldsymbol{x}_k$$

估计量 $\hat{\boldsymbol{\theta}}$ 的均值是无偏估计量，为

$$E(\hat{\boldsymbol{\theta}}) = E\left[\frac{1}{N}\sum_{k=1}^{N}\boldsymbol{x}_k\right] = E\left[\frac{1}{N}\sum_{k=1}^{N}(\boldsymbol{\theta} + \boldsymbol{n}_k)\right] = 0$$

估计量 $\hat{\boldsymbol{\theta}}$ 的均方误差为

$$
\begin{aligned}
E[(\boldsymbol{\theta}-\hat{\boldsymbol{\theta}})^2] &= E[(\boldsymbol{\theta}-\frac{1}{N}\sum_{k=1}^{N}\boldsymbol{x}_k)^2] \\
&= E\left\{\left[\boldsymbol{\theta}-\frac{1}{N}\sum_{k=1}^{N}(\boldsymbol{\theta}+\boldsymbol{n}_k)\right]^2\right\} \\
&= E = \left[\left(-\frac{1}{N}\sum_{k=1}^{N}\boldsymbol{n}_k\right)^2\right] \\
&= \frac{1}{N^2}E\left(\boldsymbol{n}_1^2+\boldsymbol{n}_2^2+\cdots+\boldsymbol{n}_N^2+\sum_{j=1}^{N}\sum_{\substack{k=1\\k\neq j}}^{N}\boldsymbol{n}_j\boldsymbol{n}_k\right) \\
&= \frac{1}{N}\sigma_n^2
\end{aligned}
$$

由上例题可以看出，观测次数 N 影响估计量 $\hat{\boldsymbol{\theta}}$ 的均方误差的值。N 越大，估计量 $\hat{\boldsymbol{\theta}}$ 的均方误差 $E[(\boldsymbol{\theta}-\hat{\boldsymbol{\theta}})^2]$ 越小，估计量的精度越高。在解决实际问题时，对信号的参量 $\boldsymbol{\theta}$ 进行观测后，还需通过估计的方法构造估计量 $\hat{\boldsymbol{\theta}}$ 的值，这样做的目的是提高估计量的精确度。

5.2　贝叶斯估计

在研究信号检测的贝叶斯准则时，假定已知各种假设的先验概率 $\boldsymbol{P}(\boldsymbol{H}_j)$，并指定一级代价因子 C_{ij}，由此制定出使平均代价 C 最小的检测准则，即贝叶斯准则。在信号参量的估计中，用类似的方法提出贝叶斯估计准则，使为了估计而付出的平均代价最小。贝叶斯估计适用于被估计参量是随机参量的情况，本节将讨论单随机参量的贝叶斯估计。

5.2.1　贝叶斯估计的概念

通常，事件 A 在事件 B 发生条件下的概率，与事件 B 在事件 A 发生条件下的概率是不一样的。然而，两种概率之间有确定的关系，贝叶斯公式则描述了两种概率间的关系。贝叶斯估计方法的基础也是贝叶斯公式。

下面给出贝叶斯公式的定理。

定理 5.2.1　假设 $A_1A_2\cdots A_n$ 为样本空间 Ω 的一个划分，且 $P(A_i)>0(i=1,2,\cdots,n)$，则对于任何一个事件 $B(P(B)>0)$，有

$$
P(A_j|B)=\frac{P(A_j)p(B|A_j)}{\sum_{i=1}^{n}P(A_i)p(B|A_i)},j=1,2,\cdots,n \tag{5-2-1}
$$

式(5-2-1)即为贝叶斯公式。

证明:由条件概率的定义,有

$$P(A_j|B)=\frac{P(A_jB)}{P(B)}=\frac{P(A_j)p(B|A_j)}{P(B)} \tag{5-2-2}$$

此外,根据全概率公式,有

$$P(B)=\sum_{i=1}^{n}P(A_i)p(B|A_i) \tag{5-2-3}$$

将式(5-2-3)代入式(5-2-2),得

$$P(A_j|B)=\frac{P(A_j)p(B|A_j)}{\sum_{i=1}^{n}P(A_i)p(B|A_i)} \tag{5-2-4}$$

在式(5-2-1)中,$P(A_j|B)$ 表示已知 B 发生的情况下 A_j 发生的条件概率,由于取决于 B 的取值又被称为 A_j 的后验概率;$P(A_i)$ 是 A 的先验概率,之所以称为“先验”是因为它不考虑任何 B 方面的因素;$P(B)$ 是 B 的先验概率。$p(B|A_j)$ 是已知 A_j 发生后 B 的条件概率,由于取决于 A_j 的取值又被称为 B 的后验概率。先验概率作为已知条件给出,由于事件 B 的发生,A 发生的概率可以重新计算得到。因此,贝叶斯公式综合了先验信息和观测得到的新信息,从而得到了后验信息,并以后验概率的形式体现出来。也可以说,贝叶斯公式提供了如何根据 B 的发生而对 A 发生的概率重新进行估计的方法,即反映了从先验概率到后验概率的转化。

5.2.2 常用代价函数

1. 三种典型的代价函数

设随机单参数 $\boldsymbol{\theta}$ 是被估计量,构造的估计量为 $\hat{\boldsymbol{\theta}}$,它也是随机的,但二者是有差别的,这种差别是要付出代价的,用代价函数 $c(\boldsymbol{\theta},\hat{\boldsymbol{\theta}})$ 表示。通常 $c(\boldsymbol{\theta},\hat{\boldsymbol{\theta}})$ 是估计的误差 $\tilde{\boldsymbol{\theta}}=\boldsymbol{\theta}-\hat{\boldsymbol{\theta}}$ 的函数,即

$$c(\boldsymbol{\theta},\hat{\boldsymbol{\theta}})=c(\boldsymbol{\theta}-\hat{\boldsymbol{\theta}})=c(\tilde{\boldsymbol{\theta}}) \tag{5-2-5}$$

三种典型的代价函数如图 5-2-1 所示,其数学表达式如下。

误差平方代价函数为

$$c(\tilde{\boldsymbol{\theta}})=c(\boldsymbol{\theta}-\hat{\boldsymbol{\theta}})=(\boldsymbol{\theta}-\hat{\boldsymbol{\theta}})^2 \tag{5-2-6a}$$

误差绝对值代价函数为

$$c(\tilde{\boldsymbol{\theta}})=c(\boldsymbol{\theta}-\hat{\boldsymbol{\theta}})=|\boldsymbol{\theta}-\hat{\boldsymbol{\theta}}| \tag{5-2-6b}$$

均匀代价函数为

$$c(\tilde{\boldsymbol{\theta}}) = c(\boldsymbol{\theta} - \hat{\boldsymbol{\theta}}) = \begin{cases} 1, |\tilde{\boldsymbol{\theta}}| \geqslant \dfrac{\Delta}{2} \\ 0, |\tilde{\boldsymbol{\theta}}| < \dfrac{\Delta}{2} \end{cases} \tag{5-2-6c}$$

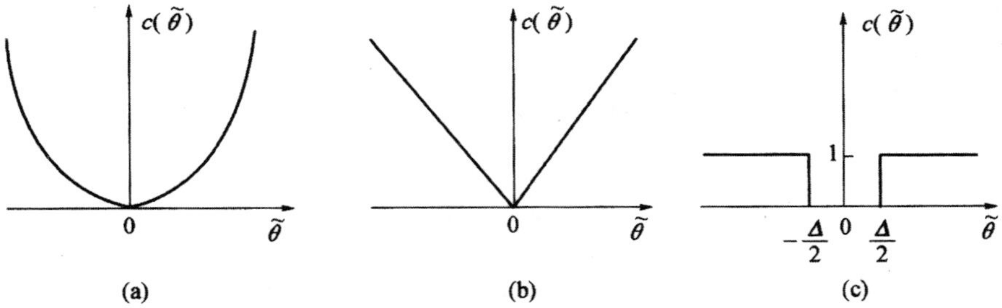

图 5-2-1　三种典型的常用代价函数

(a)误差平方代价函数；(b)误差绝对值代价函数；(c)均匀代价函数

除了上述三种常用代价函数外，还可以根据需要选择其他形式的代价函数。但无论何种形式的代价函数都应满足两个基本的特性，即非负性和误差 $\tilde{\boldsymbol{\theta}} = \boldsymbol{\theta} - \hat{\boldsymbol{\theta}} = 0$ 时的最小性。

2. 平均代价

因为估计量 $\hat{\boldsymbol{\theta}}$ 是随机观测信号矢量 $\boldsymbol{x}$ 的函数，也与被估计量 $\boldsymbol{\theta}$ 的统计特性有关，所以代价函数 $c(\tilde{\boldsymbol{\theta}}) = c(\boldsymbol{\theta} - \hat{\boldsymbol{\theta}})$ 是随机参量 $\boldsymbol{\theta}$ 和观测矢量 $\boldsymbol{x}$ 的函数，因此平均代价为

$$\begin{aligned} C &= \int_{-\infty}^{\infty}\int_{-\infty}^{\infty} c(\tilde{\boldsymbol{\theta}}) p(\boldsymbol{x}, \boldsymbol{\theta}) \mathrm{d}\boldsymbol{x} \mathrm{d}\boldsymbol{\theta} \\ &= \int_{-\infty}^{\infty}\int_{-\infty}^{\infty} c(\boldsymbol{\theta} - \hat{\boldsymbol{\theta}}) p(\boldsymbol{x}, \boldsymbol{\theta}) \mathrm{d}\boldsymbol{x} \mathrm{d}\boldsymbol{\theta} \end{aligned} \tag{5-2-7}$$

式中，$p(\boldsymbol{x}, \boldsymbol{\theta})$ 是随机观测信号矢量 $\boldsymbol{x}$ 和单随机被估计量 $\boldsymbol{\theta}$ 的联合概率密度函数。

在 $p(\boldsymbol{\theta})$ 已知，选定代价函数 $c(\boldsymbol{\theta} - \hat{\boldsymbol{\theta}})$ 条件下，使平均代价 C 最小的估计就称为贝叶斯估计，估计量记为 $\hat{\boldsymbol{\theta}}_b(\boldsymbol{x})$，简记为 $\hat{\boldsymbol{\theta}}_b$。利用概率论中的贝叶斯公式，$\boldsymbol{x}$ 和 $\boldsymbol{\theta}$ 的联合概率密度公式 $p(\boldsymbol{x}, \boldsymbol{\theta})$ 可以表示为

$$p(\boldsymbol{x}, \boldsymbol{\theta}) = p(\boldsymbol{\theta} | \boldsymbol{x}) p(\boldsymbol{x}) \tag{5-2-8}$$

这样平均代价 C 的公式可以改写为

$$C = \int_{-\infty}^{\infty} p(\boldsymbol{x}) \left[\int_{-\infty}^{\infty} c(\boldsymbol{\theta} - \hat{\boldsymbol{\theta}}) p(\boldsymbol{\theta} | \boldsymbol{x}) \mathrm{d}\boldsymbol{\theta} \right] \mathrm{d}\boldsymbol{x} \tag{5-2-9}$$

式中，$p(\boldsymbol{\theta} | \boldsymbol{x})$ 是后验概率密度函数。由于上式中的 $p(\boldsymbol{x})$ 和内积分都是非负的，所以使上式所表示的 C 最小，等效为使内积分最小，即

$$C(\hat{\boldsymbol{\theta}}|\boldsymbol{x}) \stackrel{\text{def}}{=\!=} \int_{-\infty}^{\infty} c(\boldsymbol{\theta}-\hat{\boldsymbol{\theta}})p(\boldsymbol{\theta}|\boldsymbol{x})\mathrm{d}\boldsymbol{\theta} \tag{5-2-10}$$

最小。式中，$C(\hat{\boldsymbol{\theta}}|\boldsymbol{x})$ 称为条件平均代价。它对 $\hat{\boldsymbol{\theta}}$ 求最小，就能求得随机参量 $\boldsymbol{\theta}$ 的贝叶斯估计量 $\hat{\boldsymbol{\theta}}_b$。因此对具有已知概率密度函数 $p(\boldsymbol{\theta})$ 的单随机参量 $\boldsymbol{\theta}$，结合三种典型代价函数，可以导出三种重要的贝叶斯估计。

5.2.3 贝叶斯估计量的构造

1. 最小均方误差估计及估计量的构造

当采用误差平方代价函数时，条件平均代价表示为

$$C(\hat{\boldsymbol{\theta}}|\boldsymbol{x}) = \int_{-\infty}^{\infty} (\boldsymbol{\theta}-\hat{\boldsymbol{\theta}})^2 p(\boldsymbol{\theta}|\boldsymbol{x})\mathrm{d}\boldsymbol{\theta} \tag{5-2-11}$$

使其最小的必要条件是将式(5-2-11)对 $\hat{\boldsymbol{\theta}}$ 求偏导，并令结果等于零，解得最佳估计量 $\hat{\boldsymbol{\theta}}$。因为式(5-2-11)的右端实际上是估计量的均方误差表示式，现使其最小来求解估计量，故称为最小均方误差估计(Minimum Mean Square Error Estimation)，所构造的估计量为最小均方误差估计量，记为 $\hat{\boldsymbol{\theta}}_{\mathrm{mse}}(\boldsymbol{x})$，简记为 $\hat{\boldsymbol{\theta}}_{\mathrm{mse}}$。

令

$$\begin{aligned}\frac{\partial}{\partial\hat{\boldsymbol{\theta}}}\int_{-\infty}^{\infty} (\boldsymbol{\theta}-\hat{\boldsymbol{\theta}})^2 p(\boldsymbol{\theta}|\boldsymbol{x})\mathrm{d}\boldsymbol{\theta} &= -2\int_{-\infty}^{\infty} \boldsymbol{\theta}p(\boldsymbol{\theta}|\boldsymbol{x})\mathrm{d}\boldsymbol{\theta} + 2\hat{\boldsymbol{\theta}}\int_{-\infty}^{\infty} p(\boldsymbol{\theta}|\boldsymbol{x})\mathrm{d}\boldsymbol{\theta}\Big|_{\hat{\boldsymbol{\theta}}=\hat{\boldsymbol{\theta}}_{\mathrm{mse}}} \\ &= 0\end{aligned} \tag{5-2-12}$$

又

$$\int_{-\infty}^{\infty} p(\boldsymbol{\theta}|\boldsymbol{x})\mathrm{d}\boldsymbol{\theta} = 1 \tag{5-2-13}$$

解得

$$\hat{\boldsymbol{\theta}}_{\mathrm{mse}}(\boldsymbol{x}) = \int_{-\infty}^{\infty} \boldsymbol{\theta}p(\boldsymbol{\theta}|\boldsymbol{x})\mathrm{d}\boldsymbol{\theta} \tag{5-2-14}$$

因为式(5-2-11)对 $\hat{\boldsymbol{\theta}}$ 的二阶偏导等于 2，为正，所以由式(5-2-14)求得的 $\hat{\boldsymbol{\theta}}_{\mathrm{mse}}$ 能使平均代价 C 达到极小值。

从估计量的构造公式(5-2-14)可知，$\hat{\boldsymbol{\theta}}_{\mathrm{mse}}$ 是被估计量 $\boldsymbol{\theta}$ 的条件均值 $E(\boldsymbol{\theta}|\boldsymbol{x})$，所以最小均方误差估计又称为条件均值估计。

最小均方误差估计的条件平均代价为

$$\begin{aligned}C_{\mathrm{mse}}(\hat{\boldsymbol{\theta}}|\boldsymbol{x}) &= \int_{-\infty}^{\infty} (\boldsymbol{\theta}-\hat{\boldsymbol{\theta}}_{\mathrm{mse}})^2 p(\boldsymbol{\theta}|\boldsymbol{x})\mathrm{d}\boldsymbol{\theta} \\ &= \int_{-\infty}^{\infty} [\boldsymbol{\theta}-E(\boldsymbol{\theta}|\boldsymbol{x})]^2 p(\boldsymbol{\theta}|\boldsymbol{x})\mathrm{d}\boldsymbol{\theta}\end{aligned} \tag{5-2-15}$$

它恰好是以观测矢量 $\boldsymbol{x}$ 为条件的被估计矢量 $\boldsymbol{\theta}$ 的条件方差。根据式(5-2-9),最小均方误差估计的最小平均代价 C_{mse} 是该条件方差对所有观测量的统计平均,即

$$C_{\mathrm{mse}}=\int_{-\infty}^{\infty}C_{\mathrm{mse}}(\hat{\boldsymbol{\theta}}|\boldsymbol{x})p(\boldsymbol{x})\mathrm{d}\boldsymbol{x} \tag{5-2-16}$$

利用关系式

$$p(\boldsymbol{\theta}|\boldsymbol{x})=\frac{p(\boldsymbol{\theta}|\boldsymbol{x})p(\boldsymbol{\theta})}{p(\boldsymbol{x})}$$

$$p(\boldsymbol{x})=\int_{-\infty}^{\infty}p(\boldsymbol{x},\boldsymbol{\theta})\mathrm{d}\boldsymbol{\theta}=\int_{-\infty}^{\infty}p(\boldsymbol{\theta}|\boldsymbol{x})p(\boldsymbol{\theta})\mathrm{d}\boldsymbol{\theta}$$

可将式(5-2-14)改写成另一种更便于计算的式子,即

$$\hat{\boldsymbol{\theta}}_{\mathrm{mse}}=\frac{\int_{-\infty}^{\infty}\boldsymbol{\theta}p(\boldsymbol{x}|\boldsymbol{\theta})p(\boldsymbol{\theta})\mathrm{d}\boldsymbol{\theta}}{\int_{-\infty}^{\infty}p(\boldsymbol{x}|\boldsymbol{\theta})p(\boldsymbol{\theta})\mathrm{d}\boldsymbol{\theta}} \tag{5-2-17}$$

式中,被估计量 $\boldsymbol{\theta}$ 的先验概率密度函数 $p(\boldsymbol{\theta})$ 是已知的,以 $\boldsymbol{\theta}$ 为条件的观测信号矢量 $\boldsymbol{x}$ 的概率密度函数 $p(\boldsymbol{x}|\boldsymbol{\theta})$,根据观测方程和观测噪声的统计特性一般是可以得到的。所以,估计量 $\hat{\boldsymbol{\theta}}_{\mathrm{mse}}$ 的构造公式(5-2-17)避免了求后验概率密度函数 $p(\boldsymbol{\theta}|\boldsymbol{x})$ 的困难。

以被估计量 $\boldsymbol{\theta}$ 为条件的观测信号矢量 $\boldsymbol{x}$ 的概率密度函数 $p(\boldsymbol{x}|\boldsymbol{\theta})$,以下统一称为以被估计量 $\boldsymbol{\theta}$ 为条件的观测信号矢量 $\boldsymbol{x}$ 的似然函数,更一般地简述为观测信号矢量 $\boldsymbol{x}$ 的似然函数。

2. 条件中值估计及估计量的构造

对于误差绝对值代价函数,条件平均代价表示为

$$\begin{aligned}C(\hat{\boldsymbol{\theta}}|\boldsymbol{x})&=\int_{-\infty}^{\infty}|\boldsymbol{\theta}-\hat{\boldsymbol{\theta}}|p(\boldsymbol{\theta}|\boldsymbol{x})\mathrm{d}\boldsymbol{\theta}\\&=\int_{-\infty}^{\hat{\boldsymbol{\theta}}}(\hat{\boldsymbol{\theta}}-\boldsymbol{\theta})p(\boldsymbol{\theta}|\boldsymbol{x})\mathrm{d}\boldsymbol{\theta}+\int_{\hat{\boldsymbol{\theta}}}^{\infty}(\boldsymbol{\theta}-\hat{\boldsymbol{\theta}})p(\boldsymbol{\theta}|\boldsymbol{x})\mathrm{d}\boldsymbol{\theta}\end{aligned} \tag{5-2-18}$$

将 $C(\hat{\boldsymbol{\theta}}|\boldsymbol{x})$ 对 $\hat{\boldsymbol{\theta}}$ 求偏导,并令结果等于零,得

$$\int_{-\infty}^{\hat{\boldsymbol{\theta}}}p(\boldsymbol{\theta}|\boldsymbol{x})\mathrm{d}\boldsymbol{\theta}=\int_{\hat{\boldsymbol{\theta}}}^{\infty}p(\boldsymbol{\theta}|\boldsymbol{x})\mathrm{d}\boldsymbol{\theta} \tag{5-2-19}$$

根据随机变量中值(中位数)的定义,估计量 $\hat{\boldsymbol{\theta}}$ 是被估计随机参量 $\boldsymbol{\theta}$ 的条件中值,故称为条件中值估计,或称为条件中位数估计,估计量记为 $\hat{\boldsymbol{\theta}}_{\mathrm{med}}(\boldsymbol{x})$,简记为 $\hat{\boldsymbol{\theta}}_{\mathrm{med}}$。显然,估计量 $\hat{\boldsymbol{\theta}}_{\mathrm{med}}$ 是 $P\{\boldsymbol{\theta}\leqslant\hat{\boldsymbol{\theta}}\}=1/2$ 的点。

3. 最大后验估计及估计量的构造

当采用均匀代价函数时,条件平均代价表示为

$$C(\hat{\boldsymbol{\theta}}|\boldsymbol{x}) = \int_{-\infty}^{\hat{\boldsymbol{\theta}}-\Delta/2} p(\boldsymbol{\theta}|\boldsymbol{x})\mathrm{d}\boldsymbol{\theta} + \int_{\hat{\boldsymbol{\theta}}+\Delta/2}^{\infty} p(\boldsymbol{\theta}|\boldsymbol{x})\mathrm{d}\boldsymbol{\theta}$$

$$= 1 - \int_{\hat{\boldsymbol{\theta}}-\Delta/2}^{\hat{\boldsymbol{\theta}}+\Delta/2} p(\boldsymbol{\theta}|\boldsymbol{x})\mathrm{d}\boldsymbol{\theta} \tag{5-2-20}$$

显然，欲使 $C(\hat{\boldsymbol{\theta}}|\boldsymbol{x})$ 最小，需要式(5-2-20)右端的积分项

$$\int_{\hat{\boldsymbol{\theta}}-\Delta/2}^{\hat{\boldsymbol{\theta}}+\Delta/2} p(\boldsymbol{\theta}|\boldsymbol{x})\mathrm{d}\boldsymbol{\theta} \tag{5-2-21}$$

最大。采用均匀代价函数时，感兴趣的是 Δ 很小但不等于零的情况。对于足够小的 Δ，为使式(5-2-21)的积分值最大，应当选择 $\hat{\boldsymbol{\theta}}$ 使它处于后验概率密度函数 $p(\boldsymbol{\theta}|\boldsymbol{x})$ 最大值的位置，故称为最大后验估计(Maxmum A Posteriori Estimation)，所构造的估计量记为 $\hat{\boldsymbol{\theta}}_{\mathrm{map}}(\boldsymbol{x})$，简记为 $\hat{\boldsymbol{\theta}}_{\mathrm{map}}$。

如果 $p(\boldsymbol{\theta}|\boldsymbol{x})$ 的最大值处于 $\boldsymbol{\theta}$ 的可能取值范围内，且 $p(\boldsymbol{\theta}|\boldsymbol{x})$ 具有连续的一阶导数，则获得最大值的方程为

$$\left.\frac{\partial p(\boldsymbol{\theta}|\boldsymbol{x})}{\partial \boldsymbol{\theta}}\right|_{\boldsymbol{\theta}=\hat{\boldsymbol{\theta}}_{\mathrm{map}}} = 0 \tag{5-2-22}$$

因为自然对数是自变量的单调函数，所以有

$$\left.\frac{\partial \ln p(\boldsymbol{\theta}|\boldsymbol{x})}{\partial \boldsymbol{\theta}}\right|_{\boldsymbol{\theta}=\hat{\boldsymbol{\theta}}_{\mathrm{map}}} = 0 \tag{5-2-23}$$

该方程称为最大后验方程。利用上述方程求解 $\hat{\boldsymbol{\theta}}_{\mathrm{map}}$ 时，在每一种情况下，都必须检验所求得的解是否能使 $p(\boldsymbol{\theta}|\boldsymbol{x})$ 绝对最大。

为了更直观地表示观测信号矢量的似然函数 $p(\boldsymbol{x}|\boldsymbol{\theta})$ 和被估计量的先验概率密度函数 $p(\boldsymbol{\theta})$ 与 $\hat{\boldsymbol{\theta}}_{\mathrm{map}}$ 的关系，将关系式

$$p(\boldsymbol{\theta}|\boldsymbol{x}) = \frac{p(\boldsymbol{x}|\boldsymbol{\theta})p(\boldsymbol{\theta})}{p(\boldsymbol{x})} \tag{5-2-24}$$

代入最大后验方程式(5-2-23)，得另一种求解更方便的最大后验方程，即为

$$\left[\frac{\partial \ln p(\boldsymbol{x}|\boldsymbol{\theta})}{\partial \boldsymbol{\theta}} + \frac{\partial \ln p(\boldsymbol{\theta})}{\partial \boldsymbol{\theta}}\right]_{\boldsymbol{\theta}=\hat{\boldsymbol{\theta}}_{\mathrm{map}}} = 0 \tag{5-2-25}$$

式中，$p(\boldsymbol{x}|\boldsymbol{\theta})$ 是观测信号矢量 $\boldsymbol{x}$ 的似然函数。

前面讨论的三种典型代价函数下的随机单参量 $\boldsymbol{\theta}$ 的估计，虽有各自的名称，但都属于贝叶斯估计；贝叶斯估计可以是线性估计，也可以是非线性估计；当后验概率密度函数 $p(\boldsymbol{\theta}|\boldsymbol{x})$ 是高斯分布时，三种贝叶斯估计量是相同的，都等于 $\boldsymbol{\theta}$ 的条件均值 $E(\boldsymbol{\theta}|\boldsymbol{x})$。

例 5.2.1 研究随机单参量 $\boldsymbol{\theta}$ 的最佳估计问题。

设线性观测方程为 $x_k = \theta + n_k, k = 1,2,\cdots,N$。其中，$x_k$ 是第 k 次的观测信号；被估计量 $\boldsymbol{\theta}$ 是均值为 μ_θ，方差为 σ_θ^2 的高斯随机单参量；观测噪声 n_k 是均值为 μ_n，方差为 σ_n^2 的高斯离散随机噪声，且 n_j 与 $n_k(j,k = 1,2,\cdots,N;j \neq k)$之间是互不相关的；被估计量 $\boldsymbol{\theta}$ 与观测噪声 $n_k(k = 1,2,\cdots,N)$之间

也是互不相关的。

分别采用三种典型代价函数，求 $\boldsymbol{\theta}$ 的贝叶斯估计量 $\hat{\boldsymbol{\theta}}_b$ 及估计量的均值 $E(\hat{\boldsymbol{\theta}}_b)$ 和均方误差 $E[(\boldsymbol{\theta}-\hat{\boldsymbol{\theta}}_b)^2]$。

解：观察三种典型代价函数时，各自的贝叶斯估计量的构造公式，都用到 $(\boldsymbol{\theta}|\boldsymbol{x})$ 的后验概率密度函数 $p(\boldsymbol{\theta}|\boldsymbol{x})$。由观测信号 x_k 的模型得似然函数

$$p(\boldsymbol{x}|\boldsymbol{\theta})=\left(\frac{1}{2\pi\sigma_n^2}\right)^{N/2}\exp\left[-\sum_{k=1}^{N}\frac{(x_k-\theta-\mu_n)^2}{2\sigma_n^2}\right]$$

和 $\boldsymbol{\theta}$ 的先验概率密度函数

$$p(\boldsymbol{\theta})=\left(\frac{1}{2\pi\sigma_\theta^2}\right)^{1/2}\exp\left[-\frac{(\theta-\mu_\theta)^2}{2\sigma_\theta^2}\right]$$

则后验概率密度函数

$$\begin{aligned}p(\boldsymbol{\theta}|\boldsymbol{x})&=\frac{p(\boldsymbol{x}|\boldsymbol{\theta})p(\boldsymbol{\theta})}{p(\boldsymbol{x})}\\&=\frac{1}{p(\boldsymbol{x})}\left(\frac{1}{2\pi\sigma_n^2}\right)^{N/2}\exp\left[-\sum_{k=1}^{N}\frac{(x_k-\theta-\mu_n)^2}{2\sigma_n^2}\right]\left(\frac{1}{2\pi\sigma_\theta^2}\right)\exp\left[-\frac{(\theta-\mu_\theta)^2}{2\sigma_\theta^2}\right]\\&=k(\boldsymbol{x})\exp\left\{-\frac{1}{2\sigma_m^2}\left[\theta-\left(\mu_\theta+\frac{\sigma_\theta^2}{N\sigma_\theta^2+\sigma_n^2}\sum_{k=1}^{N}(x_k-\mu_\theta-\mu_n)\right)\right]^2\right\}\end{aligned}$$

式中

$$\sigma_m^2=\frac{\sigma_\theta^2\sigma_n^2}{N\sigma_\theta^2+\sigma_n^2}$$

而

$$\begin{aligned}k(\boldsymbol{x})=&\frac{1}{p(\boldsymbol{x})}\left(\frac{1}{2\pi\sigma_n^2}\right)^{N/2}\left(\frac{1}{2\pi\sigma_\theta^2}\right)^{1/2}\exp\left\{-\frac{1}{2}\left[\sum_{k=1}^{N}\frac{(x_k-\mu_n)^2}{\sigma_n^2}+\frac{\mu_\theta}{\sigma_\theta^2}\right]\right\}\\&\times\exp\left\{\frac{1}{2\sigma_m^2}\left[\mu_\theta+\frac{\sigma_\theta^2}{N\sigma_\theta^2+\sigma_n^2}\sum_{k=1}^{N}(x_k-\mu_\theta-\mu_n)\right]^2\right\}\end{aligned}$$

是所有不含被估计量 $\boldsymbol{\theta}$ 的项。

由 $p(\boldsymbol{\theta}|\boldsymbol{x})$ 的表达式可知，它是广义高斯分布的。于是采用三种典型代价函数时，被估计量 $\boldsymbol{\theta}$ 的估计量相同，都等于 $\boldsymbol{\theta}$ 的条件均值 $E(\boldsymbol{\theta}|\boldsymbol{x})$，即

$$\hat{\boldsymbol{\theta}}_b=\hat{\boldsymbol{\theta}}_{\mathrm{mse}}=\hat{\boldsymbol{\theta}}_{\mathrm{med}}=\hat{\boldsymbol{\theta}}_{\mathrm{map}}=\mu_\theta+\frac{\sigma_\theta^2}{N\sigma_\theta^2+\sigma_n^2}\sum_{k=1}^{N}(x_k-\mu_\theta-\mu_n)$$

本例的估计量 $\hat{\boldsymbol{\theta}}_b$ 是观测信号 $x_k(k=1,2,\cdots,N)$ 的线性函数，所以是线性估计。

估计量 $\hat{\boldsymbol{\theta}}_b$ 的均值和均方误差分别为

$$E(\hat{\boldsymbol{\theta}}_b)=E\left[\mu_\theta+\frac{\sigma_\theta^2}{N\sigma_\theta^2+\sigma_n^2}\sum_{k=1}^{N}(x_k-\mu_\theta-\mu_n)\right]=\mu_\theta$$

$$E[(\theta-\hat{\boldsymbol{\theta}}_b)^2]=E\left\{\left[\theta-\left(\mu_\theta+\frac{\sigma_\theta^2}{N\sigma_\theta^2+\sigma_n^2}\sum_{k=1}^{N}(x_k-\mu_\theta-\mu_n)\right)\right]^2\right\}$$

$$= \frac{\sigma_\theta^2 \sigma_n^2}{N\sigma_\theta^2 + \sigma_n^2} = \frac{1}{N + \sigma_n^2/\sigma_\theta^2}\sigma_n^2$$

如果仅求被估计量 $\boldsymbol{\theta}$ 的最大后验估计量 $\hat{\boldsymbol{\theta}}_{\text{map}}$，则容易由最大后验方程(5-2-25)得到结果。

5.2.4 最佳估计的不变性

如果被估计量 $\boldsymbol{\theta}$ 的后验概率密度函数 $p(\boldsymbol{\theta}|\boldsymbol{x})$ 是高斯型的，那么，在三种典型代价函数下，平均代价最小的估计量是一样的，都等于最小均方误差估计量，即

$$\hat{\boldsymbol{\theta}}_{\text{mse}} = \hat{\boldsymbol{\theta}}_{\text{med}} = \hat{\boldsymbol{\theta}}_{\text{map}}$$

它们的均方误差都是最小的，这就是最佳估计的不变性。但是，代价函数的选择常常带有主观性，而后验概率密度函数 $p(\boldsymbol{\theta}|\boldsymbol{x})$ 也不一定能满足高斯型的要求。因此，如果能找到一种估计，它对放宽约束条件的代价函数和后验概率密度函数都是最佳的，那将是比较理想的。也就是说，希望代价函数不仅仅限于前面的三种典型形式，后验概率密度函数也可以是非高斯型的，只要满足一定的约束条件，也能获得均方误差最小的估计。下面就来讨论什么类型的代价函数 $c(\tilde{\boldsymbol{\theta}})$ 和后验概率密度函数 $p(\boldsymbol{\theta}|\boldsymbol{x})$，能使估计量具有这种最小均方误差的不变性。

下面分两种约束情况来讨论最小均方误差估计所具有的最佳估计不变性问题。

1. 约束情况 Ⅰ

如果代价函数 $c(\tilde{\boldsymbol{\theta}})$ 是 $\tilde{\boldsymbol{\theta}}$ 的对称、下凸函数，即满足

$$c(\tilde{\boldsymbol{\theta}}) = c(-\tilde{\boldsymbol{\theta}})\text{(对称)} \tag{5-2-26a}$$

$$c[b\tilde{\boldsymbol{\theta}}_1 + (1-b)\tilde{\boldsymbol{\theta}}_2] \leqslant bc(\tilde{\boldsymbol{\theta}}_1) + (1-b)c(\tilde{\boldsymbol{\theta}}_2),\ 0 \leqslant b \leqslant 1\text{(下凸)} \tag{5-2-26b}$$

而后验概率密度函数 $p(\boldsymbol{\theta}|\boldsymbol{x})$ 对称于条件均值，即满足

$$p(\theta - \hat{\boldsymbol{\theta}}_{\text{mse}}|\boldsymbol{x}) = p(\hat{\boldsymbol{\theta}}_{\text{mse}} - \theta|\boldsymbol{x}) \tag{5-2-27}$$

则使平均代价最小的估计量 $\hat{\boldsymbol{\theta}}$ 等于 $\hat{\boldsymbol{\theta}}_{\text{mse}}$。图 5-2-2 是约束条件的代价函数 $c(\tilde{\boldsymbol{\theta}})$ 和后验概率密度函数的图例，这种约束情况下的最佳估计不变性的证明可参考相关文献。

约束情况 Ⅰ 下，代价函数的下凸特性把均匀代价函数等这类代价函数排除在外。为了包括非下凸的代价函数，需要进一步的约束条件。为此，下面讨论第二种约束情况。

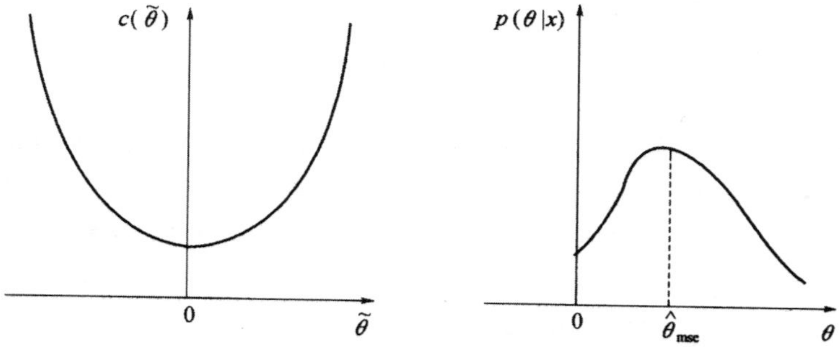

图 5-2-2　代价函数和后验概率密度函数的图例

2. 约束情况 Ⅱ

如果代价函数 $c(\tilde{\boldsymbol{\theta}})$ 是 $\tilde{\boldsymbol{\theta}}$ 的对称非降函数，即满足

$$c(\tilde{\boldsymbol{\theta}}) = c(-\tilde{\boldsymbol{\theta}})\text{（对称）} \tag{5-2-28a}$$

$$c(\tilde{\boldsymbol{\theta}}_1) \geqslant c(\tilde{\boldsymbol{\theta}}_2), |\tilde{\boldsymbol{\theta}}_1| \geqslant |\tilde{\boldsymbol{\theta}}_2|\text{（非降）} \tag{5-2-28b}$$

而后验概率密度函数 $p(\boldsymbol{\theta}|\boldsymbol{x})$ 是对称于条件均值的单峰函数，即满足

$$p(\theta - \hat{\boldsymbol{\theta}}_{\text{mse}}|\boldsymbol{x}) = p(\hat{\boldsymbol{\theta}}_{\text{mse}} - \theta|\boldsymbol{x})\text{（对称）} \tag{5-2-29a}$$

$$p(\theta - \delta|\boldsymbol{x}) \geqslant p(\theta_{\text{mse}} - \delta|\boldsymbol{x}), \theta \geqslant \hat{\boldsymbol{\theta}}_{\text{mse}}, \delta > 0\text{（单峰）} \tag{5-2-29b}$$

且当 $\theta \to \infty$ 时，后验概率密度函数很快衰减，即满足

$$\lim_{\theta \to \infty} c(\boldsymbol{\theta}) p(\boldsymbol{\theta}|\boldsymbol{x}) = 0 \tag{5-2-30}$$

则对于这类代价函数和后验概率密度函数，使平均代价最小的估计量 $\hat{\boldsymbol{\theta}}$ 等于最小均方误差估计量 $\hat{\boldsymbol{\theta}}_{\text{mse}}$。

在约束情况 Ⅱ 下的最佳估计不变性证明可参考相关文献。

对上述两种情况的讨论表明，在较宽的代价函数和后验概率密度函数的约束下，最小均方误差估计都是使平均代价最小的贝叶斯估计，这就是最佳估计的不变性。

5.3　极大似然估计

5.3.1　似然函数

1. 定义

设样本 $\boldsymbol{X} \sim f(\boldsymbol{X}, \theta)$，$\theta$ 在参数空间 Θ 内取值，当 $\boldsymbol{X}$ 固定而把 $f(\boldsymbol{X}, \theta)$

看成是 θ 的函数时，称其为似然函数。

2. 似然函数的解释与描述

概率函数与似然函数从不同角度上解释了同一个问题。前者是固定 θ 而把 $f(\boldsymbol{X},\theta)$ 看成 $\boldsymbol{X}$ 的函数，后者是固定 $\boldsymbol{X}$ 而把 $f(\boldsymbol{X},\theta)$ 看成 θ 的函数。这个差别的统计意义可解释为：不妨把参数 θ 和样本 $\boldsymbol{X}$ 分别看成是“因”和“果”，θ 的值确定了，就完全确定了样本 $\boldsymbol{X}$ 的概率分布，也就定下了种种 $\boldsymbol{X}$ 的取值概率，先有“因”，后有“果”。

极大似然的原理实际上就是使 $f(\boldsymbol{X},\theta)$ 达到最大时的 $\hat{\theta}$ 的值。当确定了 $\boldsymbol{X}$ 后，$f(\boldsymbol{X},\theta)$ 是产生这一结果的概率，θ 的取值不同，产生这一结果的概率不同。

5.3.2 极大似然估计的定义和性质

1. 定义

设样本 $\boldsymbol{X} \sim f(\boldsymbol{X},\theta)$，$\theta$ 在参数空间 Θ 取值，若 $\hat{\theta} = T(\boldsymbol{X})$ 是一个统计量，满足条件

$$f(\boldsymbol{X},\hat{\theta}) = \sup_{\theta\in\Theta} f(\boldsymbol{X},\theta) \tag{5-3-1}$$

则称 $\hat{\theta} = T(\boldsymbol{X})$ 是 θ 的极大似然估计。

2. 注释与说明

极大似然估计是在已得样本 $\boldsymbol{X}$ 的情况下使 $f(\boldsymbol{X},\theta)$ 达到最大时的 $\hat{\theta}$ 的值。如果 $\boldsymbol{X}$ 不能唯一决定 θ 的值，要取“看起来最像”的那个值 $\hat{\theta} = T(\boldsymbol{X})$。

3. 极大似然估计的求解方法

确定 $\hat{\theta} = T(\boldsymbol{X})$ 的值实际上是求解一个极值的问题，极值往往是很难求出来的，其主要求解方法是对数似然函数法。

设 $\boldsymbol{X}_1,\boldsymbol{X}_2,\cdots,\boldsymbol{X}_N$ 是简单随机样本，且 $\boldsymbol{X}_i \sim f(\boldsymbol{X}_i,\theta)$，则似然函数为

$$f(\boldsymbol{X},\theta) = \prod_{i=1}^{N} f(\boldsymbol{X}_i,\theta) \tag{5-3-2}$$

这时，对 $f(\boldsymbol{X},\theta)$ 取对数，得

$$\ln f(\boldsymbol{X},\theta) = \sum_{i=1}^{N} \ln f(\boldsymbol{X}_i,\theta) \tag{5-3-3}$$

$\ln f(\boldsymbol{X},\theta)$ 称为对数似然函数。

极大似然估计 $\hat{\theta} = T(\boldsymbol{X})$ 必定满足

$$\ln f(\boldsymbol{X},\hat{\theta}) = \sup_{\theta \in \Theta} f(\boldsymbol{X},\theta) \tag{5-3-4}$$

$\hat{\theta}$ 可以从方程 $\dfrac{\partial \ln f(\boldsymbol{X},\theta)}{\partial \theta} = 0$ 中求得。

4. 极大似然估计的性质

定理 5.3.1　对于样本 $\boldsymbol{X}_1,\boldsymbol{X}_2,\cdots,\boldsymbol{X}_N$，当 N 足够大时，$\hat{\theta}$ 的极限概率分布是 $N(\theta,I^{-1}(\theta))$，其中 $I(\theta)$ 是费希尔信息量。

从定理 5.2.1 可知，极大似然估计 $\hat{\theta} = T(\boldsymbol{X})$ 是 θ 的渐近无偏估计，渐近达到方差下限，是渐近最佳的。

例 5.3.1　设观测模型为 $\boldsymbol{X}_i = \mu + \varepsilon_i, i = 1,2,\cdots,N, \boldsymbol{X} = (\boldsymbol{X}_1\boldsymbol{X}_2\cdots\boldsymbol{X}_N)^{\mathrm{T}}$ 是简单随机样本。

(1)设 $\varepsilon_n \sim N(0,\sigma^2)$，$\sigma^2$ 已知，求 μ 的极大似然估计。

(2)设 $\varepsilon_n \sim N(0,\mu)$，求 μ 的极大似然估计。

解：(1)

$$f(\boldsymbol{X},\mu) = \frac{1}{\sigma^N(2\pi)^{N/2}}\exp\left(-\frac{1}{2\sigma^2}\sum_{i=1}^{N}(\boldsymbol{X}_i - \mu)^2\right)$$

由

$$\frac{\partial \ln f(\boldsymbol{X},\mu)}{\partial \mu} = -\frac{1}{\sigma^2}\sum_{i=1}^{N}(\boldsymbol{X}_i - \mu) = 0$$

得 μ 的极大似然估计为

$$\hat{\mu} = \frac{1}{N}\sum_{i=1}^{N}\boldsymbol{X}_i$$

(2)

$$f(\boldsymbol{X},\mu) = \frac{1}{(2\pi\mu)^{N/2}}\exp\left(-\frac{1}{2\mu}\sum_{i=1}^{N}(\boldsymbol{X}_i - \mu)^2\right)$$

$$\frac{\partial \ln f(\boldsymbol{X},\mu)}{\partial \mu} = -\frac{N}{2\mu} + \frac{1}{\mu}\sum_{i=1}^{N}(\boldsymbol{X}_i - \mu) + \frac{1}{2\mu^2}\sum_{i=1}^{N}(\boldsymbol{X}_i - \mu)^2$$

令 $\dfrac{\partial \ln f(\boldsymbol{X},\mu)}{\partial \mu} = 0$，得

$$\mu^2 + \mu - \frac{1}{N}\sum_{i=1}^{N}\boldsymbol{X}_i^2 = 0$$

求得

$$\hat{\mu} = -\frac{1}{2} \pm \sqrt{\frac{1}{N}\sum_{i=1}^{N}\boldsymbol{X}_i^2 + \frac{1}{4}}$$

μ 的允许范围为 $\mu > 0$，所以 μ 的极大似然估计

$$\hat{\mu} = -\frac{1}{2} + \sqrt{\frac{1}{N}\sum_{i=1}^{N}\boldsymbol{X}_i^2 + \frac{1}{4}}$$

例 5.3.2 设 $\boldsymbol{X}_i = A\cos(2\pi f_0 i + \phi) + \varepsilon_i, i = 1,2,\cdots,N, \boldsymbol{X} = (\boldsymbol{X}_1 \boldsymbol{X}_2 \cdots \boldsymbol{X}_N)^{\mathrm{T}}$ 是简单随机样本，其中 $\varepsilon_i \sim N(0,\sigma^2)$，$\sigma^2$、$A$、$f_0$ 均已知。求正弦信号相位的极大似然估计。

解：

$$f(\boldsymbol{X},\phi) = \frac{1}{\sigma^N (2\pi)^{N/2}} \exp(-\frac{1}{2\sigma^2}\sum_{i=1}^{N}(\boldsymbol{X}_i - A\cos(2\pi f_0 i + \phi))^2)$$

$$\ln f(\boldsymbol{X},\phi) = -\frac{N}{2}\ln(2\pi\sigma^2) - \frac{1}{2\sigma^2}\sum_{i=1}^{N}(\boldsymbol{X}_i - A\cos(2\pi f_0 i + \phi))^2$$

对 ϕ 求导，得

$$\frac{\partial f(\boldsymbol{X},\phi)}{\partial \phi} = 2\sum_{i=1}^{N}(\boldsymbol{X}_i - A\cos(2\pi f_0 i + \phi))A\sin(2\pi f_0 i + \phi)$$

令 $\frac{\partial f(\boldsymbol{X},\phi)}{\partial \phi} = 0$，得

$$\sum_{i=1}^{N}\boldsymbol{X}_i\sin(2\pi f_0 i + \phi) = A\sum_{i=1}^{N}\cos(2\pi f_0 i + \phi)\sin(2\pi f_0 i + \phi)$$

当 f_0 不在 0 或 $\frac{1}{2}$ 附近时，有

$$\frac{1}{N}\sum_{i=1}^{N}\cos(2\pi f_0 i + \phi)\sin(2\pi f_0 i + \varphi) = \frac{1}{2N}\sum_{i=1}^{N}\sin(4\pi f_0 i + 2\phi) \approx 0$$

所以

$$\sum_{i=1}^{N}\boldsymbol{X}_i\sin(2\pi f_0 i + \phi) = 0$$

展开得

$$\sum_{i=1}^{N}\boldsymbol{X}_i\sin(2\pi f_0 i)\cos\phi = -\sum_{i=1}^{N}\boldsymbol{X}_i\cos(2\pi f_0 i)\sin\phi$$

解得

$$\hat{\phi} = -\arctan\frac{\sum_{i=1}^{N}\boldsymbol{X}_i\sin(2\pi f_0 i)}{\sum_{i=1}^{N}\boldsymbol{X}_i\cos(2\pi f_0 i)}$$

是 ϕ 的极大似然估计。

5.3.3 参数函数与矢量参数的极大似然估计

问题 1：设 $\boldsymbol{X} \sim f(\boldsymbol{X},\theta)$，若 $\alpha = g(\theta)$，如何求 α 的极大似然估计？

定理 5.3.2（极大似然估计的不变性定理） 设 $\boldsymbol{X} \sim f(\boldsymbol{X},\theta)$，$\alpha = g(\theta)$，

则 α 的极大似然估计为 $\hat{\alpha} = g(\hat{\theta})$，其中 $\hat{\theta}$ 是 θ 的极大似然估计。

例 5.3.3　设观测模型为 $\boldsymbol{X}_i = \mu + \varepsilon_i\ (i = 1, 2, \cdots, N)$，$\boldsymbol{X} = (\boldsymbol{X}_1 \boldsymbol{X}_2 \cdots \boldsymbol{X}_N)^{\mathrm{T}}$ 是简单随机样本，且设 $\varepsilon_i \sim N(0,\sigma^2)$。求 $\alpha = \exp(\mu)$ 的极大似然估计。

解：易知

$$f(\boldsymbol{X},\mu) = \frac{1}{\sigma^N (2\pi)^{N/2}} \exp\left[-\frac{\sum_{i=1}^{N}(\boldsymbol{X}_i - \mu)^2}{2\sigma^2}\right]$$

因为 $\alpha = \exp(\mu)$ 是 μ 的一对一变换，所以可以将 α 的概率密度函数表示为

$$f(\boldsymbol{X},\alpha) = \frac{1}{\sigma^N (2\pi)^{N/2}} \exp\left[-\frac{\sum_{i=1}^{N}(\boldsymbol{X}_i - \ln\alpha)^2}{2\sigma^2}\right], \alpha > 0$$

对 α 求导并令其等于零，得

$$\sum_{i=1}^{N}(\boldsymbol{X}_i - \ln\hat{\alpha})\frac{1}{\hat{\alpha}} = 0$$

求得

$$\hat{\alpha} = \exp\left(\frac{1}{N}\sum_{i=1}^{N}\boldsymbol{X}_i\right)$$

由例 5.3.1 可知，μ 的极大似然估计为

$$\hat{\mu} = \frac{1}{N}\sum_{i=1}^{N}\boldsymbol{X}_i$$

于是 $\hat{\alpha} = \exp(\hat{\mu})$，即使用原始参数的极大似然估计替换变换中的参数，可以求出变换后参数的极大似然估计。

事实上，求 μ 使 $f(\boldsymbol{X},\mu)$ 达到最大与求 α 使 $f(\boldsymbol{X},\alpha)$ 达到最大是完全等效的。

问题 2：对于矢量参数 $\boldsymbol{\theta}$，如何求解极大似然估计？

解决方案：设 $\boldsymbol{X} \sim f(\boldsymbol{X},\boldsymbol{\theta})$，$\boldsymbol{\theta} = (\theta_1 \theta_2 \cdots \theta_p)$，求解方程 $\dfrac{\partial \ln f(\boldsymbol{X},\boldsymbol{\theta})}{\partial \boldsymbol{\theta}} = 0$，可得 $\boldsymbol{\theta}$ 的极大似然估计。

例 5.3.4　设观测模型为 $\boldsymbol{X}_i = \mu + \varepsilon_i (i = 1,2,\cdots,\mathrm{N})$，$\boldsymbol{X} = (\boldsymbol{X}_1 \boldsymbol{X}_2 \cdots \boldsymbol{X}_N)^{\mathrm{T}}$ 是简单随机样本，且设 $\varepsilon_i \sim N(0,\sigma^2)$，$\mu$ 与 σ^2 都未知，求 μ 与 σ^2 的极大似然估计。

解：设 $\boldsymbol{\theta} = (\mu \quad \sigma^2)^{\mathrm{T}}$，分别求未知参数 μ 与 σ^2 的偏导。

$$\frac{\partial \ln f(\boldsymbol{X},\mu)}{\partial \mu} = -\frac{1}{\sigma^2}\sum_{i=1}^{N}(\boldsymbol{X}_i - \mu) = 0$$

$$\frac{\partial \ln f(\boldsymbol{X},\mu)}{\partial \sigma^2} = -\frac{N}{2\sigma^2} + \frac{1}{2\sigma^4}\sum_{i=1}^{N}(\boldsymbol{X}_i - \mu)^2 = 0$$

解联立方程得

$$\hat{\mu} = \frac{1}{N}\sum_{i=1}^{N}\boldsymbol{X}_i = \overline{X}$$

$$\hat{\sigma}^2 = \frac{1}{N}\sum_{i=1}^{N}(\boldsymbol{X}_i - \overline{X})^2$$

所以 $\boldsymbol{\theta} = (\mu \quad \sigma^2)^{\mathrm{T}}$ 的极大似然估计为

$$\hat{\boldsymbol{\theta}} = \begin{bmatrix} \overline{X} \\ \frac{1}{N}\sum_{i=1}^{N}(\boldsymbol{X}_i - \overline{X})^2 \end{bmatrix}$$

5.4 估计量的性质

前面已经讨论过贝叶斯估计和极大似然估计，在按照某种准则获得估计量 $\hat{\boldsymbol{\theta}}$ 后，通常要对估计量的质量进行评价，这就需要研究估计量的主要性质，以便使问题的讨论更加深入。估计量是观测量的函数，而观测量是随机变量，所以估计量也是随机变量。因此，应用统计的方法分析和评价各种估计量的质量。下面提出的估计量的主要性质就是评价估计量质量的指标。

估计量的主要性质是无偏性、有效性、一致性和充分性。

5.4.1 估计量的无偏性

当对信号的参量进行多次观测后，可以构造出估计量 $\hat{\boldsymbol{\theta}}$，它是一个随机变量。希望估计量 $\hat{\boldsymbol{\theta}}$ 从平均的意义上等于被估计量 $\boldsymbol{\theta}$ 的真值(对非随机参量)或者被估计量 $\boldsymbol{\theta}$ 的均值(对随机参量)，这是一个合理的要求，由此引出关于估计量 p 的无偏性的性质。

对于非随机参量 $\boldsymbol{\theta}$ 的估计量 $\hat{\boldsymbol{\theta}}$，其均值可以表示为

$$E(\hat{\boldsymbol{\theta}}) = \int_{-\infty}^{\infty}\hat{\boldsymbol{\theta}}p(\boldsymbol{x}|\boldsymbol{\theta})\mathrm{d}\boldsymbol{x} = \boldsymbol{\theta} + b(\boldsymbol{\theta}) \tag{5-4-1}$$

式中，估计量的均值是以参量 $\boldsymbol{\theta}$ 为条件的，而 $b(\boldsymbol{\theta})$ 称为估计量的偏。

当 $b(\boldsymbol{\theta}) = 0$ 时，即估计量的均值 $E(\hat{\boldsymbol{\theta}})$ 等于被估计量 $\boldsymbol{\theta}$ 的真值时，称 $\hat{\boldsymbol{\theta}}$ 为(条件)无偏估计量。

当 $b(\boldsymbol{\theta})\neq 0$ 时，称为有偏估计量。如果偏 $b(\boldsymbol{\theta})$ 不是 $\boldsymbol{\theta}$ 的函数而是常数 b，则估计量是已知偏差的有偏估计，可以从估计量 $\hat{\boldsymbol{\theta}}$ 中减去 b 以获得无偏估计量；如果偏 $b(\boldsymbol{\theta})$ 是 $\boldsymbol{\theta}$ 的函数，则估计量 $\hat{\boldsymbol{\theta}}$ 是未知偏差的有偏估计量。

对于随机参量 $\boldsymbol{\theta}$，如果估计量 $\hat{\boldsymbol{\theta}}$ 的均值等于被估计量 $\boldsymbol{\theta}$ 的均值，即

$$E(\hat{\boldsymbol{\theta}})=\int_{-\infty}^{\infty}\int_{-\infty}^{\infty}\hat{\boldsymbol{\theta}}p(\boldsymbol{x},\boldsymbol{\theta})\mathrm{d}\boldsymbol{x}\mathrm{d}\boldsymbol{\theta}=E(\boldsymbol{\theta}) \tag{5-4-2}$$

则称 $\hat{\boldsymbol{\theta}}$ 是无偏估计量；否则就是有偏的，其偏等于两均值之差。

如果将根据有限 N 次观测量 $x_k(k=1,2,\cdots,N)$ 构造的估计量记为 $\hat{\boldsymbol{\theta}}(\boldsymbol{x}_N)$，且 $\hat{\boldsymbol{\theta}}(\boldsymbol{x}_N)$ 是有偏的，但满足

$$\lim_{N\to\infty}E[\hat{\boldsymbol{\theta}}(\boldsymbol{x}_N)]=\boldsymbol{\theta}(\text{非随机变量}) \tag{5-4-3}$$

或

$$\lim_{N\to\infty}E[\hat{\boldsymbol{\theta}}(\boldsymbol{x}_N)]=E(\boldsymbol{\theta})(\text{随机变量}) \tag{5-4-4}$$

则称 $\hat{\boldsymbol{\theta}}(x_N)$ 是渐近无偏估计量。这里 N 维矢量 $\boldsymbol{x}_N=(\boldsymbol{x}_1,\boldsymbol{x}_2,\cdots,\boldsymbol{x}_N)^{\mathrm{T}}$ 的下标 N 是为了强调有限 N 次的记号。

5.4.2　估计量的有效性

如果同一个参量用两种方法进行估计，所得的估计量都是无偏的，怎样评价哪一种方法更好些呢？应进一步讨论估计的均方误差，以便比较估计值偏离真值的程度。

估计的均方误差为

$$E[\tilde{\boldsymbol{\theta}}^2(\boldsymbol{x})]=E[(\hat{\boldsymbol{\theta}}-\boldsymbol{\theta})^2] \tag{5-4-5}$$

若两种估计方法之中有一种均方误差较小，则认为它比另一种有效。为了确定某一种方法是否有效，则要看它的均方误差是不是所有估计方法中最小的。进行这样的比较太困难了，因此常用一种间接的比较方法——对于任何无偏估计方法总存在一个均方误差的最小值，把估计的均方误差与这个下限进行比较，若等于这个下限就称该估计量为有效估计量。下面介绍常用的均方误差下限，克拉美-罗界（Cramér-Rao Bound，CRB）。

1. 随机参量估计的均方误差界

设 $\hat{\boldsymbol{\theta}}$ 是随机参量 $\boldsymbol{\theta}$ 的无偏估计量，则

$$E[\hat{\boldsymbol{\theta}}-\boldsymbol{\theta}]=\int_{-\infty}^{\infty}\int_{-\infty}^{\infty}(\hat{\boldsymbol{\theta}}-\boldsymbol{\theta})p(\boldsymbol{x},\boldsymbol{\theta})\mathrm{d}\boldsymbol{x}\mathrm{d}\theta=0 \tag{5-4-6}$$

式中，$p(\boldsymbol{x},\boldsymbol{\theta})$ 是 $\boldsymbol{x}$ 和 $\boldsymbol{\theta}$ 的联合概率密度函数。

将式(5-4-6)两边对 $\boldsymbol{\theta}$ 求导，假定 $p(\boldsymbol{x},\boldsymbol{\theta})$ 对 $\boldsymbol{\theta}$ 的一、二阶导数存在且绝对可积，同时满足求导与积分交换次序的条件，则

$$\begin{aligned}&\frac{\partial}{\partial\boldsymbol{\theta}}\int_{-\infty}^{\infty}\int_{-\infty}^{\infty}(\hat{\boldsymbol{\theta}}-\boldsymbol{\theta})p(\boldsymbol{x},\boldsymbol{\theta})\mathrm{d}\boldsymbol{x}\mathrm{d}\theta\\&=\int_{-\infty}^{\infty}\int_{-\infty}^{\infty}\frac{\partial}{\partial\boldsymbol{\theta}}[(\hat{\boldsymbol{\theta}}-\boldsymbol{\theta})p(\boldsymbol{x},\boldsymbol{\theta})]\mathrm{d}\boldsymbol{x}\mathrm{d}\theta\\&=\int_{-\infty}^{\infty}\int_{-\infty}^{\infty}(\hat{\boldsymbol{\theta}}-\boldsymbol{\theta})\frac{\partial}{\partial\boldsymbol{\theta}}p(\boldsymbol{x},\boldsymbol{\theta})\mathrm{d}\boldsymbol{x}\mathrm{d}\theta-\int_{-\infty}^{\infty}\int_{-\infty}^{\infty}p(\boldsymbol{x},\boldsymbol{\theta})\mathrm{d}\boldsymbol{x}\mathrm{d}\theta=0\end{aligned}$$

因为

$$\int_{-\infty}^{\infty}\int_{-\infty}^{\infty}p(\boldsymbol{x},\boldsymbol{\theta})\mathrm{d}\boldsymbol{x}\mathrm{d}\theta=1$$

故

$$\int_{-\infty}^{\infty}\int_{-\infty}^{\infty}(\hat{\boldsymbol{\theta}}-\boldsymbol{\theta})\frac{\partial}{\partial\boldsymbol{\theta}}p(\boldsymbol{x},\boldsymbol{\theta})\mathrm{d}\boldsymbol{x}\mathrm{d}\theta=1 \tag{5-4-7}$$

因为对任意函数 $g(\boldsymbol{x})$ 有

$$\frac{\partial\ln g(\boldsymbol{x})}{\partial\boldsymbol{x}}=\frac{1}{g(\boldsymbol{x})}\frac{\partial g(\boldsymbol{x})}{\partial\boldsymbol{x}} \tag{5-4-8}$$

利用式(5-4-8)，将式(5-4-7)改写为

$$\int_{-\infty}^{\infty}\int_{-\infty}^{\infty}\frac{\partial\ln p(\boldsymbol{x},\boldsymbol{\theta})}{\partial\boldsymbol{\theta}}p(\boldsymbol{x},\boldsymbol{\theta})(\hat{\boldsymbol{\theta}}-\boldsymbol{\theta})\mathrm{d}\boldsymbol{x}\mathrm{d}\theta=1$$

或者

$$\int_{-\infty}^{\infty}\int_{-\infty}^{\infty}\left[\frac{\partial\ln p(\boldsymbol{x},\boldsymbol{\theta})}{\partial\boldsymbol{\theta}}\sqrt{p(\boldsymbol{x},\boldsymbol{\theta})}\right]\left[\sqrt{p(\boldsymbol{x},\boldsymbol{\theta})}(\hat{\boldsymbol{\theta}}-\boldsymbol{\theta})\right]\mathrm{d}\boldsymbol{x}\mathrm{d}\theta=1 \tag{5-4-9}$$

利用施瓦兹不等式，有下式成立

$$\begin{aligned}&\int_{-\infty}^{\infty}\int_{-\infty}^{\infty}\left[\frac{\partial\ln p(\boldsymbol{x},\boldsymbol{\theta})}{\partial\boldsymbol{\theta}}\sqrt{p(\boldsymbol{x},\boldsymbol{\theta})}\right]^2\mathrm{d}\boldsymbol{x}\mathrm{d}\theta\cdot\int_{-\infty}^{\infty}\int_{-\infty}^{\infty}\left[\sqrt{p(\boldsymbol{x},\boldsymbol{\theta})}(\hat{\boldsymbol{\theta}}-\boldsymbol{\theta})\right]^2\mathrm{d}\boldsymbol{x}\mathrm{d}\theta\\&\geqslant\left\{\int_{-\infty}^{\infty}\int_{-\infty}^{\infty}\left[\frac{\partial\ln p(\boldsymbol{x},\boldsymbol{\theta})}{\partial\boldsymbol{\theta}}\sqrt{p(\boldsymbol{x},\boldsymbol{\theta})}\right]\cdot\left[\sqrt{p(\boldsymbol{x},\boldsymbol{\theta})}(\hat{\boldsymbol{\theta}}-\boldsymbol{\theta})\right]\mathrm{d}\boldsymbol{x}\mathrm{d}\theta\right\}^2\\&=1\end{aligned} \tag{5-4-10}$$

故

$$\int_{-\infty}^{\infty}\int_{-\infty}^{\infty}\left[\frac{\partial\ln p(\boldsymbol{x},\boldsymbol{\theta})}{\partial\boldsymbol{\theta}}\right]^2p(\boldsymbol{x},\boldsymbol{\theta})\mathrm{d}\boldsymbol{x}\mathrm{d}\theta\int_{-\infty}^{\infty}\int_{-\infty}^{\infty}(\hat{\boldsymbol{\theta}}-\boldsymbol{\theta})^2p(\boldsymbol{x},\boldsymbol{\theta})\mathrm{d}\boldsymbol{x}\mathrm{d}\theta\geqslant1 \tag{5-4-11}$$

即

$$E[(\hat{\boldsymbol{\theta}}-\boldsymbol{\theta})^2]\geqslant\left\{E\left[\frac{\partial\ln p(\boldsymbol{x},\boldsymbol{\theta})}{\partial\boldsymbol{\theta}}\right]^2\right\}^{-1} \tag{5-4-12}$$

式(5-4-12)等号左边是任意无偏估计的均方误差,等号右边是无偏估计均方误差的下限,即克拉美-罗界,它由观测量与被估计量的联合密度概率函数来确定。这个不等式的含义是任意一个无偏估计的均方误差不会小于克拉美-罗界。

当 $\frac{\partial \ln p(\boldsymbol{x},\boldsymbol{\theta})}{\partial \boldsymbol{\theta}}$ 和($\hat{\boldsymbol{\theta}}-\boldsymbol{\theta}$)呈线性关系,即

$$\frac{\partial \ln p(\boldsymbol{x},\boldsymbol{\theta})}{\partial \boldsymbol{\theta}}=(\hat{\boldsymbol{\theta}}-\boldsymbol{\theta})K \tag{5-4-13}$$

式(5-4-13)才取等号,式中 K 是常数。

式(5-4-13)是有效估计的充要条件,满足此式时任意无偏估计的均方误差必然等于克拉美-罗界,等于克拉美-罗界的无偏估计是有效估计。

克拉美-罗界还有其他的表达形式,现推导如下。因为

$$\int_{-\infty}^{\infty}\int_{-\infty}^{\infty} p(\boldsymbol{x},\boldsymbol{\theta})\mathrm{d}\boldsymbol{x}\mathrm{d}\theta=1$$

两边对 $\boldsymbol{\theta}$ 求导且利用式(5-4-8),得

$$\int_{-\infty}^{\infty}\int_{-\infty}^{\infty}\frac{\partial \ln p(\boldsymbol{x},\boldsymbol{\theta})}{\partial \boldsymbol{\theta}} p(\boldsymbol{x},\boldsymbol{\theta})\mathrm{d}\boldsymbol{x}\mathrm{d}\theta=0$$

再对 $\boldsymbol{\theta}$ 求导且利用式(5-4-8),得

$$\int_{-\infty}^{\infty}\int_{-\infty}^{\infty}\left[\frac{\partial \ln p(\boldsymbol{x},\boldsymbol{\theta})}{\partial \boldsymbol{\theta}}\right]^2 p(\boldsymbol{x},\boldsymbol{\theta})\mathrm{d}\boldsymbol{x}\mathrm{d}\theta+\int_{-\infty}^{\infty}\int_{-\infty}^{\infty}\frac{\partial^2 \ln p(\boldsymbol{x},\boldsymbol{\theta})}{\partial \boldsymbol{\theta}^2} p(\boldsymbol{x},\boldsymbol{\theta})\mathrm{d}\boldsymbol{x}\mathrm{d}\theta=0$$

故

$$E\left[\frac{\partial \ln p(\boldsymbol{x},\boldsymbol{\theta})}{\partial \boldsymbol{\theta}}\right]^2=-E\left[\frac{\partial^2 \ln p(\boldsymbol{x},\boldsymbol{\theta})}{\partial \boldsymbol{\theta}^2}\right] \tag{5-4-14}$$

因为

$$p(\boldsymbol{x},\boldsymbol{\theta})=p(\boldsymbol{\theta}|\boldsymbol{x})p(\boldsymbol{x})$$

所以

$$E\left[\frac{\partial \ln p(\boldsymbol{x},\boldsymbol{\theta})}{\partial \boldsymbol{\theta}}\right]^2=E\left[\frac{\partial \ln p(\boldsymbol{\theta}|\boldsymbol{x})}{\partial \boldsymbol{\theta}}\right]^2 \tag{5-4-15}$$

由式(5-4-14)和式(5-4-15)可将式(5-4-12)写成另外两种形式

$$E[(\hat{\boldsymbol{\theta}}-\boldsymbol{\theta})^2]\geqslant\left\{-E\left[\frac{\partial^2 \ln p(\boldsymbol{x},\boldsymbol{\theta})}{\partial \boldsymbol{\theta}^2}\right]\right\}^{-1} \tag{5-4-16}$$

$$E[(\hat{\boldsymbol{\theta}}-\boldsymbol{\theta})^2]\geqslant\left\{E\left[\frac{\partial \ln p(\boldsymbol{\theta}|\boldsymbol{x})}{\partial \boldsymbol{\theta}}\right]^2\right\}^{-1} \tag{5-4-17}$$

2. 非随机参量估计的均方误差界

设 $\hat{\boldsymbol{\theta}}$ 是非随机参量 $\boldsymbol{\theta}$ 的无偏估计量,此时估计的均方误差就等于估计量的方差,即

$$E[(\hat{\boldsymbol{\theta}}-\boldsymbol{\theta})^2]=E\{[\hat{\boldsymbol{\theta}}-E(\hat{\boldsymbol{\theta}})]^2\}$$

因此,估计的均方误差界就是估计量的方差界。

由于 $\hat{\boldsymbol{\theta}}$ 是无偏估计量,则

$$E(\hat{\boldsymbol{\theta}}-\boldsymbol{\theta})=\int_{-\infty}^{\infty}(\hat{\boldsymbol{\theta}}-\boldsymbol{\theta})p(\boldsymbol{x}|\boldsymbol{\theta})\mathrm{d}\boldsymbol{x}=0 \tag{5-4-18}$$

式中,$p(\boldsymbol{x}|\boldsymbol{\theta})$ 是 $\boldsymbol{\theta}$ 给定时 $\boldsymbol{x}$ 的条件概率密度函数。采用与随机参量类似的推导方法,可得

$$\begin{aligned}&E[(\hat{\boldsymbol{\theta}}-\boldsymbol{\theta})^2]\\&=\int_{-\infty}^{\infty}(\hat{\boldsymbol{\theta}}-\boldsymbol{\theta})^2p(\boldsymbol{x}|\boldsymbol{\theta})\mathrm{d}\boldsymbol{x}\geqslant\frac{1}{\int_{-\infty}^{\infty}[\frac{\partial\ln p(\boldsymbol{x}|\boldsymbol{\theta})}{\partial\boldsymbol{\theta}}]^2p(\boldsymbol{x}|\boldsymbol{\theta})\mathrm{d}\boldsymbol{x}}\\&=\left\{E[\frac{\partial\ln p(\boldsymbol{x}|\boldsymbol{\theta})}{\partial\boldsymbol{\theta}}]^2\right\}^{-1}=\left\{-E[\frac{\partial^2\ln p(\boldsymbol{x}|\boldsymbol{\theta})}{\partial\boldsymbol{\theta}^2}]\right\}^{-1}\end{aligned} \tag{5-4-19}$$

只有下面的条件满足时,式(5-4-19)才能取等号。

$$\frac{\partial\ln p(\boldsymbol{x}|\boldsymbol{\theta})}{\partial\boldsymbol{\theta}}=(\hat{\boldsymbol{\theta}}-\boldsymbol{\theta})K(\boldsymbol{\theta}) \tag{5-4-20}$$

式中,$K(\boldsymbol{\theta})$ 是 $\boldsymbol{\theta}$ 的函数。此条件说明只要 $(\hat{\boldsymbol{\theta}}-\boldsymbol{\theta})$ 与 $\frac{\partial\ln p(\boldsymbol{x}|\boldsymbol{\theta})}{\partial\boldsymbol{\theta}}$ 呈线性关系,估计量的方差就等于最小方差界。式(5-4-19)后两个等号表达式即为克拉美-罗界。

在判断估计量的有效性时,用式(5-4-13)和式(5-4-20)是比较简便的。

5.4.3 估计量的一致性

估计量的一致性,考查的是估计量 $\hat{\boldsymbol{\theta}}(\boldsymbol{x}_N)$ 随着观测次数 N 的增加,估计量质量的提高程度。

对于任意小的整数 $\boldsymbol{\varepsilon}$,若满足

$$\lim_{N\to\infty}P[|\boldsymbol{\theta}-\hat{\boldsymbol{\theta}}(\boldsymbol{x}_N)|>\boldsymbol{\varepsilon}]=0 \tag{5-4-21}$$

则称估计量 $\hat{\boldsymbol{\theta}}(\boldsymbol{x}_N)$ 是一致(收敛的)估计量,若满足

$$\lim_{N\to\infty}E\{[\boldsymbol{\theta}-\hat{\boldsymbol{\theta}}(\boldsymbol{x}_N)]^2\}=0 \tag{5-4-22}$$

则称估计量 $\hat{\boldsymbol{\theta}}(\boldsymbol{x}_N)$ 是均方一致(均方收敛的)估计量。

5.4.4 估计量的充分性

如果观测信号矢量 $\boldsymbol{x}$ 的似然函数 $p(\boldsymbol{x}|\boldsymbol{\theta})$ 能够分解表示为

$$p(\boldsymbol{x}|\boldsymbol{\theta})=g[\hat{\boldsymbol{\theta}}(\boldsymbol{x})|\boldsymbol{\theta}]h(\boldsymbol{x})\quad h(\boldsymbol{x})>0 \tag{5-4-23}$$

则称估计量 $\hat{\boldsymbol{\theta}}(\boldsymbol{x})$ 是充分估计量。其中，$g[\hat{\boldsymbol{\theta}}(\boldsymbol{x})|\boldsymbol{\theta}]$ 可以是 $\hat{\boldsymbol{\theta}}(\boldsymbol{x})$ 的概率密度函数；$h(\boldsymbol{x})$ 是 $\boldsymbol{x}$ 的任意大于零的函数。

充分估计量的含义是：估计量 $\hat{\boldsymbol{\theta}}(\boldsymbol{x})$ 充分利用了观测信号矢量 $\boldsymbol{x}$ 中所有关于被估计量 $\boldsymbol{\theta}$ 的信息。

估计量的性质中，最主要的是无偏性和有效性。当估计量不是有效估计量时，其主要性质是无偏性和均方误差 $E[(\boldsymbol{\theta}-\hat{\boldsymbol{\theta}})^2]$ 的大小。

5.5 线性最小均方误差估计

前面讨论的贝叶斯估计，要求知道后验概率密度函数 $p(\boldsymbol{\theta}|\boldsymbol{x})$；最大似然估计要求知道似然函数 $p(\boldsymbol{x}|\boldsymbol{\theta})$。如果关于观测信号矢量 $\boldsymbol{x}$ 和被估计矢量 $\boldsymbol{\theta}$ 的概率密度函数先验知识未知，而仅知道观测信号矢量 $\boldsymbol{x}$ 和被估计随机矢量 $\boldsymbol{\theta}$ 的前二阶矩知识，即均值矢量、协方差矩阵和互协方差矩阵，在这种情况下，要求估计量的均方误差最小，而限定估计量是观测量的线性函数。所以把这种估计称为线性最小均方误差估计(Linear Minimum Mean Square Error Estimation)。

线性最小均方误差估计，由于仅要求 $\boldsymbol{x}$ 和 $\boldsymbol{\theta}$ 的前二阶矩先验知识，在实际中比较容易满足，所以应用非常广泛；另外，估计量所具有的重要的正交性质——估计的误差矢量与观测矢量正交，常称为正变性原理，是信号最佳线性滤波和估计算法的基础，在随机信号处理中占有十分重要的地位。

5.5.1 线性最小均方误差估计的概念

设 M 维被估计随机矢量 $\boldsymbol{\theta}$ 的线性观测方程为

$$\boldsymbol{x}=\boldsymbol{H}\boldsymbol{\theta}+\boldsymbol{n} \tag{5-5-1}$$

其中，$\boldsymbol{x}$ 是 N 维观测信号矢量；$\boldsymbol{H}$ 是 $N\times M$ 观测矩阵；$\boldsymbol{\theta}$ 是 M 维被估计的随机矢量；$\boldsymbol{n}$ 是 N 维观测噪声矢量。若已知前二阶矩知识：被估计随机矢量 $\boldsymbol{\theta}$ 的均值矢量 $\boldsymbol{\mu}_{\theta}$，协方差矩阵 $\boldsymbol{C}_{\theta}$；观测信号矢量 $\boldsymbol{x}$ 的均值矢量 $\boldsymbol{\mu}_x$，协方差矩阵 $\boldsymbol{C}_x$；被估计随机矢量 $\boldsymbol{\theta}$ 与观测信号矢量 $\boldsymbol{x}$ 的互协方差矩阵 $\boldsymbol{C}_{\theta x}$。在这些先验知识条件下，可按如下两个要求构造估计矢量 $\hat{\boldsymbol{\theta}}$：

①估计矢量 $\hat{\boldsymbol{\theta}}$ 是观测信号矢量 $\boldsymbol{x}$ 的线性函数，即

$$\hat{\boldsymbol{\theta}}=\boldsymbol{a}+\boldsymbol{B}\boldsymbol{x} \tag{5-5-2a}$$

其中，$\boldsymbol{a}$ 是待定的 M 维矢量；$\boldsymbol{B}$ 是待定的 $M\times N$ 矩阵。

②估计矢量 $\hat{\boldsymbol{\theta}}$ 各分量 $\hat{\boldsymbol{\theta}}_j(j=1,2,\cdots,M)$ 的均方误差之和最小，即

$$E[(\boldsymbol{\theta}-\hat{\boldsymbol{\theta}})^{\mathrm{T}}(\boldsymbol{\theta}-\hat{\boldsymbol{\theta}})]=\operatorname{tr}\{E[(\boldsymbol{\theta}-\hat{\boldsymbol{\theta}})(\boldsymbol{\theta}-\hat{\boldsymbol{\theta}})^{\mathrm{T}}]\} \quad (5\text{-}5\text{-}2\mathrm{b})$$

最小。式中的符号 tr{ · }是矩阵的迹。

我们在已知 $\boldsymbol{\theta}$ 和 $\boldsymbol{x}$ 前二阶矩先验知识条件下，按如上两个要求(简述为线性和均方误差最小)构造估计矢量的准则，称为线性最小均方误差估计，所构造的估计矢量为线性最小均方误差估计矢量，记为 $\hat{\boldsymbol{\theta}}_{\mathrm{lmse}}(\boldsymbol{x})$，简记为 $\hat{\boldsymbol{\theta}}_{\mathrm{lmse}}$。

5.5.2 线性最小均方误差估计量的构造

若在已知 $\boldsymbol{\theta}$ 和 $\boldsymbol{x}$ 前二阶矩先验知识条件下，满足估计矢量构造两个要求的待定矢量 $\boldsymbol{a}$ 记为 $\boldsymbol{a}_1$，待定矩阵 $\boldsymbol{B}$ 记为 $\boldsymbol{B}_1$，则

$$\hat{\boldsymbol{\theta}}_{\mathrm{lmse}}=\boldsymbol{a}_1+\boldsymbol{B}_1\boldsymbol{x} \quad (5\text{-}5\text{-}3)$$

为了求得矢量 $\boldsymbol{a}_1$ 和矩阵 $\boldsymbol{B}_1$，将式(5-5-2a)代入式(5-5-2b)，得均方误差

$$E[(\boldsymbol{\theta}-\hat{\boldsymbol{\theta}})^{\mathrm{T}}(\boldsymbol{\theta}-\hat{\boldsymbol{\theta}})]=E[(\boldsymbol{\theta}-\boldsymbol{a}-\boldsymbol{B}\boldsymbol{x})^{\mathrm{T}}(\boldsymbol{\theta}-\boldsymbol{a}-\boldsymbol{B}\boldsymbol{x})] \quad (5\text{-}5\text{-}4)$$

使上式极小化，既满足了线性的要求，又满足了均方误差最小的要求。为此，利用矢量函数对矢量变量求导的乘法法则和矩阵函数对矩阵变量求导的乘法法则，将式(5-5-4)对矢量 $\boldsymbol{a}$ 求偏导，得

$$\begin{aligned}\frac{\partial}{\partial\boldsymbol{a}}E[(\boldsymbol{\theta}-\boldsymbol{a}-\boldsymbol{B}\boldsymbol{x})^{\mathrm{T}}(\boldsymbol{\theta}-\boldsymbol{a}-\boldsymbol{B}\boldsymbol{x})]&=-2E(\boldsymbol{\theta}-\boldsymbol{a}-\boldsymbol{B}\boldsymbol{x})\\&=2(\boldsymbol{a}+\boldsymbol{B}\boldsymbol{\mu}_x-\boldsymbol{\mu}_{\theta})\end{aligned} \quad (5\text{-}5\text{-}5\mathrm{a})$$

对矩阵 $\boldsymbol{B}$ 求偏导，得

$$\begin{aligned}&\frac{\partial}{\partial\boldsymbol{B}}E[(\boldsymbol{\theta}-\boldsymbol{a}-\boldsymbol{B}\boldsymbol{x})^{\mathrm{T}}(\boldsymbol{\theta}-\boldsymbol{a}-\boldsymbol{B}\boldsymbol{x})]\\&=-2E(\boldsymbol{\theta}\boldsymbol{x}^{\mathrm{T}}-\boldsymbol{a}\boldsymbol{x}^{\mathrm{T}}-\boldsymbol{B}\boldsymbol{x}\boldsymbol{x}^{\mathrm{T}})=2[\boldsymbol{a}E(\boldsymbol{x}^{\mathrm{T}})+\boldsymbol{B}E(\boldsymbol{x}\boldsymbol{x}^{\mathrm{T}})-E(\boldsymbol{\theta}\boldsymbol{x}^{\mathrm{T}})]\end{aligned} \quad (5\text{-}5\text{-}5\mathrm{b})$$

令式(5-5-5a)和式(5-5-5b)分别等于零，得联立方程组

$$\begin{cases}\boldsymbol{a}+\boldsymbol{B}\boldsymbol{\mu}_x-\boldsymbol{\mu}_{\theta}\Big|_{\substack{\boldsymbol{a}=\boldsymbol{a}_1\\ \boldsymbol{B}=\boldsymbol{B}_1}}=0 & (5\text{-}5\text{-}6\mathrm{a})\\ \boldsymbol{a}E(\boldsymbol{x}^{\mathrm{T}})+\boldsymbol{B}E(\boldsymbol{x}\boldsymbol{x}^{\mathrm{T}})-E(\boldsymbol{\theta}\boldsymbol{x}^{\mathrm{T}})\Big|_{\substack{\boldsymbol{a}=\boldsymbol{a}_1\\ \boldsymbol{B}=\boldsymbol{B}_1}}=0 & (5\text{-}5\text{-}6\mathrm{b})\end{cases}$$

然后求解联立方程组(5-5-6)。由式(5-5-6a)解得

$$\boldsymbol{a}_1=-\boldsymbol{B}_1\boldsymbol{\mu}_x+\boldsymbol{\mu}_{\theta} \quad (5\text{-}5\text{-}7\mathrm{a})$$

代入式(5-5-6b)，得

$$\boldsymbol{B}_1[E(\boldsymbol{x}\boldsymbol{x}^{\mathrm{T}})-\boldsymbol{\mu}_xE(\boldsymbol{x}^{\mathrm{T}})]-[E(\boldsymbol{\theta}\boldsymbol{x}^{\mathrm{T}})-\boldsymbol{\mu}_{\theta}E(\boldsymbol{x}^{\mathrm{T}})]=0 \quad (5\text{-}5\text{-}7\mathrm{b})$$

解得

$$\boldsymbol{B}_1\boldsymbol{C}_x-\boldsymbol{C}_{\theta x}=0$$

即

$$\boldsymbol{B}_1 = \boldsymbol{C}_{\theta x}\boldsymbol{C}_x^{-1} \tag{5-5-7c}$$

进而得

$$\boldsymbol{a}_1 = \boldsymbol{\mu}_\theta - \boldsymbol{C}_{\theta x}\boldsymbol{C}_x^{-1}\boldsymbol{\mu}_x \tag{5-5-7d}$$

将解得的 $\boldsymbol{a}_1$ 和 $\boldsymbol{B}_1$ 代入式(5-5-3)，整理得 $\hat{\boldsymbol{\theta}}_{\mathrm{lmse}}$ 的构造公式

$$\hat{\boldsymbol{\theta}}_{\mathrm{lmse}} = \boldsymbol{\mu}_\theta + \boldsymbol{C}_{\theta x}\boldsymbol{C}_x^{-1}(\boldsymbol{x} - \boldsymbol{\mu}_x) \tag{5-5-8}$$

特别是当被估计随机矢量 $\boldsymbol{\theta}$ 与观测噪声矢量 $\boldsymbol{n}$ 之间互不相关，且已知 $\boldsymbol{n}$ 的均值矢量 $\boldsymbol{\mu}_n$ 和协方差矩阵 $\boldsymbol{C}_n$ 时，式(5-5-8)中

$$\boldsymbol{x} = \boldsymbol{H\theta} + \boldsymbol{n}$$

$$\boldsymbol{\mu}_x = \boldsymbol{H\mu}_\theta + \boldsymbol{\mu}_n$$

$$\begin{aligned}\boldsymbol{C}_{\theta x} &= E[(\boldsymbol{\theta} - \boldsymbol{\mu}_\theta)(\boldsymbol{x} - \boldsymbol{\mu}_x)^{\mathrm{T}}] \\ &= E[(\boldsymbol{\theta} - \boldsymbol{\mu}_\theta)(\boldsymbol{H\theta} - \boldsymbol{H\mu}_\theta + \boldsymbol{n} - \boldsymbol{\mu}_n)^{\mathrm{T}}] \\ &= \boldsymbol{C}_\theta\boldsymbol{H}^{\mathrm{T}}\end{aligned}$$

$$\begin{aligned}\boldsymbol{C}_x &= E[(\boldsymbol{x} - \boldsymbol{\mu}_x)(\boldsymbol{x} - \boldsymbol{\mu}_x)^{\mathrm{T}}] \\ &= E[(\boldsymbol{H\theta} - \boldsymbol{H\mu}_\theta + \boldsymbol{n} - \boldsymbol{\mu}_n)(\boldsymbol{H\theta} - \boldsymbol{H\mu}_\theta + \boldsymbol{n} - \boldsymbol{\mu}_n)^{\mathrm{T}}] \\ &= \boldsymbol{HC}_\theta\boldsymbol{H}^{\mathrm{T}} + \boldsymbol{C}_n\end{aligned}$$

所以，当 $\boldsymbol{\theta}$ 与 $\boldsymbol{n}$ 之间互不相关时，$\hat{\boldsymbol{\theta}}_{\mathrm{lmse}}$ 的构造公式变为

$$\hat{\boldsymbol{\theta}}_{\mathrm{lmse}} = \boldsymbol{\mu}_\theta + \boldsymbol{C}_\theta\boldsymbol{H}^{\mathrm{T}}(\boldsymbol{HC}_\theta\boldsymbol{H}^{\mathrm{T}} + \boldsymbol{C}_n)^{-1}(\boldsymbol{x} - \boldsymbol{H\mu}_\theta - \boldsymbol{\mu}_n) \tag{5-5-9}$$

5.5.3　线性最小均方误差估计量的性质

1. 估计矢量是观测矢量的线性函数

线性最小均方误差估计矢量 $\hat{\boldsymbol{\theta}}_{\mathrm{lmse}}$ 是通过把估计矢量构造成观测矢量的线性函数，并使均方误差最小求得的，所以它一定是观测矢量的线性函数。又因为估计矢量的均方误差最小，所以 $\hat{\boldsymbol{\theta}}_{\mathrm{lmse}}$ 是线性估计中的最佳估计。

2. 估计矢量的无偏性

因为估计矢量 $\hat{\boldsymbol{\theta}}_{\mathrm{lmse}}(\boldsymbol{x})$ 的均值为

$$E(\hat{\boldsymbol{\theta}}_{\mathrm{lmse}}) = \boldsymbol{\mu}_\theta + \boldsymbol{C}_{\theta x}\boldsymbol{C}_x^{-1}[E(\boldsymbol{x}) - \boldsymbol{\mu}_x] = \boldsymbol{\mu}_\theta \tag{5-5-10}$$

所以，估计矢量 $\hat{\boldsymbol{\theta}}_{\mathrm{lmse}}$ 是无偏估计量。

3. 估计矢量均方误差阵的最小性

线性最小均方误差估计矢量 $\hat{\boldsymbol{\theta}}_{\mathrm{lmse}}$ 在线性估计中具有最小的均方误差，而且均方误差阵 $\boldsymbol{M}_{\hat{\boldsymbol{\theta}}_{\mathrm{lmse}}}$ 也具有最小性。估计矢量 $\hat{\boldsymbol{\theta}}_{\mathrm{lmse}}$ 的均方误差阵为

$$
\begin{aligned}
\boldsymbol{M}_{\hat{\boldsymbol{\theta}}_{\mathrm{lmse}}} &= E[(\boldsymbol{\theta}-\hat{\boldsymbol{\theta}}_{\mathrm{lmse}})(\boldsymbol{\theta}-\hat{\boldsymbol{\theta}}_{\mathrm{lmse}})^{\mathrm{T}}] \\
&= E\{[\boldsymbol{\theta}-\boldsymbol{\mu}_{\theta}-\boldsymbol{C}_{\theta x}\boldsymbol{C}_x^{-1}(\boldsymbol{x}-\boldsymbol{\mu}_x)]\times[\boldsymbol{\theta}-\boldsymbol{\mu}_{\theta}-\boldsymbol{C}_{\theta x}\boldsymbol{C}_x^{-1}(\boldsymbol{x}-\boldsymbol{\mu}_x)]^{\mathrm{T}}\} \\
&= \boldsymbol{C}_{\theta}-\boldsymbol{C}_{\theta x}\boldsymbol{C}_x^{-1}\boldsymbol{C}_{\theta x}^{\mathrm{T}}
\end{aligned}
\tag{5-5-11}
$$

该均方误差阵在所有线性估计中是最小的。证明如下：

设随机矢量 $\boldsymbol{\theta}$ 的任意线性估计矢量 $\hat{\boldsymbol{\theta}}_1=\boldsymbol{a}+\boldsymbol{Bx}$，则其均方误差阵为

$$
\boldsymbol{M}_{\hat{\boldsymbol{\theta}}_1}=E[(\boldsymbol{\theta}-\boldsymbol{a}-\boldsymbol{Bx})(\boldsymbol{\theta}-\boldsymbol{a}-\boldsymbol{Bx})^{\mathrm{T}}] \tag{5-5-12}
$$

令矢量 $\boldsymbol{C}$ 为

$$
\boldsymbol{C}=\boldsymbol{a}-\boldsymbol{\mu}_{\theta}+\boldsymbol{B}\boldsymbol{\mu}_x
$$

则式(5-5-12)变成为

$$
\begin{aligned}
\boldsymbol{M}_{\hat{\boldsymbol{\theta}}_1} &= E\{[\boldsymbol{\theta}-\boldsymbol{\mu}_{\theta}-\boldsymbol{C}-\boldsymbol{B}(\boldsymbol{x}-\boldsymbol{\mu}_x)][\boldsymbol{\theta}-\boldsymbol{\mu}_{\theta}-\boldsymbol{C}-\boldsymbol{B}(\boldsymbol{x}-\boldsymbol{\mu}_x)^{\mathrm{T}}]\} \\
&= \boldsymbol{C}_{\theta}+\boldsymbol{C}\boldsymbol{C}^{\mathrm{T}}+\boldsymbol{B}\boldsymbol{C}_x\boldsymbol{B}^{\mathrm{T}}-\boldsymbol{C}_{\theta x}\boldsymbol{B}^{\mathrm{T}}-\boldsymbol{B}\boldsymbol{C}_{\theta x}^{\mathrm{T}} \\
&= \boldsymbol{C}\boldsymbol{C}^{\mathrm{T}}+(\boldsymbol{B}-\boldsymbol{C}_{\theta x}\boldsymbol{C}_x^{-1})\boldsymbol{C}_x(\boldsymbol{B}-\boldsymbol{C}_{\theta x}\boldsymbol{C}_x^{-1})^{\mathrm{T}}+\boldsymbol{C}_{\theta}-\boldsymbol{C}_{\theta x}\boldsymbol{C}_x^{-1}\boldsymbol{C}_{\theta x}^{\mathrm{T}}
\end{aligned}
\tag{5-5-13}
$$

式中，$\boldsymbol{M}_{\hat{\boldsymbol{\theta}}_1}$ 第一项 $\boldsymbol{C}\boldsymbol{C}^{\mathrm{T}}$ 和第二项 $(\boldsymbol{B}-\boldsymbol{C}_{\theta x}\boldsymbol{C}_x^{-1})\boldsymbol{C}_x(\boldsymbol{B}-\boldsymbol{C}_{\theta x}\boldsymbol{C}_x^{-1})^{\mathrm{T}}$ 是非负定的，第三项 $\boldsymbol{C}_{\theta}-\boldsymbol{C}_{\theta x}\boldsymbol{C}_x^{-1}\boldsymbol{C}_{\theta x}^{\mathrm{T}}$ 正是 $\boldsymbol{M}_{\hat{\boldsymbol{\theta}}_{\mathrm{lmse}}}$，所以有

$$
\boldsymbol{M}_{\hat{\boldsymbol{\theta}}_{\mathrm{lmse}}}\leqslant\boldsymbol{M}_{\hat{\boldsymbol{\theta}}_1} \tag{5-5-14}
$$

这就是说，任意其他线性估计矢量 $\hat{\boldsymbol{\theta}}_1(\boldsymbol{x})$ 的均方误差阵都不小于线性最小均方误差估计矢量 $\hat{\boldsymbol{\theta}}_{\mathrm{lmse}}$，即线性最小均方误差估计矢量的均方误差阵在线性估计中具有最小性。

4. 估计的误差矢量与观测矢量的正交性

被估计矢量 $\boldsymbol{\theta}$ 与线性最小均方误差估计矢量 $\hat{\boldsymbol{\theta}}_{\mathrm{lmse}}$ 之误差矢量 $\tilde{\boldsymbol{\theta}}=\boldsymbol{\theta}-\hat{\boldsymbol{\theta}}_{\mathrm{lmse}}$ 与观测矢量 $\boldsymbol{x}$ 是正交的，即满足

$$
E[(\boldsymbol{\theta}-\hat{\boldsymbol{\theta}}_{\mathrm{lmse}})\boldsymbol{x}^{\mathrm{T}}]=0 \tag{5-5-15}
$$

证明如下：

因为线性最小均方误差估计矢量 $\hat{\boldsymbol{\theta}}_{\mathrm{lmse}}$ 是无偏估计量，所以

$$
\begin{aligned}
&E[(\boldsymbol{\theta}-\hat{\boldsymbol{\theta}}_{\mathrm{lmse}})\boldsymbol{x}^{\mathrm{T}}]=E[(\boldsymbol{\theta}-\hat{\boldsymbol{\theta}}_{\mathrm{lmse}})(\boldsymbol{x}-\boldsymbol{\mu}_x)^{\mathrm{T}}] \\
&=E\{[\boldsymbol{\theta}-\boldsymbol{\mu}_{\theta}-\boldsymbol{C}_{\theta x}\boldsymbol{C}_x^{-1}(\boldsymbol{x}-\boldsymbol{\mu}_x)](\boldsymbol{x}-\boldsymbol{\mu}_x)^{\mathrm{T}}\} \\
&=\boldsymbol{C}_{\theta x}-\boldsymbol{C}_{\theta x}\boldsymbol{C}_x^{-1}\boldsymbol{C}_x=0
\end{aligned}
$$

估计的误差矢量与观测矢量的正交性通常称为正交性原理。现在对正交性原理作一些说明。被估计矢量 $\boldsymbol{\theta}$ 与观测矢量 $\boldsymbol{x}$ 一般是不正交的，但由于估计矢量 $\hat{\boldsymbol{\theta}}_{\mathrm{lmse}}$ 是观测矢量 $\boldsymbol{x}$ 的线性函数，所以 $\hat{\boldsymbol{\theta}}_{\mathrm{lmse}}$ 与 $\boldsymbol{x}$ 同向。这样，从被估计矢量 $\boldsymbol{\theta}$ 中减去 $\hat{\boldsymbol{\theta}}_{\mathrm{lmse}}$ 之后，得误差矢量 $\hat{\boldsymbol{\theta}}$，正交性原理说明，该误差矢量与观测矢量是不相关的。借助几何的语言，不相关性就是正交性，于是把满足式(5-5-15)的估计量的性质称为估计的误差矢量与观测矢量的正交性。

正交性原理表明，线性最小均方误差估计矢量 $\hat{\boldsymbol{\theta}}_{\mathrm{lmse}}$ 是被估计矢量 $\boldsymbol{\theta}$ 在观测矢量 $\boldsymbol{x}$ 上的正交投影，如图 5-5-1 所示。由于误差矢量 $\tilde{\boldsymbol{\theta}}$ 与观测矢量 $\boldsymbol{x}$ 垂直，所以误差矢量 $\tilde{\boldsymbol{\theta}}$ 是最短的，因而均方误差是最小的，这与对线性最小均方误差估计的要求是一致的。从几何的观点出发，把线性最小均方误差估计矢量 $\hat{\boldsymbol{\theta}}_{\mathrm{lmse}}$ 看作是被估计矢量 $\boldsymbol{\theta}$ 在观测矢量 $\boldsymbol{x}$ 的正交投影，这在信号的滤波理论中是很有用的。

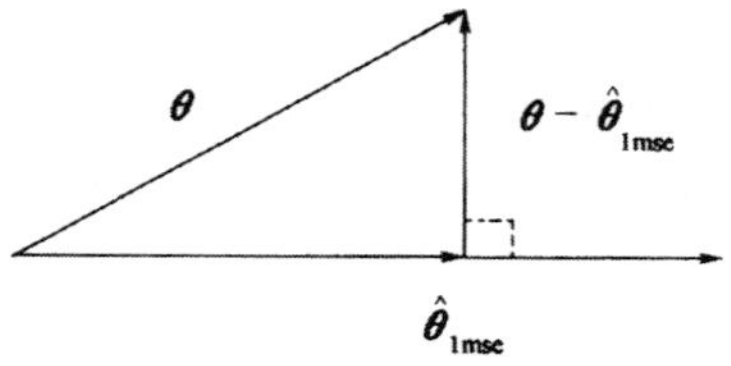

图 5-5-1　正交性原理示意图

5. 最小均方误差估计与线性最小均方误差估计的关系

在贝叶斯估计中讨论的随机矢量 $\boldsymbol{\theta}$ 的最小均方误差估计，估计矢量 $\hat{\boldsymbol{\theta}}_{\mathrm{lmse}}$ 可以是观测矢量 $\boldsymbol{x}$ 的非线性函数，而线性最小均方误差估计，估计矢量 $\hat{\boldsymbol{\theta}}_{\mathrm{lmse}}$ 一定是观测矢量 $\boldsymbol{x}$ 的线性函数。所以，尽管二者都要求估计的均方误差最小，但前者可以是非线性估计，而后者仅限于线性估计，二者是不一样的。但是，如果被估计矢量 $\boldsymbol{\theta}$ 与线性观测模型下的观测噪声矢量 $\boldsymbol{n}$ 是互不相关的高斯随机矢量，那么观测矢量 $\boldsymbol{x}$ 与被估计矢量 $\boldsymbol{\theta}$ 是联合高斯分布的。在这种情况下，已知 $\boldsymbol{x}$ 和 $\boldsymbol{\theta}$ 的前二阶矩知识与已知它们的概率密度函数是一样的，因此，线性最小均方误差估计与最小均方误差估计是相同的，即线性最小均方误差估计也是所有估计中的最佳估计。请注意，这是在高斯分布条件下的结论，不能推广到一般情况。

例 5.5.1　设 M 维被估计随机矢量 $\boldsymbol{\theta}$ 的均值矢量和协方差矩阵分别为 $\boldsymbol{\mu}_{\boldsymbol{\theta}}$ 和 $\boldsymbol{C}_{\boldsymbol{\theta}}$。观测方程为

$$\boldsymbol{x} = \boldsymbol{H\theta} + \boldsymbol{n}$$

且已知

$$E(\boldsymbol{n}) = 0, E(\boldsymbol{n}\boldsymbol{n}^{\mathrm{T}}) = \boldsymbol{C}_n, E(\boldsymbol{\theta}\boldsymbol{n}^{\mathrm{T}}) = 0$$

求 $\boldsymbol{\theta}$ 的线性最小均方误差估计矢量 $\hat{\boldsymbol{\theta}}_{\mathrm{lmse}}$ 和估计矢量的均方误差阵 $\boldsymbol{M}_{\hat{\boldsymbol{\theta}}_{\mathrm{lmse}}}$。

解：由已知的观测方程可得，观测矢量 $\boldsymbol{x}$ 的均值矢量 $\boldsymbol{\mu}_x$ 和协方差矩阵 $\boldsymbol{C}_x$ 分别为

$$\boldsymbol{\mu}_x = E(\boldsymbol{x}) = E(\boldsymbol{H\theta} + \boldsymbol{n}) = \boldsymbol{H\mu}_{\boldsymbol{\theta}}$$

$$\begin{aligned}\boldsymbol{C}_x &= E[(\boldsymbol{x} - \boldsymbol{\mu}_x)(\boldsymbol{x} - \boldsymbol{\mu}_x)^{\mathrm{T}}] \\ &= E[(\boldsymbol{H\theta} - \boldsymbol{H\mu}_{\boldsymbol{\theta}} + \boldsymbol{n})(\boldsymbol{H\theta} - \boldsymbol{H\mu}_{\boldsymbol{\theta}} + \boldsymbol{n})^{\mathrm{T}}]\end{aligned}$$

$$= \boldsymbol{H}\boldsymbol{C}_{\theta}\boldsymbol{H}^{\mathrm{T}} + \boldsymbol{C}_{n}$$

而被估计随机矢量 $\boldsymbol{\theta}$ 与观测矢量 $\boldsymbol{x}$ 的互协方差矩阵为

$$\boldsymbol{C}_{\theta x} = E[(\boldsymbol{\theta} - \boldsymbol{\mu}_{\theta})(\boldsymbol{x} - \boldsymbol{\mu}_{x})^{\mathrm{T}}] = E[(\boldsymbol{\theta} - \boldsymbol{\mu}_{\theta})(\boldsymbol{H}\boldsymbol{\theta} - \boldsymbol{H}\boldsymbol{\mu}_{\theta} + \boldsymbol{n})^{\mathrm{T}}] = \boldsymbol{C}_{\theta}\boldsymbol{H}^{\mathrm{T}}$$

于是，由式(5-5-8)和式(5-5-11)得

$$\hat{\boldsymbol{\theta}}_{\mathrm{lmse}} = \boldsymbol{\mu}_{\theta} + \boldsymbol{C}_{\theta}\boldsymbol{H}^{\mathrm{T}}(\boldsymbol{H}\boldsymbol{C}_{\theta}\boldsymbol{H}^{\mathrm{T}} + \boldsymbol{C}_{n})^{-1}(\boldsymbol{x} - \boldsymbol{H}\boldsymbol{\mu}_{\theta})$$

$$\boldsymbol{M}_{\hat{\boldsymbol{\theta}}_{\mathrm{lmse}}} = E[(\boldsymbol{\theta} - \hat{\boldsymbol{\theta}}_{\mathrm{lmse}})(\boldsymbol{\theta} - \hat{\boldsymbol{\theta}}_{\mathrm{lmse}})^{\mathrm{T}}] = \boldsymbol{C}_{\theta} - \boldsymbol{C}_{\theta}\boldsymbol{H}^{\mathrm{T}}(\boldsymbol{H}\boldsymbol{C}_{\theta}\boldsymbol{H}^{\mathrm{T}} + \boldsymbol{C}_{n})^{-1}\boldsymbol{H}\boldsymbol{C}_{\theta}$$

本例的结果给出了进行线性观测时已知被估计随机矢量 $\boldsymbol{\theta}$ 的前二阶矩知识 $\boldsymbol{\mu}_{\theta}$ 和 $\boldsymbol{C}_{\theta}$，观测噪声矢量 $\boldsymbol{n}$ 的前二阶矩知识 $E(\boldsymbol{n}) = 0, \boldsymbol{C}_{n}$，以及 $\boldsymbol{\theta}$ 与 $\boldsymbol{n}$ 不相关时，线性最小均方误差估计矢量 $\hat{\boldsymbol{\theta}}_{\mathrm{lmse}}$ 的构造公式和均方误差阵 $\boldsymbol{M}_{\hat{\boldsymbol{\theta}}_{\mathrm{lmse}}}$ 公式。

需要注意的是，在推导线性最小均方误差估计矢量的构造公式和研究其性质时，除要求知道 $\boldsymbol{x}$ 和 $\boldsymbol{\theta}$ 的前二阶矩知识外，未提出其他约束条件。这就是说，前面所得到的结果是通用的，它不仅适用于矢量估计，也适用于单参量估计，不仅适用于观测样本估计，也适用于观测样本相关时的估计。

5.5.4 线性最小均方误差估计的递推算法

前面的讨论我们发现，如果进行了 $k-1$ 次观测，为了强调观测次数，将观测矢量记为 $\boldsymbol{x}(k-1) = (x_1, x_2, \cdots, x_{k-1})^{\mathrm{T}}$，那么在计算估计矢量 $\hat{\boldsymbol{\theta}}_{\mathrm{lmse}}$ 时，要用到全部 $k-1$ 次的观测数据 $\boldsymbol{x}(k-1)$。这意味着，如果又进行了第 k 次观测，那么基于 k 次观测的 $\boldsymbol{\theta}$ 之线性最小均方误差估计矢量 $\hat{\boldsymbol{\theta}}_{\mathrm{lmse}(k)}$ 需要利用 k 次观测的全部数据 $\boldsymbol{x}(k-1) = (x_1, x_2, \cdots, x_{k-1})^{\mathrm{T}}$ 重新进行计算，这是麻烦低效的；另外一个问题是，观测矢量 $\boldsymbol{x}(k)$ 的协方差矩阵 $\boldsymbol{C}_{x(k)}$，需要进行求逆运算，如果 $\boldsymbol{x}(k)$ 的维数较高，$\boldsymbol{C}_{x(k)}$ 的求逆运算可能会比较困难，甚至出现病态矩阵的情况而无法求逆。

1. 递推估计的基本思想

前面曾经指出，线性最小均方误差估计应用非常广泛，因此人们希望寻求它的一种高效实用的算法，这就是线性最小均方误差递推估计。递推估计的基本思想是：如果已经获得被估计随机矢量 $\boldsymbol{\theta}$ 基于 $k-1$ 次观测矢量 $\boldsymbol{x}(k-1)$ 的线性最小均方误差估计矢量 $\hat{\boldsymbol{\theta}}_{\mathrm{lmse}(k-1)}$，在此基础上进行了第 k 次观测，获得观测矢量 x_k，那么，基于 k 次观测矢量 x_k 的 $\boldsymbol{\theta}$ 之线性最小均方误差估计矢量 $\hat{\boldsymbol{\theta}}_{\mathrm{lmse}(k)}$ 等于 $\hat{\boldsymbol{\theta}}_{\mathrm{lmse}(k-1)}$，加修正项 $\Delta\hat{\boldsymbol{\theta}}_{k}$，即

$$\hat{\boldsymbol{\theta}}_{\mathrm{lmse}(k)} = \hat{\boldsymbol{\theta}}_{\mathrm{lmse}(k-1)} + \Delta\hat{\boldsymbol{\theta}}_{k} \tag{5-5-16}$$

若 x_k 在 $\boldsymbol{x}(k-1)$ 上的正交投影记为 $\hat{\boldsymbol{x}}_{k|k-1}$，则误差矢量 $\hat{\boldsymbol{x}}_{k} = \boldsymbol{x}_{k} - \hat{\boldsymbol{x}}_{k|k-1}$ 表

示第 k 次观测矢量 $\boldsymbol{x}_k$ 为估计矢量 $\boldsymbol{\theta}$ 而贡献的新信息，通常称为新息。由于误差矢量 $\tilde{\boldsymbol{x}}_k$ 与观测矢量 $\boldsymbol{x}(k-1)$ 正交，所以可利用正交性求出由新息引入的修正项 $\Delta\hat{\boldsymbol{\theta}}_k$。依次类推，每进行一次新的观测，由前一次的估计量加上修正项就得本次观测后的估计量。这就是一种递推估计。

2. 递推估计算法的公式

设第 k 次观测的线性观测方程为

$$\boldsymbol{x}_k = \boldsymbol{H}_k\boldsymbol{\theta} + \boldsymbol{n}_k, k = 1,2,\cdots \tag{5-5-17}$$

其中，$\boldsymbol{x}_k$ 是第 k 次观测的观测信号矢量；$\boldsymbol{H}_k$ 是第 k 次观测的观测矩阵；$\boldsymbol{\theta}$ 是 M 维被估计矢量，它的均值矢量为 $\boldsymbol{\mu}_{\boldsymbol{\theta}}$，协方差矩阵为 $\boldsymbol{C}_{\boldsymbol{\theta}}$；$\boldsymbol{n}_k$ 是第 k 次观测的观测噪声矢量，其均值矢量为 $\boldsymbol{\mu}_{\boldsymbol{n}_k}$，协方差矩阵为 $\boldsymbol{C}_{\boldsymbol{n}_k}$；被估计矢量 $\boldsymbol{\theta}$ 与 $\boldsymbol{n}_k$ 之间是互不相关的；$\boldsymbol{n}_k$ 与 $\boldsymbol{n}(k-1)$ 之间也是互不相关的。

为简便起见，记估计矢量 $\hat{\boldsymbol{\theta}}_{\text{lmse}(k)} = \hat{\boldsymbol{\theta}}_k$，均方误差阵 $\boldsymbol{M}_{\hat{\boldsymbol{\theta}}_{\text{lmse}}} = \boldsymbol{M}_k$。由正交性原理，可导出线性最小均方误差估计的一组递推算法公式。

递推估计算法的公式：

修正的增益矩阵

$$\boldsymbol{K}_k = \boldsymbol{M}_{k-1}\boldsymbol{H}_k^{\mathrm{T}}(\boldsymbol{H}_k\boldsymbol{M}_{k-1}\boldsymbol{H}_k^{\mathrm{T}} + \boldsymbol{C}_{\boldsymbol{n}_k})^{-1} \tag{5-5-18a}$$

估计矢量的均方误差阵

$$\boldsymbol{M}_k = (\boldsymbol{I} - \boldsymbol{K}_k\boldsymbol{H}_k)\boldsymbol{M}_{k-1} \tag{5-5-18b}$$

估计矢量的更新

$$\hat{\boldsymbol{\theta}}_k = \hat{\boldsymbol{\theta}}_{k-1} + \boldsymbol{K}_k(\boldsymbol{x}_k - \boldsymbol{H}_k\hat{\boldsymbol{\theta}}_{k-1} - \boldsymbol{\mu}_{\boldsymbol{n}_k}) \tag{5-5-18c}$$

递推估计算法的初始条件

$$\hat{\boldsymbol{\theta}}_0 = \boldsymbol{\mu}_{\boldsymbol{\theta}} \tag{5-5-19a}$$

$$\boldsymbol{M}_0 = \boldsymbol{C}_{\boldsymbol{\theta}} \tag{5-5-19b}$$

3. 递推估计的过程

初始条件 $\hat{\boldsymbol{\theta}}_0$ 和 $\boldsymbol{M}_0$ 确定后，就可以从第一次观测 $(k=1)$ 开始进行递推估计。

第一步，求出修正的增益矩阵 $\boldsymbol{K}_1$；

第二步，求出估计矢量的均方误差阵 $\boldsymbol{M}_1$；

第三步，确定 $(\boldsymbol{x}_k - \boldsymbol{H}_k\hat{\boldsymbol{\theta}}_{k-1} - \mu_{n_k})$，前乘增益矩阵 $\boldsymbol{K}_1$，结果加到 $\hat{\boldsymbol{\theta}}_0$ 上，获得估计矢量 $\hat{\boldsymbol{\theta}}_1$。

然后进行第二次观测，继续这个运算过程，实现递推估计。

4. 递推估计算法的特点和性质

递推估计采用前一次的估计矢量加修正项来获得本次观测后估计矢量

的算法,效率高。递推估计算法公式中,虽然在计算修正的增益矩阵 $\boldsymbol{K}_k$ 时,仍需矩阵求逆运算,但其阶数仅取决于第 k 次观测信号矢量 $\boldsymbol{x}_k$ 的维数,而不是 k 次观测信号矢量 $x(k)$ 的维数,所以是低阶矩阵求逆运算。这样,递推估计算法基本上克服了直接计算估计矢量的缺点和问题。

如果被估计矢量 $\boldsymbol{\theta}$ 的前二阶矩先验知识 $\boldsymbol{\mu}_{\boldsymbol{\theta}}$ 和 $\boldsymbol{C}_{\boldsymbol{\theta}}$ 未知,可以把初始条件选为 $\hat{\boldsymbol{\theta}}_0=0$ 和 $\boldsymbol{M}_0=c\boldsymbol{I}(c\gg 1)$。这样确定初始条件,虽然在递推估计的开始阶段会有较大的均方误差,但很快会接近正常情况。

递推估计算法在获得估计矢量 $\hat{\boldsymbol{\theta}}_k$ 的同时,也获得了反映估计精度的均方误差阵 $\boldsymbol{M}_k$。

修正的增益矩阵 $\boldsymbol{K}_k$ 对新息形成修正项 $\Delta\hat{\boldsymbol{\theta}}_k$ 起增益控制作用。利用矩阵求逆引理Ⅱ

$$\boldsymbol{A}_{11}^{-1}\boldsymbol{A}_{12}(\boldsymbol{A}_{22}\mp\boldsymbol{A}_{21}\boldsymbol{A}_{11}^{-1}\boldsymbol{A}_{12})^{-1}=(\boldsymbol{A}_{11}\mp\boldsymbol{A}_{12}\boldsymbol{A}_{22}^{-1}\boldsymbol{A}_{21})^{-1}\boldsymbol{A}_{12}\boldsymbol{A}_{22}^{-1}$$

$\boldsymbol{K}_k$ 可以表示为

$$\boldsymbol{K}_k=(\boldsymbol{M}_{k-1}^{-1}+\boldsymbol{H}_k^{\mathrm{T}}\boldsymbol{C}_{\boldsymbol{n}_k}^{-1}\boldsymbol{H}_k)^{-1}\boldsymbol{H}_k^{\mathrm{T}}\boldsymbol{C}_{\boldsymbol{n}_k}^{-1} \tag{5-5-20}$$

将上式代入 $\boldsymbol{M}_k$ 的表示式(5-5-18b)中,整理得

$$\boldsymbol{M}_k=(\boldsymbol{M}_{k-1}^{-1}+\boldsymbol{H}_k^{\mathrm{T}}\boldsymbol{C}_{\boldsymbol{n}_k}^{-1}\boldsymbol{H}_k)^{-1} \tag{5-5-21}$$

于是有

$$\boldsymbol{K}_k=\boldsymbol{M}_k\boldsymbol{H}_k^{\mathrm{T}}\boldsymbol{C}_{\boldsymbol{n}_k}^{-1} \tag{5-5-22}$$

结果说明,观测噪声矢量 $\boldsymbol{n}_k$ 的协方差矩阵 $\boldsymbol{C}_{\boldsymbol{n}_k}$ 增大时,修正的增益矩阵 $\boldsymbol{K}_k$ 将减小。这是因为 $\boldsymbol{C}_{\boldsymbol{n}_k}$ 增大,表示观测信号矢量 $\boldsymbol{x}_k$ 的精度低,新息的误差大,这时减小 $\boldsymbol{K}_k$,能够减小较大的观测噪声对估计精度的影响。

上述结果还告诉我们,递推估计算法的第一步也可以由式(5-5-21)先计算 $\boldsymbol{M}_k$,第二步由式(5-5-22)再计算 $\boldsymbol{K}_k$,第三步进行估计矢量的更新。缺点是计算 $\boldsymbol{M}_k$ 时,要 3 次计算矩阵的逆。

5.6 最小二乘估计

贝叶斯估计需要知道联合概率密度或条件概率密度,线性最小均方估计对先验知识的要求放松到了只要求知道被估计量和观测值的一阶矩、二阶矩。最小二乘估计不要求具有观测数据和估计量的任何统计知识,把估计问题归结为直接利用观测数据进行最优化处理。最小二乘估计最早是由高斯在 1795 年研究行星运行轨迹时提出的,由于这种方法适用范围广,易于实现,所以受到人们的重视,但是由于没有利用观测量和估计量的任何统计知识,最小二乘估计不是最佳的,其估计性能如何不易评价。

5.6.1　最小二乘估计方法

从前面关于估计方法的讨论中可以看到，获得一个好的估计量有很多方法，我们把注意力集中在求出一个无偏的且具有最小均方误差的估计量上。均方误差最小意味着被估计量与估计量之差在统计平均的意义上达到最小。在最小二乘估计方法中，如果关于被估计量 θ 的信号模型为 $s_k(\theta)(k=1,2,\cdots)$，由于受到观测噪声或信号模型不精确性情况的影响，因此将观测到的受到扰动的 $s_k(\theta)$ 记为 $x_k(\theta)(k=1,2,\cdots)$。现在，如果进行了 N 次观测，θ 的估计量 $\hat{\theta}$ 选择使

$$\boldsymbol{J}(\hat{\theta})=\sum_{k=1}^{N}[x_k-s_k(\hat{\theta})]^2 \tag{5-6-1}$$

达到最小，即误差 $x_k-s_k(\hat{\theta})$ 的平方和达到最小。所以，把这种估计称为最小二乘估计(Less Square Estimation)，估计量记为 $\hat{\boldsymbol{\theta}}_{\mathrm{ls}}(\boldsymbol{x})$，简记为 $\hat{\boldsymbol{\theta}}_{\mathrm{ls}}$。估计量 $\hat{\theta}$ 按使式(5-6-1)达到最小的原则来构造是合理的，因为如果不存在观测噪声和模型误差，且 $x_k=s_k(\theta)$，此时 $\hat{\theta}=\theta$，估计误差为零。但是在实际观测中，观测量会受到其他因素的影响，估计误差就不会为零，此时按使式(5-6-1)达到最小的原则所构造的估计量 $\hat{\theta}$，可看做在统计平均的意义上最接近被估计量 θ 的估计量。

我们能够把关于 θ 的最小二乘估计方法的上述讨论结果推广到矢量 $\boldsymbol{\theta}$ 的估计中。设 $\boldsymbol{M}$ 维被估计矢量 $\boldsymbol{\theta}$ 的信号模型为 $s(\boldsymbol{\theta})$，观测信号矢量为 $\boldsymbol{x}$，则 $\boldsymbol{\theta}$ 的估计矢量 $\hat{\boldsymbol{\theta}}$ 选择为使

$$\boldsymbol{J}(\hat{\boldsymbol{\theta}})=(\boldsymbol{x}-\boldsymbol{s}(\hat{\boldsymbol{\theta}}))^{\mathrm{T}}(\boldsymbol{x}-\boldsymbol{s}(\hat{\boldsymbol{\theta}})) \tag{5-6-2}$$

最小。估计矢量记为 $\hat{\boldsymbol{\theta}}_{\mathrm{ls}}(\boldsymbol{x})$，简记为 $\hat{\boldsymbol{\theta}}_{\mathrm{ls}}$。

最小二乘估计根据信号模型 $s(\boldsymbol{\theta})$ 可分为线性最小二乘估计和非线性最小二乘估计。本节将主要讨论线性最小二乘估计，包括估计量的构造规则、构造公式、性质、加权估计和递推估计等。最后简要讨论非线性最小二乘估计。

5.6.2　线性最小二乘估计

1. 估计量的构造规则

若被估计矢量 $\boldsymbol{\theta}$ 是 $\boldsymbol{M}$ 维的，线性观测方程为

$$\boldsymbol{x}_k=\boldsymbol{H}_k\boldsymbol{\theta}+\boldsymbol{n}_k,k=1,2,\cdots L \tag{5-6-3}$$

式中，第 k 次观测矢量 $\boldsymbol{x}_k$ 与同次的观测噪声矢量 $\boldsymbol{n}_k$ 同维，但每个 $\boldsymbol{x}_k$ 的维数不一定是相同的，其维数分别记为 N_k；第 k 次的观测矩阵 $\boldsymbol{H}_k$ 为 $N_k \times \boldsymbol{M}$ 矩阵。$\boldsymbol{x}_k$ 的每个分量是 $\boldsymbol{\theta}$ 的各分量的线性组合加观测噪声。

如果把全部 L 次观测矢量 $\boldsymbol{x}_k(k=1,2,\cdots L)$ 合成为如下一个维数为 $N=\sum\limits_{k=1}^{L} N_k$ 的矢量

$$\boldsymbol{x}=\begin{bmatrix}\boldsymbol{x}_1\\ \boldsymbol{x}_2\\ \vdots\\ \boldsymbol{x}_L\end{bmatrix}$$

并相应的定义 $N\times M$ 观测矩阵 $\boldsymbol{H}$ 和 N 维观测噪声矢量 $\boldsymbol{n}$ 如下：

$$\boldsymbol{H}=\begin{bmatrix}\boldsymbol{H}_1\\ \boldsymbol{H}_2\\ \vdots\\ \boldsymbol{H}_L\end{bmatrix},\boldsymbol{n}=\begin{bmatrix}\boldsymbol{n}_1\\ \boldsymbol{n}_2\\ \vdots\\ \boldsymbol{n}_L\end{bmatrix}$$

这样，线性观测方程式(5-6-3)可以写成

$$\boldsymbol{x}=\boldsymbol{H\theta}+\boldsymbol{n} \tag{5-6-4}$$

于是，线性最小二乘估计的信号模型为 $\boldsymbol{s}(\boldsymbol{\theta})=\boldsymbol{H\theta}$。根据式(5-6-2)，构造的估计量 $\hat{\boldsymbol{\theta}}$ 使性能指标

$$\boldsymbol{J}(\hat{\boldsymbol{\theta}})=(\boldsymbol{x}-\boldsymbol{H}\hat{\boldsymbol{\theta}})^{\mathrm{T}}(\boldsymbol{x}-\boldsymbol{H}\hat{\boldsymbol{\theta}}) \tag{5-6-5}$$

达到最小，这就是线性最小二乘估计量的构造规则。$\boldsymbol{J}(\hat{\boldsymbol{\theta}})$ 通常称为最小二乘估计误差。

2. 估计量的构造公式

在矢量估计的情况下，根据估计量的构造规则，要求 $\boldsymbol{J}(\hat{\boldsymbol{\theta}})$ 达到最小。为此，令

$$\left.\frac{\partial J(\hat{\boldsymbol{\theta}})}{\partial\hat{\boldsymbol{\theta}}}\right|_{\hat{\boldsymbol{\theta}}=\hat{\boldsymbol{\theta}}_{\mathrm{ls}}}=0 \tag{5-6-6}$$

其解 $\hat{\boldsymbol{\theta}}_{\mathrm{ls}}$ 就是所要求的估计量。

利用矢量函数对矢量变量求导的乘法法则，得

$$\frac{\partial\boldsymbol{J}(\hat{\boldsymbol{\theta}})}{\partial\hat{\boldsymbol{\theta}}}=\frac{\partial}{\partial\hat{\boldsymbol{\theta}}}[(\boldsymbol{x}-\boldsymbol{H}\hat{\boldsymbol{\theta}})^{\mathrm{T}}(\boldsymbol{x}-\boldsymbol{H}\hat{\boldsymbol{\theta}})]=-2\boldsymbol{H}^{\mathrm{T}}(\boldsymbol{x}-\boldsymbol{H}\hat{\boldsymbol{\theta}})$$

令其等于零，解得 $\hat{\boldsymbol{\theta}}_{\mathrm{ls}}$ 为

$$\hat{\boldsymbol{\theta}}_{\mathrm{ls}}=(\boldsymbol{H}^{\mathrm{T}}\boldsymbol{H})^{-1}\boldsymbol{H}^{\mathrm{T}}\boldsymbol{x} \tag{5-6-7}$$

因为

$$\frac{\partial^2 \boldsymbol{J}(\hat{\boldsymbol{\theta}})}{\partial \hat{\boldsymbol{\theta}}^2} = 2\boldsymbol{H}^{\mathrm{T}}\boldsymbol{H}$$

是非负定的矩阵，所以，$\hat{\boldsymbol{\theta}}_{\mathrm{ls}}$ 是使 $\boldsymbol{J}(\hat{\boldsymbol{\theta}})$ 为最小的估计量。将式(5-6-7)所示的 $\hat{\boldsymbol{\theta}}_{\mathrm{ls}}$ 代入最小二乘估计误差 $\boldsymbol{J}(\hat{\boldsymbol{\theta}})$ 的表示式，得

$$\boldsymbol{J}_{\min}(\hat{\boldsymbol{\theta}}_{\mathrm{ls}}) = \boldsymbol{x}^{\mathrm{T}}[\boldsymbol{I} - \boldsymbol{H}(\boldsymbol{H}^{\mathrm{T}}\boldsymbol{H})^{-1}\boldsymbol{H}^{\mathrm{T}}]\boldsymbol{x} \tag{5-6-8}$$

3. 估计量的性质

现在讨论线性最小二乘估计量的性质。

①估计矢量是观测矢量的线性函数。由式(5-6-7)所示的估计矢量构造的公式可以看出，估计矢量 $\hat{\boldsymbol{\theta}}_{\mathrm{ls}}$ 是观测矢量 $\boldsymbol{x}$ 的线性组合，所以它是 $\boldsymbol{x}$ 的线性函数。

②如果观测噪声矢量 $\boldsymbol{n}$ 的均值矢量为零，则线性最小二乘估计矢量是无偏的。

因为，若

$$E(\boldsymbol{n}) = 0$$

则

$$E(\hat{\boldsymbol{\theta}}_{\mathrm{ls}}) = E[(\boldsymbol{H}^{\mathrm{T}}\boldsymbol{H})^{-1}\boldsymbol{H}^{\mathrm{T}}\boldsymbol{x}] = E[(\boldsymbol{H}^{\mathrm{T}}\boldsymbol{H})^{-1}\boldsymbol{H}^{\mathrm{T}}(\boldsymbol{H}\boldsymbol{\theta} + \boldsymbol{n})] = E(\boldsymbol{\theta}) \tag{5-6-9}$$

所以，$\hat{\boldsymbol{\theta}}_{\mathrm{ls}}$ 又是无偏估计量。

③如果观测噪声矢量 $\boldsymbol{n}$ 的均值矢量为零，协方差矩阵为 $\boldsymbol{C}_n$，则线性最小二乘估计矢量的均方误差阵为

$$\boldsymbol{M}_{\hat{\boldsymbol{\theta}}_{\mathrm{ls}}} = E[(\boldsymbol{\theta} - \hat{\boldsymbol{\theta}}_{\mathrm{ls}})(\boldsymbol{\theta} - \hat{\boldsymbol{\theta}}_{\mathrm{ls}})^{\mathrm{T}}] = (\boldsymbol{H}^{\mathrm{T}}\boldsymbol{H})^{-1}\boldsymbol{H}^{\mathrm{T}}\boldsymbol{C}_n\boldsymbol{H}(\boldsymbol{H}^{\mathrm{T}}\boldsymbol{H})^{-1} \tag{5-6-10}$$

因为

$$E[(\boldsymbol{\theta} - \hat{\boldsymbol{\theta}}_{\mathrm{ls}})(\boldsymbol{\theta} - \hat{\boldsymbol{\theta}}_{\mathrm{ls}})^{\mathrm{T}}] = E\{[\boldsymbol{\theta} - (\boldsymbol{H}^{\mathrm{T}}\boldsymbol{H})^{-1}\boldsymbol{H}^{\mathrm{T}}\boldsymbol{x}][\boldsymbol{\theta} - (\boldsymbol{H}^{\mathrm{T}}\boldsymbol{H})^{-1}\boldsymbol{H}^{\mathrm{T}}\boldsymbol{x}]^{\mathrm{T}}\}$$

将线性观测方程

$$\boldsymbol{x} = \boldsymbol{H}\boldsymbol{\theta} + \boldsymbol{n}$$

代入上式，得

$$\boldsymbol{M}_{\hat{\boldsymbol{\theta}}_{\mathrm{ls}}} = (\boldsymbol{H}^{\mathrm{T}}\boldsymbol{H})^{-1}\boldsymbol{H}^{\mathrm{T}}E(\boldsymbol{n}\boldsymbol{n}^{\mathrm{T}})\boldsymbol{H}(\boldsymbol{H}^{\mathrm{T}}\boldsymbol{H})^{-1}$$

又因为假设观测噪声矢量 $\boldsymbol{n}$ 的统计特性为

$$E(\boldsymbol{n}) = 0$$

$$E(\boldsymbol{n}\boldsymbol{n}^{\mathrm{T}}) = \boldsymbol{C}_n$$

所以，线性最小二乘估计矢量 $\hat{\boldsymbol{\theta}}_{\mathrm{ls}}$ 的均方误差阵为

$$\boldsymbol{M}_{\hat{\boldsymbol{\theta}}_{\mathrm{ls}}} = E[(\boldsymbol{\theta} - \hat{\boldsymbol{\theta}}_{\mathrm{ls}})(\boldsymbol{\theta} - \hat{\boldsymbol{\theta}}_{\mathrm{ls}})^{\mathrm{T}}] = (\boldsymbol{H}^{\mathrm{T}}\boldsymbol{H})^{-1}\boldsymbol{H}^{\mathrm{T}}\boldsymbol{C}_n\boldsymbol{H}(\boldsymbol{H}^{\mathrm{T}}\boldsymbol{H})^{-1}$$

因为在这种情况下，估计矢量是无偏的，所以估计矢量的均方误差阵就

是估计误差矢量的协方差阵。

显然，线性最小二乘估计矢量 $\hat{\boldsymbol{\theta}}_{ls}$ 的第二个性质（无偏性）和第三个性质（均方误差阵），需要将观测噪声矢量 $\boldsymbol{n}$ 的上述统计特性假设作为先验知识。

例 5.6.1 设某一物体作匀速直线运动，观测数据为

$$x_k = \theta_0 + \theta_1 t_k + n_k, k = 1,2,\cdots,m,$$

其中，x_k 代表 t_k 时刻物体的距离，θ_0 是 t_0 时刻的初始距离，θ_1 是运动速度，根据 x_k 对 θ_0,θ_1 作最小二乘估计。

令

$$x = [x_1, x_2, \cdots, x_m]^{\mathrm{T}}$$

$$n = [n_1, n_2, \cdots, n_m]^{\mathrm{T}}$$

$$\theta = [\theta_0, \theta_1]^{\mathrm{T}}$$

$$\boldsymbol{H} = \begin{bmatrix} 1 & t_1 \\ 1 & t_2 \\ \vdots & \vdots \\ 1 & t_m \end{bmatrix}$$

解：

$$\boldsymbol{x} = \boldsymbol{H\theta} + \boldsymbol{n}$$

由式(5-6-7)得

$$\hat{\boldsymbol{\theta}}_{ls} = (\boldsymbol{H}^{\mathrm{T}}\boldsymbol{H})^{-1}\boldsymbol{H}^{\mathrm{T}}\boldsymbol{x}$$

令 $\bar{t} = \frac{1}{m}\sum_{k=1}^{m} t_k$，则

$$\boldsymbol{H}^{\mathrm{T}}\boldsymbol{H} = \begin{bmatrix} m & m\bar{t} \\ m\bar{t} & \sum_{k=1}^{m} t_k^2 \end{bmatrix} = m\begin{bmatrix} 1 & \bar{t} \\ \bar{t} & \bar{t}^2 \end{bmatrix}$$

$$(\boldsymbol{H}^{\mathrm{T}}\boldsymbol{H})^{-1} = \frac{1}{m\sum_{k=1}^{m}(t_k - \bar{t})^2}\begin{bmatrix} \sum_{k=1}^{m} t_k^2 & -m\bar{t} \\ -m\bar{t} & m \end{bmatrix}$$

$$= \frac{1}{m\Delta t^2}\begin{bmatrix} \bar{t}^2 & -\bar{t} \\ -\bar{t} & 1 \end{bmatrix}$$

式中

$$\bar{t}^2 = \frac{1}{m}\sum_{k=1}^{m} t_k^2, \Delta t^2 = \frac{1}{m}\sum_{k=1}^{m}(t_k - \bar{t})^2$$

$$\hat{\boldsymbol{\theta}} = [\hat{\boldsymbol{\theta}}_{0ls}, \hat{\boldsymbol{\theta}}_{1ls}]^{\mathrm{T}} = \frac{1}{\Delta t^2}\begin{bmatrix} \overline{x}\,\overline{t^2} & -\bar{t}\,\overline{xt} \\ \overline{xt} & -\bar{t}\,\overline{x} \end{bmatrix}$$

式中

$$\overline{x} = \frac{1}{m}\sum_{k=1}^{m} x_k, \overline{xt} = \frac{1}{m}\sum_{k=1}^{m} x_k t_k$$

于是

$$\hat{\boldsymbol{\theta}}_{0\text{ls}} = \frac{1}{\Delta t^2}(\overline{x}\,\overline{t^2} - \overline{t}\,\overline{xt})$$

$$\hat{\boldsymbol{\theta}}_{1\text{ls}} = \frac{1}{\Delta t^2}(\overline{xt} - \overline{t}\,\overline{x})$$

假设 $E(\boldsymbol{n}) = 0, E(n_i n_j) = 0, i \neq j$，则 $\boldsymbol{C}_n = \sigma_n^2 \boldsymbol{I}$，由式(5-6-10)式估计误差方差阵为

$$\boldsymbol{M}_{\hat{\boldsymbol{\theta}}_{\text{ls}}} = (\boldsymbol{H}^{\text{T}}\boldsymbol{H})^{-1}\boldsymbol{H}^{\text{T}}\boldsymbol{C}_n\boldsymbol{H}(\boldsymbol{H}^{\text{T}}\boldsymbol{H})^{-1} = \frac{\sigma_n^2}{\Delta t^2}\begin{bmatrix} \overline{t^2} & -\overline{t} \\ -\overline{t} & 1 \end{bmatrix}$$

$\hat{\boldsymbol{\theta}}_0$ 估计误差方差

$$\boldsymbol{M}_{\hat{\boldsymbol{\theta}}_{0\text{ls}}} = \frac{\sigma_n^2 \overline{t^2}}{\Delta t^2}$$

$\hat{\boldsymbol{\theta}}_1$ 估计误差方差

$$\boldsymbol{M}_{\hat{\boldsymbol{\theta}}_{1\text{ls}}} = \frac{\sigma_n^2}{\Delta t^2}$$

5.6.3 线性最小二乘加权估计

在前面的讨论中，所采用的性能指标对每次观测量是同等对待的。这不禁让人们思考这样一个问题，如果各次观测噪声的强度不一样，则所得的各次观测量的精度也不同，那么同等对待各次观测量的说法是不合理的。在这种情况下，理应给观测噪声较小的那个观测量(精度较高)较大的权值，才能获得更精确的估计结果。极端地说，如果某次观测的噪声为零，那么利用该次观测量就可获得精确的估计量，相当于该次观测量的值仅为 1，其他各次观测量的权值为零。因此，可以这样来构造估计量，即将观测量乘以与本次观测噪声强度成反比的权值后再构造估计量，这就是线性最小二乘加权估计。线性最小二乘加权估计需要关于线性观测噪声统计特性的前二阶矩先验知识。假定观测噪声矢量 $\boldsymbol{n}$ 的均值矢量和协方差矩阵分别

$$E(\boldsymbol{n}) = 0, E(\boldsymbol{n}\boldsymbol{n}^{\text{T}}) = \boldsymbol{C}_n$$

线性最小二乘加权估计的性能指标是使

$$\boldsymbol{J}_W(\hat{\boldsymbol{\theta}}) = (\boldsymbol{x} - \boldsymbol{H}\hat{\boldsymbol{\theta}})^{\text{T}}\boldsymbol{W}(\boldsymbol{x} - \boldsymbol{H}\hat{\boldsymbol{\theta}}) \tag{5-6-11}$$

达到最小。此时的 $\hat{\boldsymbol{\theta}}$ 称为线性最小二乘加权估计矢量，记为 $\hat{\boldsymbol{\theta}}_{\text{lsw}}(\boldsymbol{x})$，简记为 $\hat{\boldsymbol{\theta}}_{\text{lsw}}$。其中 $\boldsymbol{W}$ 称为加权矩阵，它是 $N \times N$ 的对称正定阵。当 $\boldsymbol{W} = \boldsymbol{I}$ 时，就退化为非加权的线性最小二乘估计。

将式(5-6-11)的 $\boldsymbol{J}_W(\hat{\boldsymbol{\theta}})$ 对 $\hat{\boldsymbol{\theta}}$ 求偏导，并令结果等于0，得

$$\frac{\partial \boldsymbol{J}_W(\hat{\boldsymbol{\theta}})}{\partial \hat{\boldsymbol{\theta}}} = -2\boldsymbol{H}^{\mathrm{T}}\boldsymbol{W}(\boldsymbol{x}-\boldsymbol{H}\hat{\boldsymbol{\theta}})\big|_{\hat{\boldsymbol{\theta}}=\hat{\boldsymbol{\theta}}_{\mathrm{lsw}}} = 0$$

解得线性最小二乘加权估计矢量为

$$\hat{\boldsymbol{\theta}}_{\mathrm{lsw}} = (\boldsymbol{H}^{\mathrm{T}}\boldsymbol{W}\boldsymbol{H})^{-1}\boldsymbol{H}^{\mathrm{T}}\boldsymbol{W}\boldsymbol{H} \tag{5-6-12}$$

将式(5-6-12)代入式(5-6-11)，得最小二乘加权估计误差为

$$\boldsymbol{J}_{W\min}(\hat{\boldsymbol{\theta}}_{\mathrm{lsw}}) = \boldsymbol{x}^{\mathrm{T}}[\boldsymbol{W}-\boldsymbol{W}\boldsymbol{H}(\boldsymbol{H}^{\mathrm{T}}\boldsymbol{W}\boldsymbol{H})^{-1}\boldsymbol{H}^{\mathrm{T}}\boldsymbol{W}]\boldsymbol{x} \tag{5-6-13}$$

线性最小二乘加权估计矢量的主要性质如下：

①估计矢量是观测矢量的线性函数。

②如果观测噪声矢量 $\boldsymbol{n}$ 的均值矢量 $E(\boldsymbol{n})=0$，则估计矢量 $\hat{\boldsymbol{\theta}}_{\mathrm{lsw}}$ 是无偏估计量。

③如果观测噪声矢量 $\boldsymbol{n}$ 的均值矢量 $E(\boldsymbol{n})=0$，协方差矩阵为 $E(\boldsymbol{n}\boldsymbol{n}^{\mathrm{T}})=\boldsymbol{C}_n$，则估计误差矢量的均方误差阵(误差矢量的协方差矩阵)为

$$\begin{aligned}\boldsymbol{M}_{\hat{\boldsymbol{\theta}}_{\mathrm{lsw}}} &= E[(\boldsymbol{\theta}-\hat{\boldsymbol{\theta}}_{\mathrm{lsw}})(\boldsymbol{\theta}-\hat{\boldsymbol{\theta}}_{\mathrm{lsw}})^{\mathrm{T}}] \\ &= (\boldsymbol{H}^{\mathrm{T}}\boldsymbol{W}\boldsymbol{H})^{-1}\boldsymbol{H}^{\mathrm{T}}\boldsymbol{W}E(\boldsymbol{n}\boldsymbol{n}^{\mathrm{T}})\boldsymbol{W}\boldsymbol{H}(\boldsymbol{H}^{\mathrm{T}}\boldsymbol{W}\boldsymbol{H})^{-1} \\ &= (\boldsymbol{H}^{\mathrm{T}}\boldsymbol{W}\boldsymbol{H})^{-1}\boldsymbol{H}^{\mathrm{T}}\boldsymbol{W}\boldsymbol{C}_n\boldsymbol{W}\boldsymbol{H}(\boldsymbol{H}^{\mathrm{T}}\boldsymbol{W}\boldsymbol{H})^{-1}\end{aligned} \tag{5-6-14}$$

在估计误差矢量的均方误差阵中，观测矩阵 $\boldsymbol{H}$ 和观测噪声矢量的协方差矩阵 $\boldsymbol{C}_n$ 是已知的，现在的问题是，如何选择加权矩阵 $\boldsymbol{W}$ 才能使均方误差阵取最小值。下面证明，当 $\boldsymbol{W}=\boldsymbol{C}_n^{-1}$ 时，估计误差矢量的均方误差阵是最小的。此时的加权矩阵称为最佳加权矩阵，记为 $\boldsymbol{W}_{\mathrm{opt}}$。

设 $\boldsymbol{A}$ 和 $\boldsymbol{B}$ 分别是 $M\times N$ 和 $N\times K$ 的任意两个矩阵，且 $\boldsymbol{A}\boldsymbol{A}^{\mathrm{T}}$ 的逆矩阵存在，则有矩阵不等式

$$\boldsymbol{B}^{\mathrm{T}}\boldsymbol{B} \geqslant (\boldsymbol{A}\boldsymbol{B})^{\mathrm{T}}(\boldsymbol{A}\boldsymbol{A}^{\mathrm{T}})^{-1}\boldsymbol{A}\boldsymbol{B} \tag{5-6-15}$$

成立。令

$$\boldsymbol{A} = \boldsymbol{H}^{\mathrm{T}}\boldsymbol{C}_n^{-1/2},\boldsymbol{B} = \boldsymbol{C}_n^{-1/2}\boldsymbol{C}^{\mathrm{T}},\boldsymbol{C} = (\boldsymbol{H}^{\mathrm{T}}\boldsymbol{W}\boldsymbol{H})^{-1}\boldsymbol{H}^{\mathrm{T}}\boldsymbol{W}$$

则由不等式(5-6-15)得

$$\begin{aligned}\boldsymbol{C}\boldsymbol{C}_n\boldsymbol{C}_n^{\mathrm{T}} \geqslant (\boldsymbol{H}^{\mathrm{T}}\boldsymbol{C}^{\mathrm{T}})^{\mathrm{T}}(\boldsymbol{H}^{\mathrm{T}}\boldsymbol{C}_n^{-1}\boldsymbol{H})^{-1}(\boldsymbol{H}^{\mathrm{T}}\boldsymbol{C}^{\mathrm{T}}) &= \boldsymbol{C}\boldsymbol{H}(\boldsymbol{H}^{\mathrm{T}}\boldsymbol{C}_n^{-1}\boldsymbol{H})^{-1}(\boldsymbol{C}\boldsymbol{H})^{\mathrm{T}} \\ &= (\boldsymbol{H}^{\mathrm{T}}\boldsymbol{C}_n^{-1}\boldsymbol{H})^{-1}\end{aligned} \tag{5-6-16}$$

式(5-6-16)的左端恰为式(5-6-14)的均方误差阵 $\boldsymbol{M}_{\hat{\boldsymbol{\theta}}_{\mathrm{lsw}}}$；而其右端恰为 $\boldsymbol{W}=\boldsymbol{W}_{\mathrm{opt}}=\boldsymbol{C}_n^{-1}$ 时的均方误差阵，即为

$$\boldsymbol{M}_{\hat{\boldsymbol{\theta}}_{\mathrm{lsw}}} = (\boldsymbol{H}^{\mathrm{T}}\boldsymbol{W}\boldsymbol{H})^{-1}\boldsymbol{H}^{\mathrm{T}}\boldsymbol{W}\boldsymbol{C}_n\boldsymbol{W}\boldsymbol{H}(\boldsymbol{H}^{\mathrm{T}}\boldsymbol{W}\boldsymbol{H})^{-1} \geqslant (\boldsymbol{H}^{\mathrm{T}}\boldsymbol{C}_n^{-1}\boldsymbol{H})^{-1} \tag{5-6-17}$$

所以，当 $\boldsymbol{W}=\boldsymbol{W}_{\mathrm{opt}}=\boldsymbol{C}_n^{-1}$ 时，估计矢量的均方误差阵最小，这时可获得线性最小二乘最佳加权估计矢量为

$$\hat{\boldsymbol{\theta}}_{\mathrm{lsw}} = (\boldsymbol{H}^{\mathrm{T}}\boldsymbol{C}_n^{-1}\boldsymbol{H})^{-1}\boldsymbol{H}^{\mathrm{T}}\boldsymbol{C}_n^{-1}\boldsymbol{x} \tag{5-6-18}$$

而估计矢量的均方误差阵为

$$\boldsymbol{M}_{\hat{\boldsymbol{\theta}}_{\text{lsw}}} = (\boldsymbol{H}^{\mathrm{T}}\boldsymbol{C}_n^{-1}\boldsymbol{H})^{-1} \tag{5-6-19}$$

例 5.6.2　已知观测方程为

$$\begin{bmatrix}2\\3\\1\\1\end{bmatrix} = \begin{bmatrix}1 & 0\\1 & 1\\0 & 2\\1 & 1\end{bmatrix}\boldsymbol{\theta} + \boldsymbol{n}$$

其中，$E(\boldsymbol{n}) = 0$，且

$$E(\boldsymbol{n}\boldsymbol{n}^{\mathrm{T}}) = \begin{bmatrix}3 & 2 & 0 & 0\\2 & 1 & 0 & 0\\0 & 0 & 4 & 3\\0 & 0 & 3 & 2\end{bmatrix} = \boldsymbol{C}_n$$

求加权最小二乘估计。

解：

$$\boldsymbol{W} = \boldsymbol{C}_n^{-1} = \begin{bmatrix}-1 & 2 & 0 & 0\\2 & -3 & 0 & 0\\0 & 0 & -2 & 3\\0 & 0 & 3 & -4\end{bmatrix}$$

$$\begin{aligned}\hat{\boldsymbol{\theta}}_{\text{lsw}} &= (\boldsymbol{H}^{\mathrm{T}}\boldsymbol{C}_n^{-1}\boldsymbol{H})^{-1}\boldsymbol{H}^{\mathrm{T}}\boldsymbol{C}_n^{-1}\boldsymbol{x}\\
&= \left\{\begin{bmatrix}1 & 1 & 0 & 1\\0 & 1 & 2 & 1\end{bmatrix}\begin{bmatrix}-1 & 2 & 0 & 0\\2 & -3 & 0 & 0\\0 & 0 & -2 & 3\\0 & 0 & 3 & -4\end{bmatrix}\begin{bmatrix}1 & 0\\1 & 1\\0 & 2\\1 & 1\end{bmatrix}\right\}^{-1}\begin{bmatrix}1 & 1 & 0 & 1\\0 & 1 & 2 & 1\end{bmatrix}\\
&\quad \cdot \begin{bmatrix}-1 & 2 & 0 & 0\\2 & -3 & 0 & 0\\0 & 0 & -2 & 3\\0 & 0 & 3 & -4\end{bmatrix}\begin{bmatrix}2\\3\\1\\1\end{bmatrix}\\
&= \frac{1}{11}\begin{bmatrix}-3 & -1\\-1 & -4\end{bmatrix}\begin{bmatrix}-2\\-4\end{bmatrix} = \begin{bmatrix}10/11\\18/11\end{bmatrix}\end{aligned}$$

5.6.4　线性最小二乘递推估计

由前面的分析可知，求信号参量的最小二乘估计值必须将所有的观测数据同时处理。当观测数据很多时，其存储和计算量都很大。若采用递推的方法，不仅可以减少计算与存储量，还易于实时处理。

如同线性最小均方误差估计，如果直接按式(5-6-7)或式(5-6-12)来获得线性最小二乘估计量，主要存在两个问题：①每进行一次观测，需要利用过去的全部观测数据重新进行计算，比较麻烦。②估计量的计算中需要完成矩阵求逆，且矩阵的阶数随观测次数的增加而提高，这样，会遇到高阶矩阵求逆的困难。所以，希望寻求一种递推算法，即利用前一次的估计结果和本次的观测量，通过适当运算，获得当前的估计量。

设第 $k-1$ 次的线性观测方程为

$$x_{k-1} = \boldsymbol{H}_{k-1} + \boldsymbol{n}_{k-1} \tag{5-6-20}$$

如果已经进行了 $k-1$ 次观测，为了强调观测次数 $k-1$，采用如下的记号：

$$\boldsymbol{x}(k-1) = \begin{bmatrix} \boldsymbol{x}_1 \\ \boldsymbol{x}_2 \\ \vdots \\ \boldsymbol{x}_{k-1} \end{bmatrix}, \boldsymbol{H}(k-1) = \begin{bmatrix} \boldsymbol{H}_1 \\ \boldsymbol{H}_2 \\ \vdots \\ \boldsymbol{H}_{k-1} \end{bmatrix}, \boldsymbol{n}(k-1) = \begin{bmatrix} \boldsymbol{n}_1 \\ \boldsymbol{n}_2 \\ \vdots \\ \boldsymbol{n}_{k-1} \end{bmatrix}$$

这样，线性观测方程为

$$\boldsymbol{x}(k-1) = \boldsymbol{H}(k-1)\boldsymbol{\theta} + \boldsymbol{n}(k-1) \tag{5-6-21}$$

设加权矩阵为

$$\boldsymbol{W}(k-1) = \begin{bmatrix} \boldsymbol{W}_1 \\ \boldsymbol{W}_2 \\ \vdots \\ \boldsymbol{W}_{k-1} \end{bmatrix}$$

则由式(5-6-12)得线性最小二乘加权估计矢量为

$$\hat{\boldsymbol{\theta}}_{\mathrm{lsw}(k-1)} = [\boldsymbol{H}^{\mathrm{T}}(k-1)\boldsymbol{W}(k-1)\boldsymbol{H}(k-1)]^{-1}\boldsymbol{H}^{\mathrm{T}}(k-1)\boldsymbol{W}(k-1)\boldsymbol{x}(k-1) \tag{5-6-22}$$

现在假设又进行了第 k 次观测，即

$$\boldsymbol{x}_k = \boldsymbol{H}_k\boldsymbol{\theta} + \boldsymbol{n}_k \tag{5-6-23}$$

则进行了 k 次观测的线性观测方程为

$$\boldsymbol{x}(k) = \boldsymbol{H}(k)\boldsymbol{\theta} + \boldsymbol{n}(k) \tag{5-6-24}$$

其中

$$\boldsymbol{x}(k) = \begin{bmatrix} \boldsymbol{x}(k-1) \\ \boldsymbol{x}_k \end{bmatrix}, \boldsymbol{H}(k) = \begin{bmatrix} \boldsymbol{H}(k-1) \\ \boldsymbol{H}_k \end{bmatrix}, \boldsymbol{n}(k) = \begin{bmatrix} \boldsymbol{n}(k-1) \\ \boldsymbol{n}_k \end{bmatrix}$$

设加权矩阵为

$$\boldsymbol{W}(k) = \begin{bmatrix} \boldsymbol{W}(k-1) & 0 \\ 0 & W_k \end{bmatrix}$$

则 k 次观测的线性最小二乘加权估计矢量为

$$\hat{\boldsymbol{\theta}}_{\mathrm{lsw}(k)} = [\boldsymbol{H}^{\mathrm{T}}(k)\boldsymbol{W}(k)\boldsymbol{H}(k)]^{-1}\boldsymbol{H}^{\mathrm{T}}(k)\boldsymbol{W}(k)\boldsymbol{x}(k) \tag{5-6-25}$$

为了导出递推估计的公式，定义

$$\boldsymbol{M}_{\hat{\boldsymbol{\theta}}_{\mathrm{lsw}(k)}} = [\boldsymbol{H}^{\mathrm{T}}(k-1)\boldsymbol{W}(k-1)\boldsymbol{H}(k-1)]^{-1} \tag{5-6-26}$$

并记

$$\hat{\boldsymbol{\theta}}_{k-1} = \hat{\boldsymbol{\theta}}_{\mathrm{lsw}(k-1)} \tag{5-6-27}$$

$$\boldsymbol{M}_{k-1} = \boldsymbol{M}_{\mathrm{lsw}(k-1)} \tag{5-6-28}$$

这样，则有

$$\hat{\boldsymbol{\theta}}_{k-1} = \boldsymbol{M}_{k-1}\boldsymbol{H}^{\mathrm{T}}(k-1)\boldsymbol{W}(k-1)\boldsymbol{x}(k-1) \tag{5-6-29}$$

而

$$\hat{\boldsymbol{\theta}}_{k} = \boldsymbol{M}_{k}\boldsymbol{H}^{\mathrm{T}}(k)\boldsymbol{W}(k)\boldsymbol{x}(k) \tag{5-6-30}$$

其中

$$\begin{aligned}
\boldsymbol{M}_k &= [\boldsymbol{H}^{\mathrm{T}}(k)\boldsymbol{W}(k)\boldsymbol{H}(k)]^{-1} \\
&= \left(\begin{bmatrix} \boldsymbol{H}^{\mathrm{T}}(k-1) & \boldsymbol{H}_k^{\mathrm{T}} \end{bmatrix} \begin{bmatrix} \boldsymbol{W}(k-1) & 0 \\ 0 & \boldsymbol{W}_k \end{bmatrix} \begin{bmatrix} \boldsymbol{H}(k-1) \\ \boldsymbol{H}_k \end{bmatrix} \right)^{-1} \\
&= [\boldsymbol{H}^{\mathrm{T}}(k-1)\boldsymbol{W}(k-1)\boldsymbol{H}(k-1) + \boldsymbol{H}_k^{\mathrm{T}}\boldsymbol{W}_k\boldsymbol{H}_k]^{-1} \\
&= [\boldsymbol{M}_{k-1}^{-1} + \boldsymbol{H}_k^{\mathrm{T}}\boldsymbol{W}_k\boldsymbol{H}_k]^{-1}
\end{aligned} \tag{5-6-31}$$

利用矩阵求逆引理，用 $\boldsymbol{M}_k$ 可表示为

$$\boldsymbol{M}_k = \boldsymbol{M}_{k-1} - \boldsymbol{M}_{k-1}\boldsymbol{H}_k^{\mathrm{T}}(\boldsymbol{H}_k\boldsymbol{M}_{k-1}\boldsymbol{H}_k^{\mathrm{T}} + \boldsymbol{W}_k^{-1})^{-1}\boldsymbol{H}_k\boldsymbol{M}_{k-1} \tag{5-6-32}$$

能够利用第 $k-1$ 次的估计矢量 $\hat{\boldsymbol{\theta}}_{k-1}$ 和第 k 次的观测矢量 $\boldsymbol{x}_k$，来获得第 k 次的估计矢量 $\hat{\boldsymbol{\theta}}_k$。为此，将式(5-6-30)写成

$$\begin{aligned}
\hat{\boldsymbol{\theta}}_k &= \boldsymbol{M}_k\boldsymbol{H}^{\mathrm{T}}(k)\boldsymbol{W}(k)\boldsymbol{x}(k) \\
&= \boldsymbol{M}_k \begin{bmatrix} \boldsymbol{H}^{\mathrm{T}}(k-1) & \boldsymbol{H}_k^{\mathrm{T}} \end{bmatrix} \begin{bmatrix} \boldsymbol{W}(k-1) & 0 \\ 0 & \boldsymbol{W}_k \end{bmatrix} \begin{bmatrix} \boldsymbol{x}(k-1) \\ \boldsymbol{x}_k \end{bmatrix} \\
&= \boldsymbol{M}_k[\boldsymbol{H}^{\mathrm{T}}(k-1)\boldsymbol{W}(k-1)\boldsymbol{x}(k-1) + \boldsymbol{H}_k^{\mathrm{T}}\boldsymbol{W}_k\boldsymbol{x}_k]
\end{aligned} \tag{5-6-33}$$

现在来研究式(5-6-33)右端的第一项。将式(5-6-29)两端同乘 $\boldsymbol{M}_k\boldsymbol{M}_{k-1}^{-1}$ 得

$$\boldsymbol{M}_k\boldsymbol{H}^{\mathrm{T}}(k-1)\boldsymbol{W}(k-1)\boldsymbol{x}(k-1) = \boldsymbol{M}_k\boldsymbol{M}_{k-1}^{-1}\hat{\boldsymbol{\theta}}_{k-1} \tag{5-6-34}$$

而由式(5-6-31)可得

$$\boldsymbol{M}_{k-1}^{-1} = \boldsymbol{W}_k^{-1} - \boldsymbol{H}_k^{\mathrm{T}}\boldsymbol{W}_k\boldsymbol{H}_k \tag{5-6-35}$$

将其代入式(5-6-34)，得

$$\begin{aligned}
\boldsymbol{M}_k\boldsymbol{H}^{\mathrm{T}}(k-1)\boldsymbol{W}(k-1)\boldsymbol{x}(k-1) &= \boldsymbol{M}_k(\boldsymbol{M}_k^{-1} - \boldsymbol{H}_k^{\mathrm{T}}\boldsymbol{W}_k\boldsymbol{H}_k)\hat{\boldsymbol{\theta}}_{k-1} \\
&= \hat{\boldsymbol{\theta}}_{k-1} - \boldsymbol{M}_k\boldsymbol{H}_k^{\mathrm{T}}\boldsymbol{W}_k\boldsymbol{H}_k\hat{\boldsymbol{\theta}}_{k-1}
\end{aligned} \tag{5-6-36}$$

将上式代入式(5-6-33)，并稍加整理，则得

$$\begin{aligned}
\hat{\boldsymbol{\theta}}_k &= \hat{\boldsymbol{\theta}}_{k-1} + \boldsymbol{M}_k\boldsymbol{H}_k^{\mathrm{T}}\boldsymbol{W}_k(\boldsymbol{x}_k - \boldsymbol{H}_k\hat{\boldsymbol{\theta}}_{k-1}) \\
&= \hat{\boldsymbol{\theta}}_{k-1} + \boldsymbol{K}_k(\boldsymbol{x}_k - \boldsymbol{H}_k\hat{\boldsymbol{\theta}}_{k-1})
\end{aligned} \tag{5-6-37}$$

其中，增益矩阵为

$$\boldsymbol{K}_k = \boldsymbol{M}_k \boldsymbol{H}_k^{\mathrm{T}} \boldsymbol{W}_k \tag{5-6-38}$$

这样,式(5-6-31)或式(5-6-32)的 $\boldsymbol{M}_k$,以及式(5-6-38)的 $\boldsymbol{K}_k$ 和式(5-6-37)的 $\hat{\boldsymbol{\theta}}_k$ 就是所要求的一组递推公式。由式(5-6-37)知,第 k 次的估计矢量 $\hat{\boldsymbol{\theta}}_k$ 是由两项之和组成的。第一项是第 $k-1$ 次的估计矢量 $\hat{\boldsymbol{\theta}}_{k-1}$;第二项是在第 k 次观测矢量 $\boldsymbol{x}_k$ 与 $\boldsymbol{H}_k\hat{\boldsymbol{\theta}}_{k-1}$ 之差所形成的"新息"前乘增益矩阵 $\boldsymbol{K}_k$ 的修正项,从而构成的递推关系式。

在利用递推公式进行线性最小二乘加权(若取 $\boldsymbol{W} = \boldsymbol{I}$,则退化为非加权)估计矢量计算时,需要一组初始值 $\hat{\boldsymbol{\theta}}_0$ 和 $\boldsymbol{M}_0$。可以利用第一次的观测矢量 $\boldsymbol{x}_1$,由

$$\boldsymbol{M}_1 = (\boldsymbol{H}_1^{\mathrm{T}} \boldsymbol{W}_1 \boldsymbol{H}_1)^{-1} \tag{5-6-39}$$

和

$$\hat{\boldsymbol{\theta}}_1 = \boldsymbol{M}_1 \boldsymbol{H}_1^{\mathrm{T}} \boldsymbol{W}_1 \boldsymbol{x}_1 \tag{5-6-40}$$

确定 $\boldsymbol{M}_1$ 和 $\hat{\boldsymbol{\theta}}_1$,然后,从第二次观测开始进行递推估计。也可以令

$$\hat{\boldsymbol{\theta}}_0 = 0, \boldsymbol{M}_{10} = c\boldsymbol{I}$$

其中,$c \gg 1$。这样,从第一次观测就开始进行递推估计。这样选择的初始状态在开始递推估计时,误差可能较大,但由式(5-6-37)可见,如果 $\boldsymbol{M}_k$ 较大,则增益矩阵 $\boldsymbol{K}_k$ 较大,于是,"新息"起的作用就较大。所以,经过若干次递推估计后,初始值不准确的影响会逐渐消失,从而获得满意的递推估计结果。

5.6.5 非线性最小二乘估计

在最小二乘估计的方法中,已经指出,$\boldsymbol{\theta}$ 的最小二乘估计矢量 $\hat{\boldsymbol{\theta}}$ 构造为使

$$\boldsymbol{J}(\hat{\boldsymbol{\theta}}) = (\boldsymbol{x} - s(\hat{\boldsymbol{\theta}}))^{\mathrm{T}} (\boldsymbol{x} - s(\hat{\boldsymbol{\theta}}))$$

达到最小,其中 $s(\boldsymbol{\theta})$ 是变量模型。如果信号 $s(\boldsymbol{\theta})$ 是 $\boldsymbol{\theta}$ 的一个 $\boldsymbol{N}$ 维非线性函数,在这种情况下,求使 $\boldsymbol{J}(\hat{\boldsymbol{\theta}})$ 达到最小的估计矢量 $\hat{\boldsymbol{\theta}}$ 可能会变得十分困难。这里讨论两种能降低这种问题复杂程度的方法。

1. *参量变换方法*

在这种方法中,首先需要寻找一个未知矢量参量 $\boldsymbol{\theta}$ 的一对一变换,从而使变换后的参量 $\boldsymbol{\alpha}$ 可以表示为线性信号模型,然后求 $\boldsymbol{\alpha}$ 的线性最小二乘估计矢量为 $\hat{\boldsymbol{\alpha}}_{\mathrm{ls}}$,再通过反变换求得 $\boldsymbol{\theta}$ 的线性最小二乘估计矢量 $\hat{\boldsymbol{\theta}}_{\mathrm{ls}}$,设被估计矢量 $\boldsymbol{\theta}$ 的函数为

$$\boldsymbol{\alpha} = \boldsymbol{g}(\boldsymbol{\theta}) \tag{5-6-41}$$

式中，$\boldsymbol{g}$ 是 $\boldsymbol{\theta}$ 的一个 $\boldsymbol{M}$ 维函数，其反函数存在。如果能找到这样一个函数关系，它满足

$$s(\boldsymbol{\theta}(\boldsymbol{\alpha})) = s(\boldsymbol{g}^{-1}(\boldsymbol{\alpha})) = \boldsymbol{H\alpha} \tag{5-6-42}$$

则信号模型与 $\boldsymbol{\alpha}$ 呈线性关系。因此，可求得 $\boldsymbol{\alpha}$ 的线性最小二乘估计矢量 $\hat{\boldsymbol{\alpha}}_{\text{ls}}$ 为

$$\hat{\boldsymbol{\alpha}}_{\text{ls}} = (\boldsymbol{H}^{\text{T}}\boldsymbol{H})^{-1}\boldsymbol{H}^{\text{T}}\boldsymbol{x} \tag{5-6-43}$$

则 $\boldsymbol{\theta}$ 的非线性最小二乘估计矢量 $\hat{\boldsymbol{\theta}}_{\text{ls}}$ 为

$$\hat{\boldsymbol{\theta}}_{\text{ls}} = \boldsymbol{g}^{-1}(\hat{\boldsymbol{\alpha}}_{\text{ls}}) \tag{5-6-44}$$

可以看出，参量变换方法的关键是能否找到一个满足式(5-6-42)的函数 $\boldsymbol{\alpha} = \boldsymbol{g}(\boldsymbol{\theta})$。一般来说，在部分非线性最小二乘估计中，这种方法是可行的。

例 5.6.3 设正弦信号为

$$s(t;a,\varphi) = a\cos(w_0 t + \varphi)$$

其中，频率 w_0 已知。希望通过 N 次观测的数据 $x_k(k = 1,2,\cdots,N)$ 来估计信号的振幅 a 和相位 φ，其中 $a > 0$，$-\pi \leqslant \varphi \leqslant \pi$。

解：假定一次观测在 $t = 0$ 时刻进行，后续 $k-1$ 次观测等时间间隔进行。由于无任何先验知识可供利用，所以采用最小二乘估计的方法来求得振幅 a 和相位 φ 的估量值，即通过使

$$J(\hat{a},\hat{\varphi}) = \sum_{k=1}^{N}\{x_k - \hat{a}\cos[w_0(k-1) + \hat{\varphi}]\}^2$$

最小来获得 $\hat{a}_{\text{ls}}$ 和 $\hat{\varphi}_{\text{ls}}$。这是一个非线性最小二乘估计问题。因为余弦信号 $s(t;a,\varphi)$ 可以展开表示为

$$s(t;a,\varphi) = a\cos\varphi\cos w_0 t - a\sin\varphi\sin w_0 t$$

所以如果令 $\boldsymbol{\alpha} = \boldsymbol{g}(\boldsymbol{\theta})$ 为

$$\alpha_1 = a\cos\varphi, a > 0, -\pi \leqslant \varphi \leqslant \pi$$

$$\alpha_2 = -a\sin\varphi, a > 0, -\pi \leqslant \varphi \leqslant \pi$$

这里

$$\boldsymbol{\alpha} = \begin{bmatrix}\alpha_1\\ \alpha_2\end{bmatrix}, \boldsymbol{\theta} = \begin{bmatrix}a\\ \varphi\end{bmatrix}$$

则离散观测后的信号模型为

$$s(\alpha_1,\alpha_2) = \alpha_1\cos w_0(k-1) - \alpha_2\sin w_0(k-1), k = 1,2,\cdots,N$$

写成矩阵形式为

$$s(\boldsymbol{\alpha}) = \boldsymbol{H\alpha}$$

式中

$$\boldsymbol{H}=\begin{bmatrix}1 & 0\\ \cos w_0 & \sin w_0\\ \vdots & \vdots\\ \cos w_0(N-1) & \sin w_0(N-1)\end{bmatrix}$$

现在信号模型 $s(\boldsymbol{\alpha})=\boldsymbol{H\alpha}$ 呈线性关系，因此，$\boldsymbol{\alpha}$ 的线性最小二乘估计矢量 $\hat{\boldsymbol{\alpha}}_{\text{ls}}$ 为

$$\hat{\boldsymbol{\alpha}}_{\text{ls}}=(\boldsymbol{H}^{\mathrm{T}}\boldsymbol{H})^{-1}\boldsymbol{H}^{\mathrm{T}}\boldsymbol{x}$$

由参量变换关系 $\boldsymbol{\alpha}=\boldsymbol{g}(\boldsymbol{\theta})$，可以求得其反变换 $\boldsymbol{\theta}=\boldsymbol{g}^{-1}(\boldsymbol{\alpha})$ 为

$$a=(\alpha_1^2+\alpha_2^2)^{1/2},a>0$$

$$\varphi=\arctan\frac{-\alpha_2}{\alpha_1},-\pi\leqslant\varphi\leqslant\pi$$

于是，振幅和相位的最小二乘估计量为

$$\hat{\boldsymbol{\theta}}_{\text{ls}}=\begin{bmatrix}\hat{a}_{\text{ls}}\\ \hat{\varphi}_{\text{ls}}\end{bmatrix}=\begin{bmatrix}(\hat{\alpha}_{1\text{ls}}^2+\hat{\alpha}_{2\text{ls}}^2)^{1/2}\\ \arctan\dfrac{-\hat{\alpha}_{2\text{ls}}}{\hat{\alpha}_{1\text{ls}}}\end{bmatrix}$$

2. 参量分离方法

在非线性最小二乘估计中，有些问题可以采用参量分离方法来构造估计量。这类问题可描述为，虽然信号模型是非线性的，但其中部分参量可能是线性的。因此信号参量可分离的模型一般可以表示为

$$s(\boldsymbol{\theta})=\boldsymbol{H}(\boldsymbol{\alpha})\boldsymbol{\beta} \tag{5-6-45}$$

其中，如果 $\boldsymbol{\theta}$ 是 $\boldsymbol{M}$ 维被估计矢量，则

$$\boldsymbol{\theta}=\begin{bmatrix}\boldsymbol{\alpha}\\ \boldsymbol{\beta}\end{bmatrix} \tag{5-6-46}$$

中的 $\boldsymbol{\alpha}$ 是 $\boldsymbol{P}$ 维矢量，$\boldsymbol{\beta}$ 是 $\boldsymbol{M}-\boldsymbol{P}$ 维矢量；$\boldsymbol{H}(\boldsymbol{\alpha})$ 是一个与 $\boldsymbol{\alpha}$ 有关的 $\boldsymbol{N}\times(\boldsymbol{M}-\boldsymbol{P})$ 矩阵。在这个信号模型中，模型与参量 $\boldsymbol{\beta}$ 呈线性关系，而与参量 $\boldsymbol{\alpha}$ 成非线性关系。例如，振幅 a 和频率 w_0 是如下正弦信号的待估计参量：

$$s(t;a,w_0)=\sin w_0 t$$

其信号模型与频率 w_0 呈非线性关系，而与振幅 a 呈线性关系。

对于信号参量可分离的模型，选择估计量 $\hat{\boldsymbol{\alpha}}$ 和 $\hat{\boldsymbol{\beta}}$ 使

$$\boldsymbol{J}(\hat{\boldsymbol{\alpha}},\hat{\boldsymbol{\beta}})=(\boldsymbol{x}-\boldsymbol{H}(\hat{\boldsymbol{\alpha}})\hat{\boldsymbol{\beta}})^{\mathrm{T}}(\boldsymbol{x}-\boldsymbol{H}(\hat{\boldsymbol{\alpha}})\hat{\boldsymbol{\beta}}) \tag{5-6-47}$$

达到最小。对于给定的 $\hat{\boldsymbol{\alpha}}$，使 $\boldsymbol{J}(\hat{\boldsymbol{\alpha}},\hat{\boldsymbol{\beta}})$ 达到最小的 $\hat{\boldsymbol{\beta}}$ 为

$$\hat{\boldsymbol{\beta}}_{\text{ls}}=(\boldsymbol{H}^{\mathrm{T}}(\hat{\boldsymbol{\alpha}})\boldsymbol{H}(\hat{\boldsymbol{\alpha}}))^{-1}\boldsymbol{H}^{\mathrm{T}}(\hat{\boldsymbol{\alpha}})\boldsymbol{x} \tag{5-6-48}$$

根据式(5-6-8)，此时的最小二乘估计误差为

$$\boldsymbol{J}(\hat{\boldsymbol{\alpha}},\hat{\boldsymbol{\beta}}_{\text{ls}})=\boldsymbol{x}^{\mathrm{T}}[\boldsymbol{I}-\boldsymbol{H}(\hat{\boldsymbol{\alpha}})((\boldsymbol{H}^{\mathrm{T}}(\hat{\boldsymbol{\alpha}})\boldsymbol{H}(\hat{\boldsymbol{\alpha}}))^{-1}\boldsymbol{H}^{\mathrm{T}}(\hat{\boldsymbol{\alpha}})]\boldsymbol{x} \tag{5-6-49}$$

为了使其达到最小，估计量 $\hat{\boldsymbol{\alpha}}$ 应使

$$\boldsymbol{x}^{\mathrm{T}}\boldsymbol{H}(\hat{\boldsymbol{\alpha}})(\boldsymbol{H}^{\mathrm{T}}(\hat{\boldsymbol{\alpha}})\boldsymbol{H}(\hat{\boldsymbol{\alpha}}))^{-1}\boldsymbol{H}^{\mathrm{T}}(\hat{\boldsymbol{\alpha}})\boldsymbol{x} \tag{5-6-50}$$

取最大值，从而解得 $\hat{\boldsymbol{\alpha}}_{\mathrm{ls}}$。

例 5.6.4　设相关噪声 n_k 是由白噪声 w_k 激励的一阶递归滤波器产生的，其自相关函数 $R_{n_jn_k}$ 表示为

$$R_{n_jn_k}=\rho^{|k-j|}\sigma_n^2$$

式中，ρ 是自相关系数，且满足 $|\rho|\leqslant 1$；σ_n^2 是相关噪声 $n_k(k=1,2,\cdots,N)$ 的方差。如果对 $R_{n_jn_k}(|k-j|=0,1,\cdots,N-1)$ 进行了 N 次观测，观测矢量记为 $\boldsymbol{x}$，求 ρ 和 σ_n^2 的最小二乘估计。

解：自相关函数中待估计的参量是 $\boldsymbol{\theta}=[\rho\quad\sigma_n^2]^{\mathrm{T}}$。在该信号模型中，参量 σ_n^2 呈线性关系，而参量 $\rho^{|k-j|}$ 呈非线性关系。根据式(5-6-50)，通过在 $|\rho|\leqslant 1$ 上使

$$\boldsymbol{x}^{\mathrm{T}}\boldsymbol{H}(\hat{\boldsymbol{\rho}})(\boldsymbol{H}^{\mathrm{T}}(\hat{\boldsymbol{\rho}})\boldsymbol{H}(\hat{\boldsymbol{\rho}}))^{-1}\boldsymbol{H}^{\mathrm{T}}(\hat{\boldsymbol{\rho}})\boldsymbol{x}$$

达到最大，可求得参量 ρ 的非线性最小二乘估计量 $\hat{\rho}_{\mathrm{ls}}$。其中

$$\boldsymbol{H}(\hat{\boldsymbol{\rho}})=\begin{bmatrix}1\\ \hat{\boldsymbol{\rho}}\\ \vdots\\ \hat{\boldsymbol{\rho}}^{N-1}\end{bmatrix}$$

在求得了 $\hat{\rho}_{\mathrm{ls}}$ 后，利用式(5-6-48)可求得参量 σ_n^2 的线性最小二乘估计量，即为

$$\sigma_{n_{\mathrm{ls}}}^2=(\boldsymbol{H}^{\mathrm{T}}(\hat{\boldsymbol{\rho}}_{\mathrm{ls}})\boldsymbol{H}(\hat{\boldsymbol{\rho}}_{\mathrm{ls}}))^{-1}\boldsymbol{H}^{\mathrm{T}}(\hat{\boldsymbol{\rho}}_{\mathrm{ls}})\boldsymbol{x}$$

在非线性最小二乘估计中，简要讨论了两种信号模型下可采用的估计方法。如果这些方法都行不通，则只好求最小二乘误差

$$\boldsymbol{J}(\hat{\boldsymbol{\theta}})=(\boldsymbol{x}-s(\hat{\boldsymbol{\theta}}))^{\mathrm{T}}(\boldsymbol{x}-s(\hat{\boldsymbol{\theta}}))$$

达到最小的 $\hat{\boldsymbol{\theta}}$，即为 $\hat{\boldsymbol{\theta}}_{\mathrm{ls}}$。在这种情况下，通常需要采用迭代的方法，而且会涉及收敛性的问题。

第 6 章　信号波形估计

在许多实际问题中，信号参量本身就是随机过程或时变参量，因此要估计的是信号波形。本章将讨论用于信号波形估计的最佳线性估计理论，即维纳滤波和卡尔曼滤波理论。

6.1　信号波形估计概述

信号波形估计就是从被噪声干扰的接收信号中分离出有用信号的整个信号波形，而不只是信号的一个或几个参量。它是估计理论的一个重要组成部分。

从接收信号中滤除噪声以提取有用信号的过程称为滤波。因此，信号波形估计常称为滤波，关于滤波的理论和方法称为滤波理论，实现滤波的相应装置称为滤波器。滤波的目的就是从被噪声干扰的接收信号中分离出有用信号来，最大限度地抑制噪声。滤波是信号处理中经常采用的主要方法之一，具有十分重要的应用价值。滤波理论是用来估计信号波形或系统状态的，是估计理论的一个重要组成部分。

根据滤波器的输出是否为输入的线性函数，可将它分为线性滤波器和非线性滤波器两种。线性滤波器和非线性滤波器所实现的滤波也就称为线性滤波和非线性滤波。

信号波形估计常采用最佳线性估计或最佳线性滤波。最佳线性滤波是以最小均方误差为最佳准则的线性滤波，也就是使滤波器的输出与期望输出之间的均方误差为最小的线性滤波。最佳线性滤波主要包括维纳滤波(Wiener filtering)和卡尔曼滤波(Kalman filtering)。维纳滤波是用线性滤波器实现对平稳随机过程的最佳线性估计，而卡尔曼滤波则用递推的算法解决包括非平稳随机过程在内的波形的最佳线性估计问题。

采用线性最小均方误差准则作为最佳线性滤波准则的原因是：这种准则下的理论分析比较简单，且可以得到解析的结果。贝叶斯估计和最大似然估计都要求对观测值做概率密度描述，线性最小均方误差估计却放松了要求，不再要求已知概率密度的假设，而只要求已知观测值的一、二阶矩。

最佳线性滤波或最佳线性估计所要解决的问题是：给定有用信号和加性噪声的混合信号波形，寻求一种线性运算作用于此混合波形，得到的结果将是信号与噪声的最佳分离，最佳的含义就是使估计的均方误差最小。或者说，最佳线性滤波所要解决的问题就是选取线性滤波器的单位冲激响应或传输函数，使估计的均方误差达到最小。

信号参量估计假定信号参量在观测时间内是不变的，是静态估计。信号波形估计所涉及的信号参量是时变的，故信号波形估计是动态估计。

信号波形估计中，接收设备的接收信号 $x(t)$ 为有用信号 $s(t)$ 与信道噪声 $n(t)$ 相加，则接收信号模型为

$$x(t) = s(t) + n(t) \tag{6-1-1}$$

有用信号 $s(t)$ 是被估计的信号波形。

设一个线性系统，其单位冲激响应为 $h(t)$，在输入为接收信号 $x(t)$ 的情况下，输出 $y(t)$ 为有用信号 $s(t)$ 的波形估计，这个线性系统称为线性估计器，或称为线性滤波器。线性估计器框图如图 6-1-1 所示。

线性估计器的输出 $y(t)$ 作为有用信号 $s(t)$ 的波形估计，可以用一般形式表示为 $y(t) = \hat{s}(t+\alpha)$，其中 $\hat{s}(t+\alpha)$ 表示有用信号 $s(t+\alpha)$ 的估计量。线性估计器的期望输出 $s(t+\alpha)$ 与实际输出 $y(t)$ 之间的差值称为误差，即 $e(t) = s(t+\alpha) - y(t)$。误差平方的均值称为均方误差，即

$$E[\mathrm{e}^2(t)] = E\{[s(t+\alpha) - y(t)]^2\} \tag{6-1-2}$$

图 6-1-1　线性估计器框图

使均方误差最小的线性估计器就是最佳线性估计器。最佳线性估计所要解决的问题就是寻找使均方误差达到最小的线性滤波器的单位冲激响应 $h(t)$。维纳滤波器的参数是时不变的，适用于平稳随机信号。卡尔曼滤波器参数可以是时不变的，也可以是时变的，既适用于平稳随机信号，也适用于非平稳随机信号。

根据 α 的取值范围不同，波形估计可以分为如下 3 种类型：

①若 $\alpha=0$，则称为滤波，即线性估计器试图从观测波形 $x(t)$ 中，尽可能地排除噪声 $n(t)$ 的干扰，分离出有用信号 $s(t)$ 本身。它是根据当前和过去的观测值 $x(t)$、$x(t-1)$、…，对当前的有用信号值 $s(t)$ 进行估计，使 $y(t) = \hat{s}(t)$。

②若 $\alpha>0$，则称为预测或外推，即线性估计器试图估计当前时刻 t 以后的未来 α 个时间单位的有用信号波形值，如雷达预测运动目标的轨迹等属于这种情况。它是根据过去的观测值估计未来的有用信号值，使 $y(t) = \hat{s}(t+\alpha)$。

③若 $\alpha<0$，则称为平滑或内插，即线性估计器试图估计当前时刻 t 以前的过去 α 个时间单位的有用信号波形值，如数据平滑、地物照片处理等属于这种情况。它是根据过去的观测值估计过去的信号值，使 $y(t)=\hat{s}(t+\alpha)$。

6.2 正交投影

由于线性均方误差估计是被估计量在观测量上的正交投影，而卡尔曼滤波采用线性最小均方误差准则，因而具有正交性。用正交投影的概念和引理来推导卡尔曼滤波的递推公式是一种常用的较为方便的方法。

6.2.1 正交投影的定义

设 $\boldsymbol{x}$ 和 $\boldsymbol{z}$ 分别是具有前二阶矩的 M 维和 N 维随机矢量。如果存在一个与 $\boldsymbol{x}$ 同维的随机矢量 $\boldsymbol{x}^*$，并且具有如下几个特点：

① $\boldsymbol{x}^*$ 可以用 $\boldsymbol{z}$ 线性表示，即存在非随机的 M 维矢量 $\boldsymbol{a}$ 和 $M\times N$ 矩阵 $\boldsymbol{B}$，满足

$$\boldsymbol{x}^*=\boldsymbol{a}+\boldsymbol{B}\boldsymbol{z} \tag{6-2-1}$$

②满足无偏性要求，即

$$E(\boldsymbol{x}^*)=E(\boldsymbol{x}) \tag{6-2-2}$$

③ $\boldsymbol{x}-\boldsymbol{x}^*$ 与 $\boldsymbol{z}$ 正交，即

$$E[(\boldsymbol{x}-\boldsymbol{x}^*)\boldsymbol{z}^{\mathrm{T}}]=0 \tag{6-2-3}$$

则称 $\boldsymbol{x}^*$ 是 $\boldsymbol{x}$ 在 $\boldsymbol{z}$ 上的正交投影，简称投影，并记为 $\boldsymbol{x}^*=\hat{E}(\boldsymbol{x}/\boldsymbol{z})$。

显然，如果把 $\boldsymbol{x}$ 看作待估计矢量，而把 $\boldsymbol{z}$ 看作观测矢量，则线性最小均方估计量恰好具有投影定义的三个要求（线性、无偏性和正交性），因此，投影肯定是存在的。反之，满足正交投影定义三个要求的最佳估计也只能是线性均方估计，因此，正交投影是唯一的。

6.2.2 正交投影的几个重要性质

性质 6.2.1 若 $\boldsymbol{x}$ 和 $\boldsymbol{z}$ 是分别具有前二阶矩的随机矢量，则 $\boldsymbol{x}$ 在 $\boldsymbol{z}$ 上的投影唯一等于基于 $\boldsymbol{z}$ 的 $\boldsymbol{x}$ 的线性最小均方误差估计量，即

$$\begin{aligned}\boldsymbol{x}^*&=\hat{E}(\boldsymbol{x}/\boldsymbol{z})=E(\boldsymbol{x})+\cos(\boldsymbol{x},\boldsymbol{z})[\operatorname{var}(\boldsymbol{z})^{-1}][\boldsymbol{z}-E(\boldsymbol{z})]\\&=\hat{\boldsymbol{x}}_{\mathrm{LMS}}(\boldsymbol{z})\end{aligned} \tag{6-2-4}$$

证明:式(6-2-4)中第二个等号的右边的表示式恰好是 $\boldsymbol{x}$ 的线性最小均方误差估计量,所以第三个等号成立。因此,只要能证明具有投影三个性质的 $\boldsymbol{x}^*$ 有同样的表示式就行了。

由式(6-2-1)得

$$\boldsymbol{x}^* = \boldsymbol{a} + \boldsymbol{B}\boldsymbol{z} \tag{6-2-5}$$

由式(6-2-2)得

$$E(\boldsymbol{x}^*) = \boldsymbol{a} + \boldsymbol{B}E(\boldsymbol{z}) = E(\boldsymbol{x})$$

于是

$$\boldsymbol{a} = E(\boldsymbol{x}) - \boldsymbol{B}E(\boldsymbol{z})$$

这样

$$\boldsymbol{x}^* = E(\boldsymbol{x}) + \boldsymbol{B}[\boldsymbol{z} - E(\boldsymbol{z})] \tag{6-2-6}$$

由式(6-2-3)得

$$\begin{aligned} E[(\boldsymbol{x} - \boldsymbol{x}^*)\boldsymbol{z}^{\mathrm{T}}] &= E\{\{\boldsymbol{x} - E(\boldsymbol{x}) - \boldsymbol{B}[\boldsymbol{z} - E(\boldsymbol{z})]\}\boldsymbol{z}^{\mathrm{T}}\} \\ &= E\{\{\boldsymbol{x} - E(\boldsymbol{x}) - \boldsymbol{B}[\boldsymbol{z} - E(\boldsymbol{z})]\}[\boldsymbol{z} - E(\boldsymbol{z})]^{\mathrm{T}}\} \\ &= \mathrm{cov}(\boldsymbol{x},\boldsymbol{z}) - \boldsymbol{B}\mathrm{var}(\boldsymbol{z}) \\ &= 0 \end{aligned}$$

于是

$$\boldsymbol{B} = \mathrm{cov}(\boldsymbol{x},\boldsymbol{z})[\mathrm{var}(\boldsymbol{z})]^{-1}$$

这样

$$\boldsymbol{x}^* = E(\boldsymbol{x}) + \mathrm{cov}(\boldsymbol{x},\boldsymbol{z})[\mathrm{var}(\boldsymbol{z})]^{-1}[\boldsymbol{z} - E(\boldsymbol{z})] \tag{6-2-7}$$

因此

这就证明了正交引理的唯一性。

性质 6.2.2　设 $\boldsymbol{x}$ 和 $\boldsymbol{z}$ 是分别具有前二阶矩的随机矢量,$\boldsymbol{A}$ 为非随机矩阵,其列数等于 $\boldsymbol{x}$ 的维数,则

$$\hat{E}(\boldsymbol{A}\boldsymbol{x}/\boldsymbol{z}) = \boldsymbol{A}\hat{E}(\boldsymbol{x}/\boldsymbol{z}) \tag{6-2-8}$$

证明:由性质 6.2.1 有

$$\begin{aligned} \hat{E}(\boldsymbol{A}\boldsymbol{x}/\boldsymbol{z}) &= E(\boldsymbol{A}\boldsymbol{x}) + \cos(\boldsymbol{A}\boldsymbol{x},\boldsymbol{z})[\mathrm{var}(\boldsymbol{z})]^{-1}[\boldsymbol{z} - E(\boldsymbol{z})] \\ &= \boldsymbol{A}\hat{E}(\boldsymbol{x}) + \cos(\boldsymbol{A}\boldsymbol{x},\boldsymbol{z})[\mathrm{var}(\boldsymbol{z})]^{-1}[\boldsymbol{z} - E(\boldsymbol{z})] \\ &= \boldsymbol{A}\hat{E}(\boldsymbol{x}/\boldsymbol{z}) \end{aligned}$$

性质 6.2.2 得证。

性质 6.2.3　设 $\boldsymbol{x}$,$\boldsymbol{z}(k-1)$ 和 $\boldsymbol{z}_k$ 点是三个分别具有前二阶矩的随机矢量(维数不必相同),又令

$$\boldsymbol{z}(k) = \begin{bmatrix} \boldsymbol{z}(k-1) \\ \boldsymbol{z}_k \end{bmatrix} \tag{6-2-9}$$

则

$$\hat{E}[\boldsymbol{Ax}/\boldsymbol{z}(k)] = \hat{E}[\boldsymbol{x}/\boldsymbol{z}(k-1)] + \hat{E}[\tilde{\boldsymbol{x}}/\tilde{\boldsymbol{z}}_k]$$
$$= \hat{E}[\boldsymbol{x}/\boldsymbol{z}(k-1)] + \hat{E}(\tilde{\boldsymbol{x}}\tilde{\boldsymbol{z}}_k^{\mathrm{T}})\hat{E}[\tilde{\boldsymbol{z}}_k\tilde{\boldsymbol{z}}_k^{\mathrm{T}}]^{-1}\tilde{\boldsymbol{z}}_k \quad (6\text{-}2\text{-}10)$$

其中

$$\tilde{\boldsymbol{x}} = \boldsymbol{x} - \hat{E}[\boldsymbol{x}/\boldsymbol{z}(k-1)]$$
$$\tilde{\boldsymbol{z}}_k = \boldsymbol{z}_k - \hat{E}[\boldsymbol{z}_k/\boldsymbol{z}(k-1)]$$

证明:先证明式(6-2-10)中第二个等式成立,再证明等式的左端与等式右端的后一式相等。要证明第二个等式成立只需证明

$$\hat{E}[\tilde{\boldsymbol{x}}/\tilde{\boldsymbol{z}}_k] = E(\tilde{\boldsymbol{x}}\tilde{\boldsymbol{z}}_k^{\mathrm{T}})[E(\tilde{\boldsymbol{z}}_k\tilde{\boldsymbol{z}}_k^{\mathrm{T}})]^{-1}\tilde{\boldsymbol{z}}_k$$

由性质 6.2.1 有

$$\hat{E}(\tilde{\boldsymbol{x}}/\tilde{\boldsymbol{z}}_k) = E(\tilde{\boldsymbol{x}}) + \mathrm{cov}(\tilde{\boldsymbol{x}},\tilde{\boldsymbol{z}}_k)[\mathrm{var}(\tilde{\boldsymbol{z}}_k)]^{-1}[\tilde{\boldsymbol{z}}_k - E(\tilde{\boldsymbol{z}}_k)]$$

根据正交投影的无偏性,有

$$E(\tilde{\boldsymbol{x}}) = E\{\boldsymbol{x} - \hat{E}[\boldsymbol{x}/\boldsymbol{z}(k-1)]\} = 0 \quad (6\text{-}2\text{-}11)$$
$$E(\tilde{\boldsymbol{x}}) = E\{\boldsymbol{x} - \hat{E}[\boldsymbol{x}/\boldsymbol{z}(k-1)]\} = 0 \quad (6\text{-}2\text{-}12)$$

进而有

$$\mathrm{cov}(\tilde{\boldsymbol{x}},\tilde{\boldsymbol{z}}_k) = E\{[\tilde{\boldsymbol{x}} - E(\tilde{\boldsymbol{x}})][\tilde{\boldsymbol{z}}_k - E(\tilde{\boldsymbol{z}}_k)]^{\mathrm{T}}\} = E(\tilde{\boldsymbol{x}}\tilde{\boldsymbol{z}}_k^{\mathrm{T}}) \quad (6\text{-}2\text{-}13)$$
$$\mathrm{var}(\tilde{\boldsymbol{z}}_k) = E\{[\tilde{\boldsymbol{z}}_k - E(\tilde{\boldsymbol{z}}_k)][\tilde{\boldsymbol{z}}_k - E(\tilde{\boldsymbol{z}}_k)]^{\mathrm{T}}\} = E(\tilde{\boldsymbol{z}}_k\tilde{\boldsymbol{z}}_k^{\mathrm{T}}) \quad (6\text{-}2\text{-}14)$$

这样

$$\hat{E}[\tilde{\boldsymbol{x}}/\tilde{\boldsymbol{z}}_k] = E(\tilde{\boldsymbol{x}}\tilde{\boldsymbol{z}}_k^{\mathrm{T}})[E(\tilde{\boldsymbol{z}}_k\tilde{\boldsymbol{z}}_k^{\mathrm{T}})]^{-1}\tilde{\boldsymbol{z}}_k$$

从而使式(6-2-10)中右端两式相等得证。

现在利用正交投影的唯一性,来证明式(6-2-10)的左端等于右端后一式。于是只要验证

$$\boldsymbol{x}^* \triangleq \widetilde{E}[\boldsymbol{x}/\boldsymbol{z}(k-1)] + E(\tilde{\boldsymbol{x}}\tilde{\boldsymbol{z}}_k^{\mathrm{T}})[E(\tilde{\boldsymbol{z}}_k\tilde{\boldsymbol{z}}_k^{\mathrm{T}})]^{-1}\tilde{\boldsymbol{z}}_k \quad (6\text{-}2\text{-}15)$$

是 $\boldsymbol{x}$ 在 $\boldsymbol{z}(k)$ 上的投影即可,即验证 $\boldsymbol{x}^*$ 具有投影定义的三个要求。下面分三步进行验证。

①验证 $\boldsymbol{x}^*$ 可由 $\boldsymbol{z}(k)$ 线性表示。

因为 $\widetilde{E}[\boldsymbol{x}/\boldsymbol{z}(k-1)]$]和 $\hat{E}[\tilde{\boldsymbol{z}}_k/\boldsymbol{z}(k-1)]$ 都可由 $\boldsymbol{z}(k-1)$ 线性表示,所以

$$\tilde{\boldsymbol{z}}_k = \boldsymbol{z}_k - \hat{E}[\tilde{\boldsymbol{z}}_k/\boldsymbol{z}(k-1)]$$

可由 $\boldsymbol{z}(k)$ 线性表示。这样,由式(6-2-9)和式(6-2-15)知,$\boldsymbol{x}^*$ 可由 $\boldsymbol{z}(k)$ 线性表示。

②验证 $\boldsymbol{x}^*$ 的无偏性。

由式(6-2-15)得

$$E(\boldsymbol{x}^*) = E\{\widetilde{E}[\boldsymbol{x}/\boldsymbol{z}(k-1)]\} + E(\tilde{\boldsymbol{x}}\tilde{\boldsymbol{z}}_k^{\mathrm{T}})[E(\tilde{\boldsymbol{z}}_k\tilde{\boldsymbol{z}}_k^{\mathrm{T}})]^{-1}E(\tilde{\boldsymbol{z}}_k)$$

而由投影的无偏性知

$$E\{\widetilde{E}[\boldsymbol{x}/\boldsymbol{z}(k-1)]\} = E(\boldsymbol{x})$$

$$E(\tilde{z}_k) = 0$$

所以

$$E(\boldsymbol{x}^*) = E(\boldsymbol{x})$$

因而 $\boldsymbol{x}^*$ 是无偏的。

③验证 $(\boldsymbol{x}-\boldsymbol{x}^*)$ 与 $\boldsymbol{z}(k)$ 的正交性。

由于 $\hat{E}[\tilde{\boldsymbol{z}}_k/\boldsymbol{z}(k-1)]$ 可由 $\boldsymbol{z}(k-1)$ 线性表示，而 $\tilde{\boldsymbol{x}} = \boldsymbol{x} - \hat{E}[\boldsymbol{x}/\boldsymbol{z}(k-1)]$ 和 $\tilde{\boldsymbol{z}}_k = \boldsymbol{z}_k - \hat{E}[\tilde{\boldsymbol{z}}_k/\boldsymbol{z}(k-1)]$ 均与 $\boldsymbol{z}(k-1)$ 正交，所以 $\tilde{\boldsymbol{x}}$ 和 $\tilde{\boldsymbol{z}}_k$ 均与 $\hat{E}[\tilde{\boldsymbol{z}}_k/\boldsymbol{z}(k-1)]$ 正交，即

$$E\{\tilde{\boldsymbol{x}}(\hat{E}[\tilde{\boldsymbol{z}}_k/\boldsymbol{z}(k-1)])^{\mathrm{T}}\} = 0 \tag{6-2-16}$$

$$E\{\tilde{\boldsymbol{z}}_k(\hat{E}[\tilde{\boldsymbol{z}}_k/\boldsymbol{z}(k-1)])^{\mathrm{T}}\} = 0 \tag{6-2-17}$$

因为

$$\tilde{\boldsymbol{z}}_k = \boldsymbol{z}_k - \hat{E}[\tilde{\boldsymbol{z}}_k/\boldsymbol{z}(k-1)]$$

所以

$$\boldsymbol{z}_k = \tilde{\boldsymbol{z}}_k + \hat{E}[\tilde{\boldsymbol{z}}_k/\boldsymbol{z}(k-1)]$$

这样

$$\boldsymbol{z}_k^{\mathrm{T}} = \tilde{\boldsymbol{z}}_k^{\mathrm{T}} + (\hat{E}[\tilde{\boldsymbol{z}}_k/\boldsymbol{z}(k-1)])^{\mathrm{T}} \tag{6-2-18}$$

由式(6-2-16)、式(6-2-17)和式(6-2-18)得

$$E(\tilde{\boldsymbol{x}}\boldsymbol{z}_k^{\mathrm{T}}) = E(\tilde{\boldsymbol{x}}\tilde{\boldsymbol{z}}_k^{\mathrm{T}}) + E\{\tilde{\boldsymbol{x}}(\hat{E}[\tilde{\boldsymbol{z}}_k/\boldsymbol{z}(k-1)])^{\mathrm{T}}\} = E(\tilde{\boldsymbol{x}}\tilde{\boldsymbol{z}}_k^{\mathrm{T}}) \tag{6-2-19}$$

$$E(\tilde{\boldsymbol{z}}_k\boldsymbol{z}_k^{\mathrm{T}}) = E(\tilde{\boldsymbol{z}}_k\tilde{\boldsymbol{z}}_k^{\mathrm{T}}) + E\{\tilde{\boldsymbol{z}}_k(\hat{E}[\tilde{\boldsymbol{z}}_k/\boldsymbol{z}(k-1)])^{\mathrm{T}}\} = E(\tilde{\boldsymbol{z}}_k\tilde{\boldsymbol{z}}_k^{\mathrm{T}}) \tag{6-2-20}$$

将 $\boldsymbol{x}^*$ 的式(6-2-15)代入 $E[(\boldsymbol{x}-\boldsymbol{x}^*)\boldsymbol{z}^{\mathrm{T}}(k)]$，得

$$\begin{aligned} & E[(\boldsymbol{x}-\boldsymbol{x}^*)\boldsymbol{z}^{\mathrm{T}}(k)] \\ &= E\{[\boldsymbol{x} - \hat{E}[\boldsymbol{x}/\boldsymbol{z}(k-1)] - E(\tilde{\boldsymbol{x}}\tilde{\boldsymbol{z}}_k^{\mathrm{T}})[E(\tilde{\boldsymbol{z}}_k\tilde{\boldsymbol{z}}_k^{\mathrm{T}})]^{-1}\tilde{\boldsymbol{z}}_k]\boldsymbol{z}^{\mathrm{T}}(k)\} \\ &= E[\tilde{\boldsymbol{x}}\boldsymbol{z}^{\mathrm{T}}(k)] - E(\tilde{\boldsymbol{x}}\tilde{\boldsymbol{z}}_k^{\mathrm{T}})[E(\tilde{\boldsymbol{z}}_k\tilde{\boldsymbol{z}}_k^{\mathrm{T}})]^{-1}E[\tilde{\boldsymbol{z}}_k\boldsymbol{z}^{\mathrm{T}}(k)] \end{aligned} \tag{6-2-21}$$

因为

$$\boldsymbol{z}^{\mathrm{T}}(k) = [\boldsymbol{z}^{\mathrm{T}}(k-1)\boldsymbol{z}_k^{\mathrm{T}}]$$

注意到式(6-2-19)和式(6-2-20)，则式(6-2-21)成为

$$\begin{aligned} & E[(\boldsymbol{x}-\boldsymbol{x}^*)\boldsymbol{z}^{\mathrm{T}}(k)] \\ &= E[\tilde{\boldsymbol{x}}\boldsymbol{z}^{\mathrm{T}}(k-1)\tilde{\boldsymbol{x}}\boldsymbol{z}_k^{\mathrm{T}}] - E(\tilde{\boldsymbol{x}}\tilde{\boldsymbol{z}}_k^{\mathrm{T}})[E(\tilde{\boldsymbol{z}}_k\tilde{\boldsymbol{z}}_k^{\mathrm{T}})]^{-1}E[\tilde{\boldsymbol{z}}_k\boldsymbol{z}^{\mathrm{T}}(k-1)\tilde{\boldsymbol{z}}_k\boldsymbol{z}^{\mathrm{T}}(k)] \\ &= [0 \quad E(\tilde{\boldsymbol{x}}\boldsymbol{z}_k^{\mathrm{T}})] - [0 \quad E(\tilde{\boldsymbol{x}}\tilde{\boldsymbol{z}}_k^{\mathrm{T}})[E(\tilde{\boldsymbol{z}}_k\tilde{\boldsymbol{z}}_k^{\mathrm{T}})]^{-1}E(\tilde{\boldsymbol{z}}_k\boldsymbol{z}_k^{\mathrm{T}})] \\ &= [0 \quad E(\tilde{\boldsymbol{x}}\tilde{\boldsymbol{z}}_k^{\mathrm{T}})] - [0 \quad E(\tilde{\boldsymbol{x}}\tilde{\boldsymbol{z}}_k^{\mathrm{T}})] \\ &= 0 \end{aligned} \tag{6-2-22}$$

这就证明了 $(\boldsymbol{x}-\boldsymbol{x}^*)$ 与 $\boldsymbol{z}(k)$ 是正交的。

综合上述验证结果，$\boldsymbol{x}^*$ 满足正交投影的三个性质，因此它是 $\boldsymbol{x}$ 在 $\boldsymbol{z}(k)$

上的投影，故

$$x^* = \hat{E}[x/z(k)] = \hat{E}[x/z(k-1)] + E(\tilde{x}\tilde{z}_k^{\mathrm{T}})[E(\tilde{z}_k\tilde{z}_k^{\mathrm{T}})]^{-1}\tilde{z}_k$$

这就证明了式(6-2-10)成立，性质 6.2.3 得证。正交投影性质 6.2.3 的几何意义如图 6-2-1 所示。

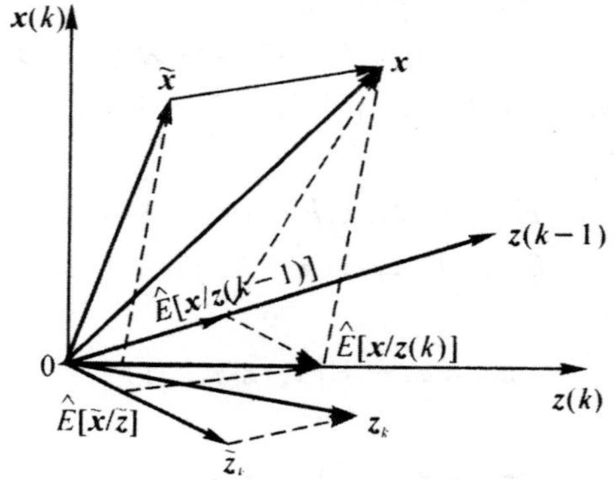

图 6-2-1　投影性质 3 的几何意义

6.3　维纳滤波

维纳滤波是一种从噪声中提取有用信号波形的最佳线性滤波方法。实现维纳滤波的线性时不变系统称为维纳滤波器。实现维纳滤波所要求的条件是：维纳滤波器的输入信号为有用信号和噪声之和，输入信号是平稳随机过程，并且已知它的一、二阶矩。维纳滤波采用最小均方误差准则作为信号波形估计或滤波的最佳准则，也就是使维纳滤波器的期望输出与实际输出之间的均方误差为最小。采用维纳滤波解决信号波形估计问题就是根据噪声环境的一、二阶统计特性，求出维纳滤波器的单位冲激响应或传输函数。

维纳滤波的研究就是根据观测信号（接收信号）的自相关函数（或功率谱密度）和观测信号与有用信号的互相关函数（或互功率谱密度），求解出满足最小均方误差准则约束的线性系统的冲激响应或传输函数。

维纳滤波通常分为连续随机过程的维纳滤波和离散随机过程的维纳滤波。

维纳滤波器不是自适应滤波器，自适应滤波器的滤波系数是时变的，而维纳滤波器的参数是固定的，它适用于一、二阶统计特性不随时间变化的平稳随机过程。

无论平稳随机过程是连续的还是离散的，是标量的还是向量的，维纳滤波器都可应用。对某些问题，还可求出滤波器传递函数的显式解，并进而采用由简单的物理元件组成的网络构成维纳滤波器。维纳滤波器的缺点是，要求得到半无限时间区间内的全部观测数据的条件很难满足，同时它也不能用于噪声为非平稳的随机过程的情况，对于向量情况应用也不方便。因此，维纳滤波在实际问题中应用不多。

6.3.1 连续过程的维纳滤波

假定信号 $s(t)$ 和加性噪声 $n(t)$ 均为平稳随机过程，且 $s(t)$ 和 $n(t)$ 是联合平稳的，设连续过程的观测数据为

$$x(t)=s(t)+n(t) \tag{6-3-1}$$

利用滤波器 $h(t)$ 实现对信号 $s(t)$ 的估计。

$$\begin{aligned} y(t)=\hat{s}(t)&=\int_{-\infty}^{\infty}h(t-\tau)x(\tau)\mathrm{d}\tau \\ &=\int_{-\infty}^{\infty}h(\tau)x(t-\tau)\mathrm{d}\tau \end{aligned} \tag{6-3-2}$$

利用均方误差作为连续维纳滤波器的性能指标来进行分析，即

$$E[(s(t)-\hat{s}(t))^2]=E\left[\left(s(t)-\int_{-\infty}^{\infty}h(\tau)x(t-\tau)\mathrm{d}\tau\right)^2\right] \tag{6-3-3}$$

为了得到线性最优滤波器的冲激响应，需求解满足上式为最小的冲激响应系数，即

$$h_{\mathrm{opt}}(t)=\arg\min_{h(t)}E\left[\left(s(t)-\int_{-\infty}^{\infty}h(\tau)x(t-\tau)\mathrm{d}\tau\right)^2\right] \tag{6-3-4}$$

根据 $s(t)$ 和 $n(t)$ 的统计特性可知

$$E[s(t)s(t+\tau)]=E[s(t)s(t-\tau)]=R_S(\tau) \tag{6-3-5}$$

$$E[n(t)n(t+\tau)]=E[n(t)n(t-\tau)]=R_N(\tau) \tag{6-3-6}$$

$$E[s(t)x(t+\tau)]=E[s(t)x(t-\tau)]=R_{sx}(\tau)=R_S(\tau)+R_{sn}(\tau) \tag{6-3-7}$$

$$\begin{aligned} E[x(t)x(t+\tau)]&=E[x(t)x(t-\tau)]=R_X(\tau) \\ &=R_S(\tau)+R_{sn}(\tau)+R_{ns}(\tau)+R_N(\tau) \end{aligned} \tag{6-3-8}$$

将式(6-3-5)～式(6-3-8)代入式(6-3-3)，得

$$\begin{aligned} &E[(s(t)-\hat{s}(t))^2] \\ &=E\left[\left(s(t)-\int_{-\infty}^{\infty}h(\tau)x(t-\tau)\mathrm{d}\tau\right)^2\right] \\ &=E\left[\left(s(t)-\int_{-\infty}^{\infty}h(\tau_1)x(t-\tau_1)\mathrm{d}\tau_1\right)\cdot\left(s(t)-\int_{-\infty}^{\infty}h(\tau_2)x(t-\tau_2)\mathrm{d}\tau_2\right)\right] \end{aligned}$$

$$= E\left[\begin{array}{l} s^2(t) - s(t)\int_{-\infty}^{\infty} h(\tau_1)x(t-\tau_1)\mathrm{d}\tau_1 - s(t)\int_{-\infty}^{\infty} h(\tau_2)x(t-\tau_2)\mathrm{d}\tau_2 \\ + \int_{-\infty}^{\infty}\int_{-\infty}^{\infty} h(\tau_1)h(\tau_2)x(t-\tau_1)x(t-\tau_2)\mathrm{d}\tau_1\mathrm{d}\tau_2 \end{array}\right]$$

$$= E[s^2(t)] - \int_{-\infty}^{\infty} h(\tau_1)E[s(t)x(t-\tau_1)]\mathrm{d}\tau_1$$

$$- \int_{-\infty}^{\infty} h(\tau_2)E[s(t)x(t-\tau_2)]\mathrm{d}\tau_2$$

$$+ \int_{-\infty}^{\infty}\int_{-\infty}^{\infty} h(\tau_1)h(\tau_2)E[x(t-\tau_1)x(t-\tau_2)]\mathrm{d}\tau_1\mathrm{d}\tau_2$$

$$= R_S(0) - \int_{-\infty}^{\infty} h(\tau_1)R_{sx}(\tau_1)\mathrm{d}\tau_1 - \int_{-\infty}^{\infty} h(\tau_2)R_{sx}(\tau_2)\mathrm{d}\tau_2$$

$$+ \int_{-\infty}^{\infty}\int_{-\infty}^{\infty} h(\tau_1)h(\tau_2)R_X(\tau_2-\tau_1)\mathrm{d}\tau_1\mathrm{d}\tau_2$$

$$= R_S(0) - 2\int_{-\infty}^{\infty} h(\tau)R_{sx}(\tau)\mathrm{d}\tau + \int_{-\infty}^{\infty}\int_{-\infty}^{\infty} h(\tau_1)h(\tau_2)R_X(\tau_2-\tau_1)\mathrm{d}\tau_1\mathrm{d}\tau_2 \tag{6-3-9}$$

尽管偏微分方法可获得上式的最优解，但计算复杂，故采用参数优化方法来获得 $h_{\text{opt}}(t)$。假设 $h(t)$ 是由 $h_{\text{opt}}(t)$ 和 $\Delta h_{\text{opt}}(t)$ 组成的，即

$$h(t) = h_{\text{opt}}(t) + \alpha\Delta h_{\text{opt}}(t) \tag{6-3-10}$$

其中，α 是一个标量参数。

将上式代入式(6-3-9)，得

$$J(\alpha) = E[(s(t) - \hat{s}(t))^2]$$

$$= R_S(0) - 2\int_{-\infty}^{\infty} [h_{\text{opt}}(\tau) + \alpha\Delta h_{\text{opt}}(\tau)]R_{sx}(\tau)\mathrm{d}\tau$$

$$+ \int_{-\infty}^{\infty}\int_{-\infty}^{\infty} [h_{\text{opt}}(\tau_1) + \alpha\Delta h_{\text{opt}}(\tau_1)]$$

$$\cdot [h_{\text{opt}}(\tau_2) + \alpha\Delta h_{\text{opt}}(\tau_2)]R_X(\tau_2-\tau_1)\mathrm{d}\tau_1\mathrm{d}\tau_2 \tag{6-3-11}$$

这时，均方误差 $J(\alpha)$ 转化为 α、$h_{\text{opt}}(t)$、$\Delta h_{\text{opt}}(t)$ 三者的函数。显然，当满足 $\left.\dfrac{\partial J(\alpha)}{\partial \alpha}\right|_{\alpha=0}$ 时，均方误差可获得最小值。

$$\left.\frac{\partial J(\alpha)}{\partial \alpha}\right|_{\alpha=0} = -2\int_{-\infty}^{\infty} \Delta h_{\text{opt}}(\tau)R_{sx}(\tau)\mathrm{d}\tau$$

$$+ \int_{-\infty}^{\infty}\int_{-\infty}^{\infty} h_{\text{opt}}(\tau_2)\Delta h_{\text{opt}}(\tau_1)R_X(\tau_2-\tau_1)\mathrm{d}\tau_1\mathrm{d}\tau_2$$

$$+ \int_{-\infty}^{\infty}\int_{-\infty}^{\infty} h_{\text{opt}}(\tau_1)\Delta h_{\text{opt}}(\tau_2)R_X(\tau_2-\tau_1)\mathrm{d}\tau_1\mathrm{d}\tau_2$$

$$= 0 \tag{6-3-12}$$

因为 $\Delta h_{\text{opt}}(\tau)$ 是任意项，所以上式应对所有可能的 $\Delta h_{\text{opt}}(\tau)$ 都成立。

于是上式等价于

$$R_{sx}(\tau_2)-\int_{-\infty}^{\infty}h_{\mathrm{opt}}(\tau_1)R_X(\tau_2-\tau_1)\mathrm{d}\tau_1=0 \tag{6-3-13}$$

即

$$R_{sx}(\tau)=\int_{-\infty}^{\infty}h_{\mathrm{opt}}(\tau_1)R_X(\tau-\tau_1)\mathrm{d}\tau_1,-\infty<\tau<\infty \tag{6-3-14}$$

上式称为维纳-霍普夫积分方程，将上式两边进行傅里叶变换，得

$$H_{\mathrm{opt}}(\omega)=\frac{G_{sx}(\omega)}{G_X(\omega)} \tag{6-3-15}$$

式中，$G_{sx}(\omega)=\sum_{\tau=-\infty}^{\infty}R_{sx}(\tau)\mathrm{e}^{-\mathrm{j}\omega\tau}$；$G_X(\omega)=\sum_{\tau=-\infty}^{\infty}R_X(\tau)\mathrm{e}^{-\mathrm{j}\omega\tau}$。

这种滤波器称为非因果维纳滤波器。因为滤波器的冲激响应 $h_{\mathrm{opt}}(\tau)$ 在 $(-\infty,\infty)$ 内取值，故是物理不可实现的。但任何一个非因果线性系统都可以看作是由因果和反因果两部分组成的。因果部分是物理可实现的，反因果部分是物理不可实现的。由此可知，从一个非因果维纳滤波器中将因果部分单独分离出来，就可以得到物理可实现的因果维纳滤波器。

通常，直接从 $H(\omega)=\sum_{k=-\infty}^{\infty}h(k)\mathrm{e}^{-\mathrm{j}\omega k}$ 中分离出因果部分 $H(\omega)=\sum_{k=0}^{\infty}h(k)\mathrm{e}^{-\mathrm{j}\omega k}$ 是十分困难的，但功率谱 $G_X(\omega)$ 为 ω 的有理式函数时，却很容易获得因果维纳滤波器的最优解。

将有理式功率谱 $G_X(\omega)$ 分解为

$$G_X(\omega)=A_X^+(\omega)+A_X^-(\omega) \tag{6-3-16}$$

式中，$A_X^+(\omega)$ 的零、极点全部位于左半平面，而 $A_X^-(\omega)$ 的零、极点则全部位于右半平面，而且位于 ω 轴上的零、极点平分给 $A_X^+(\omega)$ 和 $A_X^-(\omega)$。

又可以进行如下分解

$$\frac{G_{sx}(\omega)}{A_X^-(\omega)}=B_X^+(\omega)+B_X^-(\omega) \tag{6-3-17}$$

式中，$B_X^+(\omega)$ 的零、极点全部位于左半平面，$B_X^-(\omega)$ 的零、极点则全部位于右半平面，并且位于 ω 轴上的零、极点平分给 $B_X^+(\omega)$ 和 $B_X^-(\omega)$。于是

$$\begin{aligned}H(\omega)&=\frac{G_{sx}(\omega)}{A_X^+(\omega)A_X^-(\omega)}\\&=\frac{1}{A_X^+(\omega)}\frac{G_{sx}(\omega)}{A_X^-(\omega)}\\&=\frac{1}{A_X^+(\omega)}[B_X^+(\omega)+B_X^-(\omega)]\end{aligned} \tag{6-3-18}$$

此时

$$H_{\mathrm{opt}}(\omega)=\frac{B_X^+(\omega)}{A_X^+(\omega)} \tag{6-3-19}$$

上式只包含左半平面的零、极点，所以它是物理可实现的。于是 $G_X(\omega)$ 为有理式功率谱时，连续过程因果维纳滤波器的最优化解可通过上式获得。

6.3.2 离散过程的维纳滤波

1. 离散过程维纳滤波的时域解

维纳滤波器的求解是寻求在最小均方误差下滤波器的单位冲激响应 $h(n)$ 或传递函数 $H(z)$，实质上是求解维纳-霍普夫（Wiener-Hopf）方程。在满足因果性条件下，求解维纳-霍普夫方程就是一个难题。在时域中求解最小均方误差下的 $h(n)$，并用 $h_{\mathrm{opt}}(n)$ 表示。对于离散过程，有

$$y(n)=\hat{s}(n)=\sum_{m=-\infty}^{\infty}h(m)x(n-m) \tag{6-3-20}$$

物理可实现的 $h(n)$，必须是一个因果序列，即

$$h(n)=0,n<0 \tag{6-3-21}$$

因此，如果是一个因果序列，式(6-3-20)就可表示为

$$y(n)=\hat{s}(n)=\sum_{m=0}^{\infty}h(m)x(n-m) \tag{6-3-22}$$

于是

$$\begin{aligned}E[e^2(n)]&=E[(s(n)-\hat{s}(n))^2]\\&=E\left[\left(s(n)-\sum_{m=0}^{\infty}h(m)x(n-m)\right)^2\right]\end{aligned} \tag{6-3-23}$$

为了求解使 $E[(s(n)-\hat{s}(n))^2]$ 最小的 $h(n)$，将上式对各 $h(n)$ 求偏导，令其结果为 0，得

$$2E\left[\left(s(n)-\sum_{m=0}^{\infty}h(m)x(n-m)\right)x(n-k)\right]=0,k\geqslant 0 \tag{6-3-24}$$

也即

$$E[e(n)x(n-m)]=0 \tag{6-3-25}$$

上式称为正交性原理。这里借助矢量正交时点乘为 0 的原理，即线性均方估计的估计误差与所观测样本正交，正交性原理与最小线性均方准则是等价的。

由式(6-3-24)可得

$$E[s(n)x(n-k)] = \sum_{m=0}^{\infty} h(m)E[x(n-m)x(n-k)], k \geqslant 0$$

(6-3-26)

上式称为时域离散形式的维纳-霍普夫方程，从该方程中解出 $h_{\mathrm{opt}}(m)$，即是最小均方误差准则下的最佳解。

上式中 $k \geqslant 0$ 的约束条件是由于假设 $h(n)$ 是一个物理可实现的因果序列。如果不加物理可实现的约束，上式中的 $k \geqslant 0$ 的约束条件就不存在了。因此非因果的维纳-霍普夫方程为

$$R_{sx}(k) = \sum_{m=-\infty}^{\infty} h_{\mathrm{opt}}(m)R_X(k-m) \tag{6-3-27}$$

上式可以直接变换到 z 域，得

$$R_{sx}(z) = H_{\mathrm{opt}}(z)R_X(z) \tag{6-3-28}$$

或

$$H_{\mathrm{opt}}(z) = \frac{R_{sx}(z)}{R_X(z)} \tag{6-3-29}$$

因而

$$h_{\mathrm{opt}}(n) = Z^{-1}[H_{\mathrm{opt}}(z)] = Z^{-1}\left[\frac{R_{sx}(z)}{R_X(z)}\right] \tag{6-3-30}$$

然而，由于物理可实现系统不容许存在等待或滞后，就必须考虑因果性约束，以下讨论有限长时域解的逼近方法。

设 $h(n)$ 是一个因果序列，用长度为 N 的序列去逼近，于是有

$$y(n) = \hat{s}(n) = \sum_{m=0}^{N-1} h(m)x(n-m) \tag{6-3-31}$$

$$2E\left[\left(s(n) - \sum_{m=0}^{N-1} h(m)x(n-m)\right)x(n-k)\right] = 0, k = 0,1,\cdots,N-1$$

(6-3-32)

$$R_{sx}(k) = \sum_{m=0}^{N-1} h(m)R_X(k-m) \tag{6-3-33}$$

写成矩阵形式为

$$\boldsymbol{R}_X\boldsymbol{H} = \boldsymbol{R}_{sx} \tag{6-3-34}$$

这里

$$\boldsymbol{H} = [h(0), h(1), \cdots, h(N-1)]^{\mathrm{T}} \tag{6-3-35}$$

$$\boldsymbol{R}_X = \begin{bmatrix} R_X(0) & R_X(1) & \cdots & R_X(N-1) \\ R_X(1) & R_X(0) & \cdots & R_X(N-2) \\ \vdots & \vdots & \ddots & \vdots \\ R_X(N-1) & R_X(N-2) & \cdots & R_X(0) \end{bmatrix} \tag{6-3-36}$$

式中，$\boldsymbol{R}_X$ 称为 $x(n)$的自相关矩阵。

$$\boldsymbol{R}_{sx} = [R_{sx}(0), R_{sx}(1), \cdots, R_{sx}(N-1)]^{\mathrm{T}} \tag{6-3-37}$$

$\boldsymbol{R}_{sx}$ 称为 $s(n)$与 $s(n)$的互相关矩阵。于是

$$\boldsymbol{H} = \boldsymbol{H}_{\mathrm{opt}} = \boldsymbol{R}_X^{-1}\boldsymbol{R}_{sx} \tag{6-3-38}$$

当已知 $\boldsymbol{R}_X$ 和 $\boldsymbol{R}_{sx}$，则可按上式在时域内解得满足因果条件的 $\boldsymbol{H}_{\mathrm{opt}}$。但 N 大时，计算 $\boldsymbol{R}_X$ 及其逆矩阵的计算量很大，对存储量的要求很高。如果计算过程中想增加 $h(n)$ 的长度 N 来提高逼近精度，则必须重新计算。

2. 离散过程维纳滤波的 z 域解

当维纳滤波器单位冲激响应 $h(n)$ 是一个物理可实现的因果序列时，得到的维纳-霍普夫方程有 $k \geqslant 0$ 的约束，不能直接在 z 域获得 $H_{\mathrm{opt}}(z)$，进而通过 $H_{\mathrm{opt}}(z) \leftrightarrow h_{\mathrm{opt}}(n)$ 变换获得最优解。将 $x(n)$白化是一种常用的求解 z 域解的方法。

任何具有有理功率谱密度的随机信号都可以看成是由一白噪声 $w(n)$ 激励一个物理网络所形成的。一般信号 $s(n)$的功率谱密度 $G_S(z)$ 是 z 的有理分式，故 $s(n)$的信号模型如图 6-3-1 所示，其中 $A(z)$ 是信号 $s(n)$形成网络的传递函数。白噪声的自相关函数及功率谱密度分别用以下两式表示

$$R_W(n) = \sigma_w^2\delta(n) \tag{6-3-39}$$

$$G_W(z) = \sigma_w^2 = \text{常数} \tag{6-3-40}$$

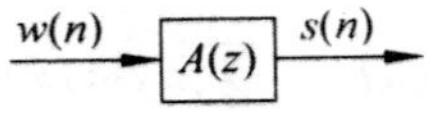

图 6-3-1 $s(n)$的信号模型

于是，$s(n)$的功率谱密度可表示为

$$G_S(z) = \sigma_w^2 A(z)A(z^{-1}) \tag{6-3-41}$$

如果 $x(n)$的功率谱密度也为 z 的有理分式，$x(n)$的信号模型如图 6-3-2 所示，$B(z)$ 是 $x(n)$的形成网络的传递函数。有

$$x(z) = \sigma_w^2 B(z)B(z^{-1}) \tag{6-3-42}$$

式中，$B(z)$ 是由圆内的零极点组成；$B(z^{-1})$ 是由相对应的圆外的零极点组成。故 $B(z)$ 是一个物理可实现的最小相移的网络。

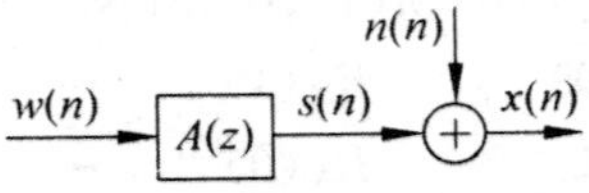

图 6-3-2 $x(n)$的信号模型

为了白化 $x(n)$，直接利用图 6-3-3 的信号模型进行运算求解。

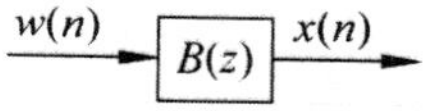

图 6-3-3　维纳滤波器的信号模型

由图 6-3-3 可得

$$X(z)=B(z)W(z) \tag{6-3-43}$$

于是

$$W(z)=\frac{1}{B(z)}X(z) \tag{6-3-44}$$

由于 $B(z)$ 是一个最小相移网络函数，故 $\frac{1}{B(z)}$ 也是一个物理可实现的最小相移网络，因此可以利用上式来白化 $x(n)$。

为了求得 $H_{\text{opt}}(z)$，将 $H(z)$ 分解成两个串联的滤波器：$\frac{1}{B(z)}$ 与 $C(z)$，如图 6-3-4 所示。

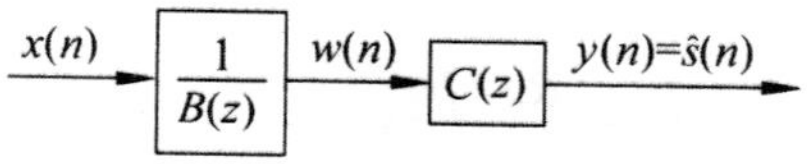

图 6-3-4　用白化方法求解维纳-霍普夫方程

$$H(z)=\frac{C(z)}{B(z)} \tag{6-3-45}$$

如果 $G_X(z)$ 已知，可按式(6-3-42)求得 $B(z)$ 或 $\frac{1}{B(z)}$，它是一个物理可实现的因果系统。于是，求最小均方误差下的最佳 $H_{\text{opt}}(z)$ 问题就转化为求最佳 $C(z)$ 的问题。以下分别讨论没有物理可实现约束的（非因果的）与有物理可实现约束的（因果的）维纳滤波器实现。

①没有物理可实现性约束的（非因果的）维纳滤波器。

由图 6-3-4 可得

$$\hat{s}(n)=\sum_{k=-\infty}^{\infty}c(k)w(n-k) \tag{6-3-46}$$

这里，$c(k)$ 为 $C(z)$ 的逆 z 变换。

$$\begin{aligned}E[e^2(n)]&=\left[\left(s(n)-\sum_{k=-\infty}^{\infty}c(k)w(n-k)\right)^2\right]\\&=E\left[s^2(n)-2\sum_{k=-\infty}^{\infty}c(k)w(n-k)s(n)\right.\\&\quad\left.+\sum_{k=-\infty}^{\infty}\sum_{r=-\infty}^{\infty}c(k)c(r)w(n-k)w(n-r)\right]\end{aligned}$$

$$= E[s^2(n)] - 2\sum_{k=-\infty}^{\infty} c(k)E[w(n-k)s(n)]$$

$$+ \sum_{k=-\infty}^{\infty}\sum_{r=-\infty}^{\infty} c(k)c(r)E[w(n-k)w(n-r)]$$

$$= R_S(0) - 2\sum_{k=-\infty}^{\infty} c(k)R_{us}(k) + \sum_{k=-\infty}^{\infty}\sum_{r=-\infty}^{\infty} c(k)c(r)R_W(r-k)$$

$$= R_S(0) - 2\sum_{k=-\infty}^{\infty} c(k)R_{us}(k) + \sigma_w^2\sum_{k=-\infty}^{\infty} c^2(k)$$

$$= R_S(0) + \sum_{k=-\infty}^{\infty}\left[\sigma_w c(k) - \frac{R_{us}(k)}{\sigma_w}\right]^2 - \sum_{k=-\infty}^{\infty}\frac{R_{us}^2(k)}{\sigma_w^2} \quad (6\text{-}3\text{-}47)$$

由上式可知，欲求解满足最小均方误差条件下的 $c(k)$，必须使下式成立

$$\sigma_w c(k) - \frac{R_{us}(k)}{\sigma_w} = 0, -\infty < k < \infty \quad (6\text{-}3\text{-}48)$$

可得

$$c_{\text{opt}}(k) = \frac{R_{us}(k)}{\sigma_w^2}, -\infty < k < \infty \quad (6\text{-}3\text{-}49)$$

上式两边进行 z 变换可得

$$C_{\text{opt}}(z) = \frac{G_{us}(z)}{\sigma_w^2} \quad (6\text{-}3\text{-}50)$$

由式(6-3-45)得

$$H_{\text{opt}}(z) = \frac{C(z)}{B(z)} = \frac{1}{\sigma_w^2}\frac{G_{us}(z)}{B(z)} \quad (6\text{-}3\text{-}51)$$

由相关卷积定理可知

$$G_{sx}(z) = B(z^{-1})G_{us}(z) \quad (6\text{-}3\text{-}52)$$

于是

$$G_{us}(z) = \frac{G_{sx}(z)}{B(z^{-1})} \quad (6\text{-}3\text{-}53)$$

将上式代入式(6-3-51)得

$$H_{\text{opt}}(z) = \frac{C(z)}{B(z)} = \frac{1}{\sigma_w^2 B(z)}\frac{G_{sx}(z)}{B(z^{-1})} = \frac{G_{sx}(z)}{G_X(z)} \quad (6\text{-}3\text{-}54)$$

上式即为非物理实现约束的维纳滤波器的最优解。

以下讨论非物理实现约束的维纳滤波器的最小均方误差 $E[e^2(n)]_{\min}$。由式(6-3-47)和式(6-3-49)有

$$E[e^2(n)]_{\min} = R_S(0) - \frac{1}{\sigma_w^2}\sum_{k=-\infty}^{\infty} R_{us}^2(k) \quad (6\text{-}3\text{-}55)$$

由帕塞瓦尔(Parseval)定理可知

$$R_S(m)=\frac{1}{2\pi j}\oint G_S(z)z^{m-1}\mathrm{d}z \tag{6-3-56}$$

因而有

$$R_S(0)=\frac{1}{2\pi j}\oint G_S(z)\frac{\mathrm{d}z}{z} \tag{6-3-57}$$

由帕塞瓦尔定理和 z 变换的性质可知

$$\sum_{n=-\infty}^{\infty}x(n)y^*(n)=\frac{1}{2\pi j}\oint_C X(z)Y^*(1/z^*)z^{-1}\mathrm{d}z \tag{6-3-58}$$

当 $y^*(n)=x(n)$ 时，上式改写为

$$\sum_{n=-\infty}^{\infty}x^2(n)=\frac{1}{2\pi j}\oint_C X(z)X(z^{-1})z^{-1}\mathrm{d}z \tag{6-3-59}$$

上式中令 $x(n)=R_{us}^2(k)$，并在两边同时乘以 $\frac{1}{\sigma_w^2}$ 得

$$\frac{1}{\sigma_w^2}\sum_{k=-\infty}^{\infty}R_{us}^2(k)=\frac{1}{\sigma_w^2}\frac{1}{2\pi j}\oint_C G_{us}(z)G_{us}(z^{-1})\frac{\mathrm{d}z}{z} \tag{6-3-60}$$

于是，式(6-3-55)在 z 域可表示为

$$E[e^2(n)]_{\min}=\frac{1}{2\pi j}\oint_C\left[G_S(z)-\frac{1}{\sigma_w^2}G_{us}(z)G_{us}(z^{-1})\right]\frac{\mathrm{d}z}{z} \tag{6-3-61}$$

将式(6-3-53)代入上式，得

$$E[e^2(n)]_{\min}=\frac{1}{2\pi j}\oint_C\left[G_S(z)-\frac{1}{\sigma_w^2}\frac{G_{sx}(z)}{B(z^{-1})}\frac{G_{sx}(z^{-1})}{B(z)}\right]\frac{\mathrm{d}z}{z} \tag{6-3-62}$$

将式(6-3-54)代入上式，进行整理得

$$E[e^2(n)]_{\min}=\frac{1}{2\pi j}\oint_C\left[G_S(z)-\frac{G_{sx}(z)}{G_X(z)}G_{sx}(z^{-1})\right]\frac{\mathrm{d}z}{z} \tag{6-3-63}$$

当 $s(n)$ 与 $n(n)$ 不相关时，$G_{sx}(z)=G_S(z)$，$G_X(z)=G_S(z)+G_N(z)$，又因为 $G_S(z)=G_S(z^{-1})$，故而代入上式得

$$E[e^2(n)]_{\min}=\frac{1}{2\pi j}\oint_C\frac{G_S(z)G_N(z)}{G_S(z)+G_N(z)}\frac{\mathrm{d}z}{z} \tag{6-3-64}$$

取单位圆为积分围线，以 $z=\mathrm{e}^{\mathrm{j}\omega}$ 代入(6-3-64)得

$$E[e^2(n)]_{\min}=\frac{1}{2\pi}\int_{-\pi}^{\pi}\frac{G_S(z)G_N(z)}{G_S(z)+G_N(z)}\mathrm{d}\omega \tag{6-3-65}$$

由上式可知，$E[e^2(n)]_{\min}$ 仅当信号与噪声的功率谱不相覆盖时为 0。

②有物理可实现性约束的(因果的)维纳滤波器。对于有物理可实现性约束的维纳滤波器：$c(k)=0(k<0)$，于是式(6-3-46)和式(6-3-47)分别转化为

$$\hat{s}(n)=\sum_{k=0}^{\infty}c(k)w(n-k) \tag{6-3-66}$$

$$E[e^2(n)] = R_S(0) + \sum_{k=0}^{\infty}\left[\sigma_w c(k) - \frac{R_{us}(k)}{\sigma_w}\right]^2 - \sum_{k=0}^{\infty}\frac{R_{us}^2(k)}{\sigma_w^2} \tag{6-3-67}$$

为了求解满足上式最小条件下的 $c(k)$,可得

$$c_{\text{opt}}(n) = \begin{cases} R_{us}(n)/\sigma_w^2, n \geqslant 0 \\ 0, n < 0 \end{cases} \tag{6-3-68}$$

若函数 $f(n)$ 的 z 变换为 $F(z)$,即

$$f(n) \leftrightarrow F(z) \tag{6-3-69}$$

设 $u(n)$ 为单位阶跃响应,$f(n)u(n)$ 的 z 变换用 $[F(z)]_+$ 表示,即

$$f(n)u(n) \leftrightarrow [F(z)]_+$$

$f(n)u(n)$ 可以用来表示一个因果序列,只在 $n \geqslant 0$ 时存在。如果它又是一个稳定序列,则 $[F(z)]_+$ 的全部极点必定都在单位圆内。将式(6-3-68)进行 z 变换并将式(6-3-53)代入得

$$\begin{aligned} H_{\text{opt}}(z) &= \frac{G_{\text{opt}}(z)}{B(z)} = \frac{[G_{us}(z)]_+}{\sigma_w^2 B(z)} \\ &= \frac{1}{\sigma_w^2 B(z)}\left[\frac{G_{us}(z)}{B(z^{-1})}\right]_+ \end{aligned} \tag{6-3-70}$$

上式即是要求的因果(物理可实现)维纳滤波器的传递函数。

因果维纳滤波器的最小均方误差为

$$\begin{aligned} E[e^2(n)]_{\min} &= R_S(0) - \frac{1}{\sigma_w^2}\sum_{k=0}^{\infty} R_{us}^2(k) \\ &= R_S(0) - \frac{1}{\sigma_w^2}\sum_{k=0}^{\infty}[R_{us}(k)u(k)]R_{us}(k) \end{aligned} \tag{6-3-71}$$

利用帕塞瓦尔定理,式(6-3-71)可用 z 域表示为

$$\begin{aligned} E[e^2(n)]_{\min} &= \frac{1}{2\pi j}\oint_C \left\{G_S(z) - \frac{1}{\sigma_w^2}[G_{us}(z)]_+ G_{us}(z^{-1})\right\}\frac{\mathrm{d}z}{z} \\ &= \frac{1}{2\pi j}\oint_C \left\{G_S(z) - \frac{1}{\sigma_w^2}\left[\frac{G_{sx}(z)}{B(z^{-1})}\right]_+ \frac{G_{sx}(z^{-1})}{B(z)}\right\}\frac{\mathrm{d}z}{z} \\ &= \frac{1}{2\pi j}\oint_C \left\{G_S(z) - \frac{1}{\sigma_w^2(z)}\left[\frac{G_{sx}(z)}{B(z^{-1})}\right]_+ G_{sx}(z^{-1})\right\}\frac{\mathrm{d}z}{z} \\ &= \frac{1}{2\pi j}\oint_C \{G_S(z) - H_{\text{opt}}(z)G_{sx}(z^{-1})\}\frac{\mathrm{d}z}{z} \end{aligned} \tag{6-3-72}$$

比较上式和式(6-3-63)可知,因果维纳滤波器的 $E[e^2(n)]_{\min}$ 与非因果维纳滤波器的 $E[e^2(n)]_{\min}$ 具有相同的形式,只是二者的 $H_{\text{opt}}(z)$ 有所不同。

例 6.3.1　设已知 $x(n)=s(n)+n(n)$，以及 $G_S(z)=\dfrac{0.36}{(1-0.8z^{-1})(1-0.8z)}$，$G_N(z)=1$，$G_{sn}(z)=0$，$s(n)$和 $n(n)$不相关。$s(n)$代表所希望得到的信号，$n(n)$代表加性白噪声。求物理可实现与物理不可实现这两种情况下的 $H_{\text{opt}}(z)$ 及 $E[e^2(n)]_{\min}$。

解：因为 $G_{sn}(z)=0$，所以

$$\begin{aligned}G_X(z)&=G_S(z)+G_N(z)\\&=\frac{0.36}{(1-0.8z^{-1})(1-0.8z)}+1\\&=1.6\,\frac{(1-0.5z^{-1})(1-0.5z)}{(1-0.8z^{-1})(1-0.8z)}\end{aligned}$$

又因为 $G_X(z)=\sigma_w^2B(z^{-1})B(z)$，其中 $B(z)$ 由单位圆内的零极点组成，$B(z^{-1})$ 由单位圆外的零极点组成，上两式比较得

$$\sigma_w^2=1.6,B(z)=\frac{1-0.5z^{-1}}{1-0.8z^{-1}},B(z^{-1})=\frac{1-0.5z}{1-0.8z}$$

(1)物理可实现情况

$$\begin{aligned}H_{\text{opt}}(z)&=\frac{1}{\sigma_w^2B(z)}\left[\frac{G_{sx}(z)}{B(z^{-1})}\right]_+\\&=\frac{1-0.8z^{-1}}{1.6(1-0.5z^{-1})}\left[\frac{0.36}{(1-0.8z^{-1})(1-0.5z)}\right]_+\end{aligned}$$

因为

$$Z^{-1}\left[\frac{0.36}{(1-0.8z^{-1})(1-0.5z)}\right]=\frac{3}{5}(0.8)^n-\frac{3}{5}2^n$$

对于 $n\geqslant 0$，只取 $\dfrac{3}{5}(0.8)^n$ 项。所以

$$\left[\frac{0.36}{(1-0.8z^{-1})(1-0.5z)}\right]_+=\frac{3/5}{1-0.8z^{-1}}$$

$$H_{\text{opt}}=\frac{(1-0.8z^{-1})}{1.6(1-0.5z^{-1})}\,\frac{3/5}{1-0.8z^{-1}}=\frac{3/8}{1-0.5z^{-1}}$$

利用式(6-3-72)，并考虑 $G_{sx}(z)=G_S(z)=G_S(z^{-1})=G_{sx}(z)$，得

$$\begin{aligned}E[e^2(n)]_{\min}&=\frac{1}{2\pi j}\oint_C\left[G_S(z)-H_{\text{opt}}(z)\cdot G_{sx}(z^{-1})\right]\frac{dz}{z}\\&=\frac{1}{2\pi j}\oint_C\left[\frac{0.36}{(1-0.8z^{-1})(1-0.8z)}\right.\\&\qquad\left.-\frac{3/8}{(1-0.5z^{-1})}\,\frac{0.36}{(1-0.8z^{-1})(1-0.8z)}\right]\frac{dz}{z}\\&=\frac{1}{2\pi j}\oint_C\left[\frac{-0.45(5/8z-0.5)}{(z-0.8)(z-1/0.8)(z-0.5)}\right]\frac{dz}{z}\end{aligned}$$

取单位圆为积分围线，上式等于单位圆内的极点 $z=0.8$ 和 $z=0.5$ 的留数之和，即

$$E[e^2(n)]_{\min}=\frac{-0.45\left(\frac{5}{8}\times0.8-0.5\right)}{(0.8-1/0.8)(0.8-0.5)}+\frac{-0.45\left(\frac{5}{8}\times0.8-0.5\right)}{(0.5-0.8)(0.5-1/0.8)}=\frac{3}{8}$$

(2)非物理可实现的情况

$$H_{\text{opt}}(z)=\frac{G_{sx}(z)}{G_S(z)}=\frac{G_{sx}(z)}{G_S(z)+G_N(z)}=\frac{\dfrac{0.36}{(1-0.8z^{-1})(1-0.8z)}}{\dfrac{0.36}{(1-0.8z^{-1})(1-0.8z)}+1}=\frac{0.225}{(1-0.5z^{-1})(1-0.5z)}$$

$$\begin{aligned}&E[e^2(n)]_{\min}\\&=\frac{1}{2\pi j}\oint_C[G_S(z)-H_{\text{opt}}(z)\cdot G_{sx}(z^{-1})]\frac{\mathrm{d}z}{z}\\&=\frac{1}{2\pi j}\oint_C\left[\frac{0.36}{(1-0.8z^{-1})(1-0.8z)}\cdot\left(1-\frac{0.225}{(1-0.5z^{-1})(1-0.5z)}\right)\right]\frac{\mathrm{d}z}{z}\\&=\frac{1}{2\pi j}\oint_C\frac{0.9z(1.025-0.5z^{-1}-0.5z)}{(z-0.8)(z-1/0.8)(z-0.5)(z-2)}\frac{\mathrm{d}z}{z}\end{aligned}$$

取单位圆为积分围线。在单位圆内有两个极点：$z=0.8$ 或 $z=0.5$。上式等于两个极点的留数之和，即

$$E[e^2(n)]_{\min}=\frac{0.9\times0.8(1.025-0.5/0.8-0.5\times0.8)}{(0.8-1/0.8)(0.8-0.5)(0.8-2)}+\frac{0.9\times0.8(1.025-0.5/0.8-0.5\times0.8)}{(0.5-0.8)(0.5-1/0.8)(0.5-2)}=\frac{3}{10}$$

由上可知，物理可实现的 $E[e^2(n)]_{\min}=3/8$，所以在此例中非物理可实现情况的均方误差略小于物理可实现的情况。可以证明，物理可实现情况的最小均方误差总不会小于非物理可实现的情况。

6.4　卡尔曼滤波

6.4.1　标量卡尔曼滤波

1. 概述

维纳滤波是从信号的相关函数、功率谱开始研究的。当信号从单输入变为多输入时，从平稳随机过程变为非平稳过程时，分析变为很复杂，很困难。因此维纳滤波遇到的两个难题是：一是多输入多输出的情况用维纳滤波是很繁琐的；二是对非平稳的输入，维纳滤波不能做一般的解决，即使个别情况可解出，也是非常繁琐的。

下面讨论的卡尔曼滤波仍归采用最小均方误差准则，放弃了用冲激响应，系统函数描述线性系统的常规方法。卡尔曼滤波把信号看做白噪声通过线性系统的结果。这样，就巧妙地将对随机信号的统计描述转化为线性系统的描述，而线性系统的描述不是随机的。它采用状态变量描述线性系统，用正交原理代替解维纳-霍夫方程，用递推快速求解，从而解决了维纳滤波不能解决的两个问题。在此，最佳滤波问题的卡尔曼解法，采用状态来阐述最小均方估计问题。它有两个特点：

①用状态空间概念来描述其数学公式，采用随机过程的矢量模型。

②采用递归算法。可以不加修改地应用于平稳和非平稳过程。由这种算法构成的估计器称为递归估计器，最佳的递归估计器则称为卡尔曼滤波器。

实际上，对系统的观测和控制经常是在离散时刻上进行的，而且日益广泛应用的数字计算机也是一种典型的离散时间系统，因此，我们主要讨论离散时间的卡尔曼滤波。

首先看一个简单的非递归法的例子，并用递归法来简化它。在测量一个物理量时，为了减少每次测量引入的随机误差，人们往往用多次独立测量的平均值来确定这个量值。例如，一个恒定电压受到噪声的污染，要求根据混有噪声的观测序列来估计这个电压，它可以采用样本均值进行估计。设观测序列表示为 $x_1, x_2, \cdots, x_n$，其中 x 的下标表示观测所取的时刻。现在先用非递归算法计算样本均值，具体步骤如下：

①第一个观测 x_1：存储，且均值估计为 $\hat{m}_1 = x_1$。

②第二个观测 x_2：存储 x_1 和 x_2，且均值估计为 $\hat{m}_2 = \frac{x_1 + x_2}{2}$。

③第三个观测 x_3：存储 x_1, x_2 和 x_3，且均值估计为 $\hat{m}_3 = \frac{x_1 + x_2 + x_3}{3}$。

④以此类推。

显然，这将按照实验的进程得出样本均值序列。可以看出，所需观测数据的存储量随着时间而增大，而且构成估计所需代数运算的数目也相应地增长。当数据的总数很大时，这将导致多次重复计算和大量的数据存储。

现在再看一下递归算法。它将前次的估计和当前的观测组合成一个新的估计，步骤如下：

①第一个观测 x_1：计算估计为 $\hat{m}_1 = x_1$，存储 $\hat{m}_1$。并且抛弃 x_1。

②第二个观测 x_2：计算前次估计 $\hat{m}_1$ 和现在观测 x_2 的加权和，作为新的估计量

$$\hat{m}_2 = \frac{1}{2}\hat{m}_1 + x_1$$

存储 $\hat{m}_2$ 并且抛弃 x_2 和 $\hat{m}_1$。

③第三个观测 x_3：计算 $\hat{m}_2$ 和 x_3 的加权和，作为新的估计量

$$\hat{m}_3 = \frac{2}{3}\hat{m}_2 + \frac{1}{3}x_3$$

存储 $\hat{m}_3$ 并且抛弃 x_3 和 $\hat{m}_2$。

④以此类推，显然，在 n 次上的加权和为

$$\hat{m}_n = \left(\frac{n-1}{n}\right)\hat{m}_{n-1} + \left(\frac{1}{n}\right)x_n$$

很明显，上述两种算法得出相同的估计序列，但后者不需要存储前面所有的观测值。在递归算法中，前面计算的成果被有效地利用了，可无限地处理下去，而且不存在加大存储问题。

由此可见，卡尔曼滤波不需要全部过去的观测数据，它只是根据前一个估计值 $\hat{x}_{k-1}$ 和最近一个观测数据 x_k 来估计信号的当前值。它是用状态方程和递推方法进行估计的，而且所得的解是以估计值的形式给出的。

为了便于了解卡尔曼滤波的基本原理，我们先研究一维（或标量的）卡尔曼滤波方程，即在单个随机信号 $x(k)$ 作用下卡尔曼滤波器的工作过程，且假定信号是平稳随机过程，然后推广到多个随机信号 $x_1(k), x_2(k), \cdots, x_n(k)$ 共同作用时的情况，即推广到多维卡尔曼滤波方程，而且信号可以是非平稳随机过程。

卡尔曼滤波也分为连续形式和离散形式两种。由于目前几乎全部采用数字信号处理，所以只讨论离散卡尔曼滤波。

2. 标量信号模型和观测模型

研究维纳滤波时，信号模型是从信号和噪声的相关函数中得到的；而卡尔曼滤波的信号模型是信号的状态方程和观测方程。所以现在先从标量信号模型和观测模型开始讨论。

首先规定研究对象——信号及观测数据的物理模型及其数学表达式。这个通过白噪声产生信号的线性系统，称做信号模型。一维离散时间卡尔曼递推估计理论中，采用白噪声序列激励下的一阶差分方程，即卡尔曼滤波中信号模型为

$$s(k) = as(k-1) + w(k-1) \tag{6-4-1}$$

它是表征待估时变信号 $s(k)$ 的状态方程，式中，$s(k)$ 是 k 时刻的状态信号值，a 为模型的系统参数，且有($0 \leqslant a < 1$)，$w(k)$ 为零均值的白噪声序列，常称为状态噪声或系统噪声，且有

$$E[w(k)] = 0$$
$$E[w(i)w(j)] = 0 \tag{6-4-2}$$

因此，随机状态信号 $s(k)$ 可以看做是由均值为零的白噪声 $w(k-1)$ 激励一阶自回归滤波器所产生的平稳随机过程，如图 6-4-1 所示。图中 z^{-1} 表示延迟一个单位时间(采样周期)。于是，可得 $s(k)$ 的如下统计参数关系式

$$E[s(k)] = 0$$
$$E[s^2(k)] = \phi_{ss}(0) = \sigma_s^2 = \frac{\sigma_w^2}{1-a^2}$$
$$E[s(k) \cdot s(k+j)] = \phi_{ss}(j) = a^{|j|}\phi_{ss}(0) \tag{6-4-3}$$

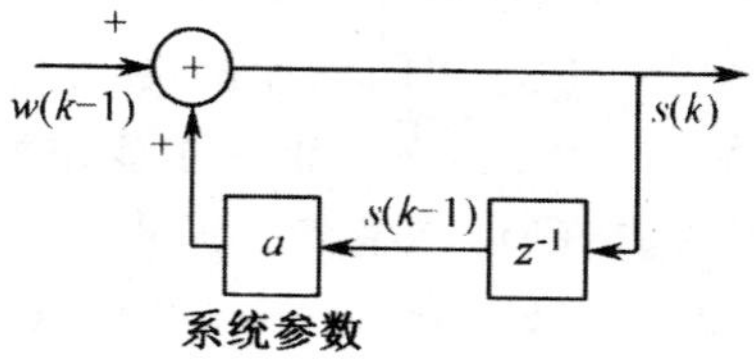

图 6-4-1　一阶自回归过程的模型

式中，$\varphi_{ss}(j)$ 为相距 j 个间隔的两个样本的自相关，由式(6-4-3)可以看出，a 相当于过程的时间常数，a 越大(趋于 1)，过程变化就越慢，即过程发生显著变化需要较长的时间间隔。

这种一阶信号模型是基本的，因为一个高阶的状态方程可以化成一阶的状态方程组。同时应当指出，有不少实际信号合乎这种一阶自回归模型。例如，一架飞机以某一速度飞行，飞行员可以根据飞行条件做机动飞行，所产生的速度变化取决于两个因素：系统总的响应时间和由于加速度随机变

化造成的速度随机起伏。用 $s(k)$ 表示 k 时刻的飞行速度，用 $w(k)$ 表示改变飞机速度的各种外在因素，如云层及阵风等。这些随机因素对飞机速度的影响是通过参数 a（它表示飞机的惯性和空气阻力）完成的。因此，式(6-4-1)可用来表示这种随机动态过程的最简单模型。

卡尔曼滤波需要依据观测数据对系统状态进行估计，因此，除了要建立系统信号模型的状态方程外，卡尔曼滤波还需要建立的另一个基本方程是线性观测方程，它可以写成

$$x(k) = cs(k) + n(k) \tag{6-4-4}$$

式中，$x(k)$ 为观测序列；$s(k)$ 为状态信号序列；$n(k)$ 为观测噪声；c 为观测参数，引入它的目的是便于今后向矢量信号模型过渡。观测噪声是来自观测过程中的干扰，应该注意它与信号模型中状态噪声 $w(k)$ 之间的区别。一般认为观测噪声是均值为零，方差为 σ_n^2 的加性白噪声序列，而且与 $w(k)$ 不相关，即满足这种线性观测模型如图 6-4-2 所示。

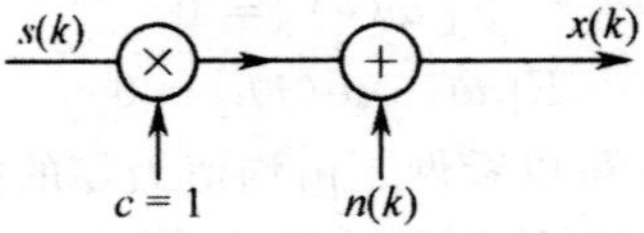

图 6-4-2　线性观测模型

3. 标量卡尔曼滤波算法

列出了信号的状态方程和观测方程后，下一步是求出滤波器的输出，即时变信号 $s(k)$ 的估计 $\hat{s}(k)$ 与观测值 $x(k)$ 之间的关系。前面已提到，卡尔曼滤波器采用递推估计方法，当数据样本增多时，不必重新用过去的全部数据进行计算，而只要利用前一次算出的估计量，再考虑到新数据带来的信息量，从而做出进一步的估计。因此，在一维卡尔曼滤波器里，在第 k 个数据到来时所做出的 k 时刻的估 $\hat{s}(k)$，具有如下形式

$$\hat{s}(k) = a(k)\hat{s}(k-1) + b(k)x(k) \tag{6-4-5}$$

它表示现刻 $s(k)$ 的估计值等于前一时刻的估计值与新数据样本 $s(k)$ 的加权和，而且加权系数 $a(k)$ 和 $b(k)$ 是时变的系数。现在的任务就是按照均方误差最小，即

$$p(k) = E[e^2(k)] = E\{[s(k) - \hat{s}(k)]^2\} = \text{最小}$$

来确定加权系数 $a(k)$ 和 $b(k)$。为此，求 $p(k)$ 对 $a(k)$ 及 $b(k)$ 的偏导数，并分别令它们等于零

$$\frac{\partial p(k)}{\partial a(k)} = -2E\{[s(k) - a(k)\hat{s}(k-1) - b(k)x(k)]\hat{s}(k-1)\} = 0$$

$$\frac{\partial p(k)}{\partial b(k)} = -2E\{[s(k)-a(k)\hat{s}(k-1)-b(k)x(k)]x(k)\}=0$$

或写成另一种形式，即

$$E[e(k)\hat{s}(k-1)]=0 \tag{6-4-6}$$

$$E[e(k)x(k)]=0 \tag{6-4-7}$$

这就是最佳线性递推滤波的正交条件，即误差序列 $e(k)$ 与输入数据 $x(k)$ 及前一时刻的估计量 $\hat{s}(k-1)$ 正交。顺便指出，利用下面式(6-4-8)和式(6-4-9)，容易证明 $e(k)$ 和 $\hat{s}(k)$ 也是正交的，即

$$E[e(k)\hat{s}(k)]=0 \tag{6-4-8}$$

估计的均方误差(即误差功率)为

$$\begin{aligned}p(k) &= E[e^2(k)]=E\{e(k)[s(k)-\hat{s}(k)]\}\\ &= E[e(k)s(k)]-a(k)E[e(k)\hat{s}(k-1)]-b(k)E[e(k)x(k)]\\ &= E[e(k)s(k)]\end{aligned} \tag{6-4-9}$$

它等于误差与被估计信号乘积的数学期望。

下面根据式(6-4-6)和式(6-4-7)确定 $a(k)$ 和 $b(k)$。为了书写方便，在推导中暂时将变量 k 写在符号的下角。由式(6-4-8)有

$$\begin{aligned}E[e_k s_{k-1}] &= E[(\hat{s}-s_k)\hat{s}_{k-1}]\\ &= E[(a_k\hat{s}_{k-1}+b_kx_k-s_k)\hat{s}_{k-1}]\\ &= E[(b_kx_k-s_k)\hat{s}_{k-1}]+E[a_k\hat{s}_{k-1}\hat{s}_{k-1}]\\ &= 0\end{aligned}$$

在上式第二项中同时加一个和减一个 $a_k\hat{s}_{k-1}$ 项，并利用观测方程 $s_k = cs_k + n_k$，则上式变为

$$E[(cb_ks_k+b_kn_k-s_k)\hat{s}_{k-1}]+a_kE[(\hat{s}_{k-1}-s_{k-1}+s_{k-1})\hat{s}_{k-1}]=0$$

再利用正交条件以及 $e_{k-1}=\hat{s}_{k-1}-s_{k-1}$，$s_k=as_{k-1}+w_{k-1}$，和 $E[n_k\hat{s}_{k-1}]=0$，$E[w_{k-1}\hat{s}_{k-1}]=0$，$E[e_{k-1}\hat{s}_{k-1}]=0$ 等关系式，上述方程可化简为

$$a_kE[s_{k-1}\hat{s}_{k-1}]=(1-cb_k)E[(as_{k-1}+w_{k-1})\hat{s}_{k-1}]$$

由上式解出

$$a_k = a(1-cb_k) \tag{6-4-10}$$

式中，a 是信号模型参数，c 为观测参数，将上式代入原估计方程式(6-4-11)，得出信号波形的第 k 个样本的递推估计为

$$\hat{s}_k = a\hat{s}_{k-1}+b_k[x_k-ac\hat{s}_{k-1}] \tag{6-4-11}$$

式中，$a\hat{s}_{k-1}$ 代表没有取得附加信息，即无新数据 $x(k)$ 时对 $s(k)$ 的最佳估计，也就是依据过去的 $k-1$ 个数据对 $s(k)$ 的预测；第二项是新生项或校正项，表示得到的新观测数据之后，对预测值进行的校正，它是新数据样本 $x(k)$ 与预测值之差再乘一个可变增益因子 b_k；b_k 是随时间变化的系数，又

称为卡尔曼增益。式(6-4-11)给出的一维卡尔曼滤波器框图如图 6-4-3 所示。

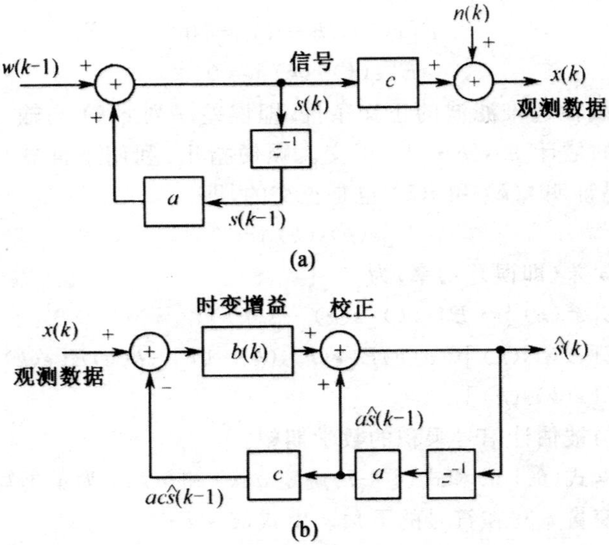

图 6-4-3 一维卡尔曼滤波

(a)一维信号和观测模型;(b)一维卡尔曼滤波器框图

如何求时变增益 $b(k)$ 是该系统工作的关键问题之一,下面利用正交条件式(6-4-7)推导 b_k。

根据式(6-4-7)有

$$E[e_k x_k]=E[(s_k-\hat{s}_k)x_k]=0$$

用式(6-4-5)代换上式中的 $\hat{s}_k$,并将 x_k 写成状态信号序列和观测噪声之和,得

$$\begin{aligned}E[e_k x_k]&=E[(s_k-a_k\hat{s}_{k-1}-b_k x_k)(cs_k+n_k)]\\&=cE[s_k s_k]-ca_k E[\hat{s}_{k-1}s_k]-b_k E[x_k x_k]\\&=0\end{aligned}$$

式中,各统计平均项分别为

$$E[s_k s_k]=\sigma_s^2$$

$$E[x_k x_k]=c^2\sigma_s^2+\sigma_n^2$$

$$E[\hat{s}_{k-1}s_k]=E[\hat{s}_{k-1}(as_{k-1}+w_{k-1})]=aE[\hat{s}_{k-1}s_{k-1}]+E[\hat{s}_{k-1}w_{k-1}]$$

而

$$E[\hat{s}_{k-1}s_{k-1}]=E\left[\hat{s}_{k-1}\frac{1}{c}(x_{k-1}+n_{k-1})\right]$$

$$= \frac{1}{c}E[(s_{k-1} - e_{k-1})x_{k-1}] - \frac{1}{c}E[\hat{s}_{k-1}n_{k-1}]$$

$$= \frac{1}{c}E[s_{k-1}n_{k-1}] - \frac{1}{c}E[(a_{k-1}\hat{s}_{k-1} + b_{k-1}x_{k-1})n_{k-1}]$$

$$= \sigma_s^2 - \frac{1}{c}b_{k-1}\sigma_n^2$$

即

$$E[\hat{s}_{k-1}w_{k-1}] = E[(a_{k-1}\hat{s}_{k-2} + b_{k-1}x_{k-1})w_{k-1}] = 0$$

将上述各项代入原式，得

$$E[e_k x_k] = c\sigma_s^2 - ca_k a\left(\sigma_s^2 - \frac{1}{c}b_{k-1}\sigma_n^2\right) - b_k(c^2\sigma_s^2 + \sigma_n^2)$$

$$= c\sigma_s^2 + a^2(1 - cb_k)(c\sigma_s^2 - b_{k-1}\sigma_n^2) - b_k(c^2\sigma_s^2 + \sigma_n^2)$$

$$= 0$$

考虑到 $(1 - a^2)\sigma_s^2 = \sigma_w^2$，由上式解出 b_k，得

$$b_k = \frac{c(1 - a^2)\sigma_s^2 + a^2 b_{k-1}\sigma_n^2}{ca^2 b_{k-1}\sigma_n^2 + c^2(1 - a^2)\sigma_s^2 + \sigma_n^2}$$

$$= \frac{c\sigma_w^2 + a^2 b_{k-1}\sigma_n^2}{ca^2 b_{k-1}\sigma_n^2 + c^2\sigma_w^2 + \sigma_n^2} \tag{6-4-12a}$$

$$= \frac{cA + a^2 b_{k-1}}{1 + c^2 A + ca^2 b_{k-1}} \tag{6-4-12b}$$

式中，$A = \sigma_w^2/\sigma_n^2$ 代表信噪比。

从上面的结果中不难看出，当信号动态噪声很小时，$\sigma_w^2 = 0$（即激励信号的白噪声消失了）及 $a = c = 1$（即信号在观测时间内完全相关）时，则 $s_k = s_{k-1} = s, A = \sigma_w^2/\sigma_n^2 = 0$，此时就变为信号参量的估计了，由式(6-4-12b)有

$$b_k = \frac{b_{k-1}}{1 + b_{k-1}} \tag{6-4-13}$$

当观测噪声很小时，$\sigma_n^2 = 0$，则 A 很大，$b_k \approx 1, a_k \approx 0$，有 $\hat{s}_k \approx x_k$，这意味着，观测噪声很小时，观测数据几乎完全反映信号，所以信号的最好估计就是观测数据本身。

由式(6-4-11)，估计的均方误差为

$$p_k = E[e_k s_k] = E[(s_k - \hat{s}_k)s_k] = E[s_k^2] - E[\hat{s}_k s_k]$$

$$= \sigma_s^2 - \left(\sigma_s^2 - \frac{1}{c}b_k\sigma_n^2\right) = \frac{1}{c}b_k\sigma_n^2 \tag{6-4-14}$$

上式可写为

$$b_k = \frac{cp_k}{\sigma_n^2}$$

故 b_k 又可称为归一化估计均方误差。将式(6-4-14)代入式(6-4-12a)，得

$$b_k = c[\sigma_w^2 + a^2 p_{k-1}]/(\sigma_n^2 + c^2\sigma_w^2 + c^2 a^2 p_{k-1}) \tag{6-4-15}$$

式(6-4-16)和式(6-4-17)也组成 $b(k)$ 的递推公式，如果模型参数 a 及 σ_w^2 和 σ_n^2 已知，则易算出 $b(k)$，再根据式(6-4-15)由 $b(k)$ 算出 $p(k)$，完成时变增益及均方误差递推。

式(6-4-13)和式(6-4-14)是卡尔曼滤波的基本公式。当给定了起始条件之后，依据这两个递推公式便可以持续地给出各个时刻的滤波值，同时由式(6-4-16)给出滤波的均方误差。现在来确定递推计算的起始条件。可以根据没有观测数据的情况来确定起始估计 $\hat{s}(0)$，即选择 $\hat{s}(0)$ 使下式最小

$$p(0) = E\{[s(0) - \hat{s}(0)]^2\} = \text{最小}$$

令

$$\frac{\partial p(0)}{\partial \hat{s}(0)} = -2E[s(0) - \hat{s}(0)] = 0$$

故

$$\hat{s}(0) = E[s(0)] \tag{6-4-16}$$

即取 $s(0)$ 的统计均值为 $\hat{s}(0)$。

例 6.4.1 设一随机信号 $s(k)$ 满足

$$s(k) = as(k-1) + w(k-1)$$

已知 $E[s(k)] = 0, \phi_{ss}(j) = a^{|j|}\sigma_s^2, \sigma_s^2 = \sigma_w^2/(1-a^2)$；观测方程满足

$$x(k) = s(k) + n(k)$$

且已知 $\sigma_w^2 = \sigma_n^2, a^2 = 1/2$。应用上述条件求对信号波形做递推滤波的时变增益 $b(k)$ 及均方误差 $p(k)$。

解：设系统接收到的第一个数据为 $x(1)$，从而启动系统工作。按式(6-4-16)，递推方程式的起始条件为

$$\hat{s}(0) = E[s(0)] = 0$$

由于我们处理的是零均值信号，在未取得观测数据的情况下，其最好的估计就是零。根据

$$\hat{s}(k) = a\hat{s}(k-2) + b(\hat{s})[x(k) - a\hat{s}(k-1)]$$

可得

$$\hat{s}(1) = b(1)x(1) \tag{6-4-17}$$

为了求出 $b(1)$，应用正交条件，即

$$E\{[s(1) - \hat{s}(1)]x(1)\} = 0$$

式中，$x(1) = s(1) + n(1)$，将式(6-4-17)代入上式，并取数学期望，得

$$b(1) = \frac{\sigma_s^2}{\sigma_s^2 + \sigma_n^2}$$

对于本例的情况，$\sigma_s^2 = 2\sigma_n^2$，因而 $b(1) = 2/3 = 0.67$。将 $b(1)$ 值代入式(6-4-14)，

则可求得

$$p(1)=2\sigma_n^2/3$$

至此，我们有了计算 $b(2)$ 所需的全部数据。应用式(6-4-15)，有

$$b(2)=\frac{a^2p(1)+\sigma_w^2}{\sigma_n^2+\sigma_w^2+a^2p(1)}=\frac{4}{7}=0.57$$

再由式(6-4-14)可得均方误差 $p(2)=\frac{4}{7}\sigma_n^2=0.57\sigma_n^2$，然后将 $p(2)$ 代入式(6-4-15)，得

$$b(3)=9/16=0.562$$

再由式(6-4-14)，得

$$p(3)=0.562\sigma_n^2$$

依此递推。算出的诸时变增益 $b(1)$、$b(2)$、…，可以事前存储在计算机内。当输入观测数据后便可不断地给出波形的滤波值 $\hat{s}(k)$，较容易做出实时处理。

当 k 增加时，$p(k)$ 应逐步达到一个稳定值，即 $p(k)=p(k-1)=p$。为了求出这个稳定值，应将式(6-4-15)代入式(6-4-14)，并代入本例的参数，得

$$p^2+3\sigma_n^2p-2\sigma_n^4=0$$

该二次方程中仅正值解 $p=0.562\sigma_n^2$ 有物理意义，因为 p 表示的是误差功率。由此可知，本例中 $p(3)$ 已经达到误差功率的稳定值。

式(6-4-11)到式(6-4-15)构成了标量卡尔曼滤波器的一套完整算法，为了使这些结果能推广到矢量信号的情况，我们把上述方程重新整理排列成如下规范形式：

滤波方程式(6-4-11)

$$\hat{s}(k)=a\hat{s}(k-1)+b(k)[x(k)-ca\hat{s}(k-1)] \tag{6-4-18}$$

增益方程式(6-4-15)

$$b_k=cp_1(k)[c^2p_1(k)+\sigma_n^2]^{-1} \tag{6-4-19a}$$

式中

$$p_1(k)=a^2p(k-1)+\sigma_w^2 \tag{6-4-19b}$$

滤波均方误差(误差功率)

$$p(k)=p_1(k)-cb(k)p_1(k) \tag{6-4-20}$$

它运用了下述状态方程式(6-4-4)和观测方程式(6-4-7)所描述的模型

$$s(k)=as(k-1)+w(k-1)$$
$$x(k)=cs(k)+n(k)$$

在这一组方程中，我们引入了一个新变量 $p_1(k)$，这个量将起很重要的

作用。事实上，应该把 $p_1(k)$ 写作 $p(k|k-1)$，表示在 $k-1$ 时刻对 k 时刻的信号 $s(k)$ 的一步预测估值误差的均方值。同样，应把 $p(k)$ 写做 $p(k|k-1)$。

6.4.2 标量卡尔曼预测

前面讨论的是在加性白噪声中随机过程现刻值的估计，这常称为滤波问题。在许多实际问题中，特别是在控制系统中，常常希望能事先做出预测。例如，火炮控制系统需要火炮瞄准目标的前置点，因而要求系统能预测目标未来的位置。又如在雷达航迹处理中，需要推算下一个扫描周期中的目标参数。预测(外推)可分为一步、两步或 m 步，这取决于我们所预测的是多少时间间隔单元后的信号数据。原则上，预测的步数没有什么限制，但步数越多，预测的精度就越差，所以我们主要讨论一步预测。

关于预测的信号模型和观测模型与前面讨论滤波时所做的规定一样。

对 $s(k)$ 的一步预测用符号 $\hat{s}(k+1|k)$ 表示，因此前面讨论过的滤波又可写成 $\hat{s}[k|k]$，它表示根据包括时间 k 在内的前面全部观测数据，对 $k+1$ 时刻的信号值进行估计(即预测)。与滤波情况下的式(6-4-5)相似，一步线性递推预测的关系为

$$\hat{s}(k+1|k)=\alpha(k)\hat{s}(k|k-1)+\beta(k)x(k) \tag{6-4-21}$$

式中，$a(k)$ 和 $\beta(k)$ 区别于滤波情况下式(6-4-3)中的 $a(k)$ 和 $b(k)$，但仍然是时变的。式(6-4-21)表明，对 $k+1$ 时刻的一步预测值，等于 k 时刻的一步预测值与 k 时刻的输入数据的加权和，故称之为一步预测方程。所谓最佳线性预测，就是选择适当的加权系数 $\alpha(k)$ 和 $\beta(k)$，使预测均方误差最小，即

$$\begin{aligned}p(k+1|k)&=E[e^2(k+1|k)]\\&=E\{[s(k+1)-\hat{s}(k+1)|k]^2\}\\&=\text{最小}\end{aligned} \tag{6-4-22}$$

利用与上一节滤波情况类似的推导方式，可得出与式(6-4-8)和式(6-4-9)类似的正交方程，即

$$\begin{cases}E[e(k+1|k)\hat{s}(k|k-1)]=0\\E[e(k+1|k)x(k)]=0\end{cases} \tag{6-2-23}$$

上两式表明，预测误差序列与输入数据及前一时刻的预测值正交。与推导递推滤波公式类似，应用上述正交条件可得出 $\alpha(k)$ 和 $\beta(k)$ 有如下关系

$$\alpha(k)=a-c\beta(k)$$

将上式代入预测方程式(6-4-21)，则

$$\hat{s}(k+1|k)=a\hat{s}(k|k-1)+\beta(k)[x(k)-c\hat{s}(k|k-1)] \quad (6\text{-}4\text{-}24)$$

此式是一步预测方程式(6-4-21)的另一种形式，它表明最佳一步预测值应等于前一次的预测值乘以 a，并加上一个加权的校正项，该校正项比例于新数据 $x(k)$ 与前时刻对观测值的预测 $ac\hat{s}(k-1)$ 之差，而校正项之比例常数 $p(k)$ 称为时变的预测增益，它是随 k 改变的。请注意，预测方程式(6-4-24)与滤波方程式(6-4-11)的差别在于滤波方程的校正项正比 $x(k)$ 与 $ac\hat{s}(k-1)$ 之差，这是因为此时 $\hat{s}(k-1)$ 表示对 $k-1$ 时刻 $s(k-1)$ 的估计，而预测方程中 $\hat{s}(k|k-1)$ 表示对 k 时刻 $s(k)$ 的一步预测估计。最佳一步预测器的框图如图 6-4-4 所示。

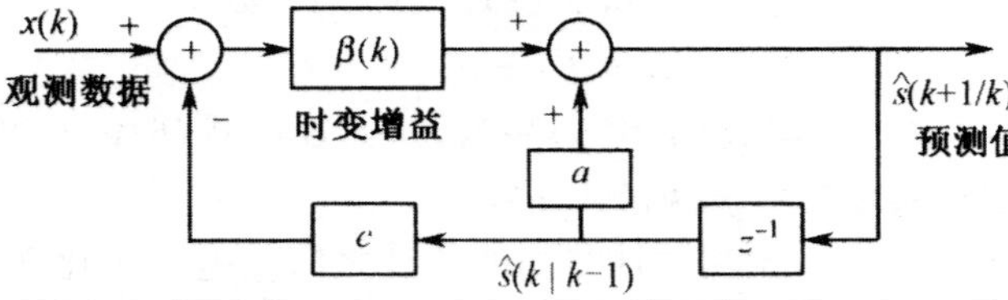

图 6-4-4　最佳一步预测器框图

应用正交原理和 $p(k+1|k)$ 的定义式，可以得到均方预测误差和预测增益 $\beta(k)$ 的递推公式如下：

$$\beta(k)=\frac{acp(k|k-1)}{c^2p(k|k-1)+\sigma_n^2} \quad (6\text{-}4\text{-}25)$$

$$p(k+1|k)=\frac{a}{c}\sigma_n^2\beta(k)+\sigma_w^2 \quad (6\text{-}4\text{-}26)$$

式(6-4-24)、式(6-4-25)和式(6-4-26)是一步递推预测的基本公式，适当地确定起始条件后，便可进行递推计算。

至此，似乎对于一步预测器的讨论已经完成。但是，为了研究同时完成最佳一步预测与最佳滤波的结构，还需要进一步研究这两种算法的关系。首先，假定信号模型中随机激励分量很小或为零，即假定 $w(k-1)=0$，则有(或近似有) $s(k)=as(k-1)$。因而可以合理地认为，在无其他信号可利用时，$k+1$ 时刻的一步预测值可表示为

$$\hat{s}(k+1|k)=a\hat{s}(k|k)=a\hat{s}(k) \quad (6\text{-}4\text{-}27)$$

这就是说，对 $k+1$ 时刻的一步预测估计等于忌时刻的滤波估计乘以 a。这一点是由信号模型本身决定的。可以证明，当 $w(k-1)$ 为零均值白噪声的一般情况下，式(6-4-21)也是正确的。

把表明最佳预测估计与最佳滤波估计之间的关系式(6-4-21)代入滤波方程式(6-4-18)，有

$$\hat{s}(k+1|k)=a\hat{s}(k)=a\hat{s}(k|k-1)+ab(k)[x(k)-c\hat{s}(k|k-1)] \tag{6-4-28}$$

在推导式(6-4-28)中,还使用了式(6-4-27)的变形 $\hat{s}(k|k-1)=a\hat{s}(k-1)$。式(6-4-28)表明,由滤波方程导出的预测估计表示式与预测方程式(6-4-24)完全一致的条件是

$$\beta(k)=ab(k) \tag{6-4-29}$$

由此可知,预测增益与滤波增益也相差 a 倍。

此外,利用式(6-4-27),可以导出均方预测误差与均方滤波误差之间的关系如下

$$\begin{aligned}p(k+1|k)&=E\{[s(k+1)-\hat{s}(k+1)|k]^2\}\\&=E\{[as(k)-\hat{s}(k)]+w(k)^2\}\\&=a^2p(k)+\sigma_w^2\end{aligned} \tag{6-4-30}$$

从式(6-4-30)可看出它与式(6-4-29)一致,从而证明式(6-4-29)中 $p_1(k)$ 就是一步预测估计误差功率 $p(k|k-1)$。

由式(6-4-28)可知,预测估计与滤波估计之间仅差一个比例常数,因而可以用一个结构同时完成滤波与预测。结合式(6-4-21)和式(6-4-27)可画出计算流程,如图 6-4-5 所示。由该图可看出,计算 $\hat{s}(k)$ 部分与最佳滤波框图(图 6-4-3)完全一致,仅仅变换了延迟 z^{-1} 与乘以两项操作的次序。而对 $\hat{s}(k+1|k)$ 的运算,根据式(6-4-21),应等于 $\hat{s}(k)$ 乘 a。

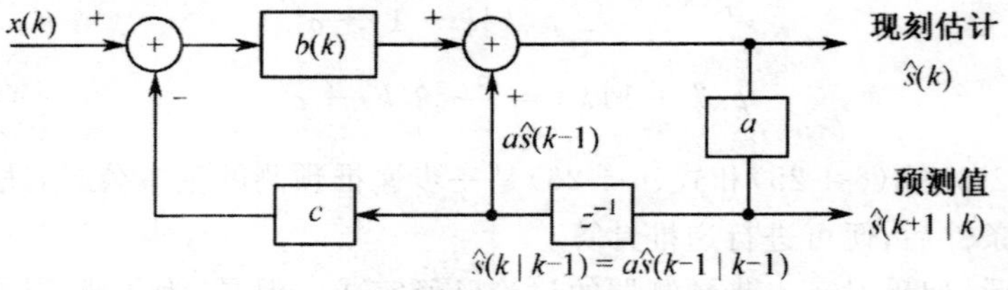

图 6-4-5 同时实现滤波与预测的框图

式(6-4-24)~式(6-4-27)构成了标量卡尔曼预测的递推算法,现略加整理并写成如下规范形式:

预测方程组[同式(6-4-24)]

$$\hat{s}(k+1|k)=a\hat{s}(k|k-1)+\beta(k)[x(k)-c\hat{s}(k|k-1)]$$

预测增益[同式(6-4-25)]

$$\beta(k)=acp(k|k-1)[c^2p(k|k-1)+\sigma_n^2]^{-1}$$

预测均方误差,由式(6-4-24)和式(6-4-25)导出

$$p(k+1|k)=a^2p(k|k-1)-ac\beta(k)p(k|k-1)+\sigma_w^2 \tag{6-4-31}$$

顺便提一下,上述各卡尔曼滤波公式还可用“新息”和“新息序列”的概

念来导出。

6.4.3　矢量信号模型和观测模型

前面讨论的问题是对单个平稳随机信号的最佳线性滤波和预测，而且假定随机信号为一阶自回归过程。在实际处理的问题中，经常需要对多个信号同时进行估计。例如，在雷达跟踪滤波问题中，需要同时估计目标的三个坐标及三个速度分量。同时还希望能处理更广泛的一类信号，例如高阶的自回归过程等。采用矢量信号的概念，就容易解决这两个问题，既可处理比较复杂的信号类型，又可同时处理可能相关的若干号。矢量信号定义为如下 q 维矢量

$$s(k) = \begin{bmatrix} s_1(k) \\ s_2(k) \\ \vdots \\ s_q(k) \end{bmatrix} \tag{6-4-32}$$

式中，$s_1(k),s_2(k),\cdots,s_q(k)$ 为待估计的 q 个信号序列。下面用几个例子来说明，应用矢量信号的一阶自回归模型，可以表示多个信号，也可以表示更复杂的信号。

例 6.4.2　假设要同时估计 q 个独立的信号在 k 时刻的样本 $s_1(k)$，$s_2(k),\cdots,s_q(k)$，其中每一个样本都是由它本身的一阶自回归过程所产生的，因而，第 j 个信号可表示为

$$s_j(k) = a_j s_j(k-1) + w_j(k-1), j = 1,2,\cdots,q \tag{6-4-33}$$

假定诸过程 w_j 是相互独立的零均值白噪声过程。与式(6-4-32)定义的信号矢量类似，可以定义 q 维噪声矢量

$$\boldsymbol{w}(k) = \begin{bmatrix} w_1(k) \\ w_2(k) \\ \vdots \\ w_q(k) \end{bmatrix} \tag{6-4-34}$$

根据式(6-4-32)和式(6-4-34)对信号矢量和噪声矢量的定义，式(6-4-33)的 q 个方程可写成一个一阶矢量状态方程

$$\boldsymbol{s}(k) = \boldsymbol{A}\boldsymbol{s}(k-1) + \boldsymbol{w}(k-1) \tag{6-4-35}$$

式中，$\boldsymbol{s}(k-1)$ 是系统 k 时刻的 $\boldsymbol{q}$ 维状态矢量，$w(k-1)$ 是系统 $k-1$ 时刻的 $\boldsymbol{q}$ 维噪声矢量，$\boldsymbol{A}$ 为$(q\times q)$矩阵，定义为

$$\mathbf{A}=\begin{bmatrix} a_{11} & a_{12} & \cdots & a_{1q} \\ a_{21} & a_{22} & \cdots & a_{2q} \\ \vdots & \vdots & & \vdots \\ a_{q1} & a_{q2} & \cdots & a_{qq} \end{bmatrix}$$

对于 $s_j(k)$ 相互独立的情况，矩阵 $\mathbf{A}$ 是一个对角阵，可写成

$$\mathbf{A}=\begin{bmatrix} a_{11} & 0 & \cdots & a_{1q} \\ 0 & a_{22} & \cdots & 0 \\ \vdots & & \vdots & \\ 0 & \cdots & \cdots & a_{qq} \end{bmatrix}$$

由式(6-4-35)可知，q 个独立的一阶自回归信号的产生模型，可以用 q 维矢量的一阶自回归模型表示，这只需用相应的矢量代替式(6-4-1)中的标量，而系统参数以变为$(q\times q)$矩阵 $\mathbf{A}$。

例 6.4.3 本例将说明，如果 $\mathbf{A}$ 为非对角阵，就可用矢量信号的一阶自回归模型处理更复杂的信号。例如，$s(k)$ 服从于二阶方程而不是一阶方程，即

$$s(k)=as(k-1)+bs(k-2)+w(k-1) \tag{6-4-36}$$

这就要求我们处理不满足一阶自回归模型的信号。出现这种情况的原因，可能是根据系统物理特性得知，二阶动态特性在信号特性中起着重要作用，也可能是通过实测 $s(k)$的功率谱，发现它与一阶自回归过程的功率谱并不吻合。解决这一问题的办法是，适当地定义信号矢量的两个分量，就可以把二阶自回归模型化为一阶自回归矢量模型组。为此，通常令

$$s_1(k)=s(k)$$

$$s_2(k)=s(k-1)=s_1(k-1)$$

即把 $s(k)$ 用两个分量或两个状态表示，则式(6-4-36)可写成

$$s_1(k)=as_1(k-1)+bs_2(k-1)+ws(k-1)$$

这样做之后，信号矢量 $\mathbf{s}(k)$ 可表示为

$$\mathbf{s}(k)=\begin{bmatrix} s_1(k) \\ s_2(k) \end{bmatrix}=\begin{bmatrix} a & b \\ 1 & 0 \end{bmatrix}\begin{bmatrix} s_1(k-1) \\ s_2(k-1) \end{bmatrix}+\begin{bmatrix} w(k-1) \\ 0 \end{bmatrix}$$

或者写成

$$\mathbf{s}(k)=\mathbf{A}\mathbf{s}(k-1)+\mathbf{w}(k-1)$$

上式即为一阶矢量信号模型，其中

$$\mathbf{A}=\begin{bmatrix} a & b \\ 1 & 0 \end{bmatrix}\cdot \mathbf{w}(k)=\begin{bmatrix} w(k) \\ 0 \end{bmatrix}$$

$\mathbf{A}$ 称为矢量信号 $\mathbf{s}(k)$ 的状态(一步)转移矩阵。这样，我们就可以用一阶自回归矢量信号表示二阶、甚至更高阶的过程。如果定义式(6-4-35)中

的状态转移矩阵 $\mathbf{A}$ 为时变矩阵 $\mathbf{A}(k)$，则可以表示具有时变系数的信号，即非平稳过程。

例 6.4.4　本例讨论平面雷达边扫描边跟踪问题。所谓平面雷达，即只测量目标的距离和方位，而不测量目标仰角和高度的雷达。采用边扫描边跟踪体制，就是天线每旋转一周，仅得到目标的一次数据。设采样的周期为 T（这里，T 表示天线旋转一周的时间），在 k 时刻（即 $t=kT$）被跟踪的目标处于距离 $R+r(k)$。所以在 $k+1$ 时刻目标的距离为 $R+r(k+1)$。R 表示目标的平均距离，而 $r(k)$ 和 $r(k+1)$ 表示对平均距离 R 的偏移量，这正是所需要估计的量。假定 $r(k)$ 是均值为零的随机过程。

设目标的径向速度为 $\dot{r}(k)$。由于 T 不是太大，所以可取一阶近似，有

$$r(k+1)=r(k)+T\dot{r}(k) \tag{6-4-37}$$

同样，设目标在 k 时刻的径向加速度为 $\ddot{r}(k)=u(k)$，有

$$Tu(k)=\dot{r}(k+1)-\dot{r}(k) \tag{6-4-38}$$

式(6-4-37)称为距离方程，式(6-4-38)称为加速度方程。设加速度 $u(k)$ 是一个零均值的平稳白噪声过程，且在时间间隔 T 之间不相关，即 $E[u(k+1)u(k)]=0$。这种对飞行体加速度的假定是相当合理的，因为由发动机推力的短时间不规则性或阵风等随机因素引起的加速度大致符合这种模型。

现令 $Tu(k)\triangleq u_1(k)$，(k) 同样是白噪声过程，同时式(6-4-38)可写成

$$\dot{r}(k+1)=\dot{r}(k)+u(k) \tag{6-4-39}$$

可见，飞行体的速度 $\dot{r}(k)$ 符合一阶自回归模型。

由式(6-4-37)，有

$$T\dot{r}(k+1)=r(k+2)-r(k+1) \tag{6-4-40}$$

对式(6-4-39)两边乘 T，再将式(6-4-37)代入，则有

$$T\dot{r}(k+1)=r(k+1)-r(k)+Tu_1(k) \tag{6-4-41}$$

令式(6-4-40)和式(6-4-41)相等，则得

$$r(k+2)=2r(k+1)-r(k)+Tu_1(k) \tag{6-4-42}$$

对距离 $r(k)$ 来说，上式是一个二阶动态方程，而白噪声加速度过程正是这个随机距离过程的激励函数。在例 6.4.3 中已经指出，一个二阶信号过程可用一阶自回归矢量信号表示，本例也不例外。这里，我们定义具有两个分量的矢量信号 $\boldsymbol{s}(k)$，一个分量为距离 $s_1(k)=r(k)$，另一个分量为径向速度 $s_2(k)=\dot{r}(k)$。将这种表示法应用于式(6-4-37)和式(6-4-39)，则有

$$s_1(k+1)=s_1(k)+Ts_2(k)$$

$$s_2(k+1)=s_2(k)+u_1(k)$$

此两式可合写成一个矢量方程

$$s(k+1)=\begin{bmatrix}s_1(k+1)\\s_2(k+1)\end{bmatrix}=\begin{bmatrix}1&T\\0&1\end{bmatrix}\begin{bmatrix}s_1(k)\\s_2(k)\end{bmatrix}+\begin{bmatrix}0\\u_1(k)\end{bmatrix}$$

或写成

$$\boldsymbol{s}(k+1)=\boldsymbol{A}\boldsymbol{s}(k)+\boldsymbol{w}(k)$$

显然,这是如式(6-4-35)所示的一阶矢量状态方程,即矢量信号模型。

6.5 卡尔曼滤波的发散及扩展

6.5.1 卡尔曼滤波的发散现象

1. 发散现象及原因

从理论上讲,随着观测次数的增加。卡尔曼滤波的均方误差 $\boldsymbol{p}_k$ 应该逐渐减小而最终趋于某个稳定值。但在实际应用中,有时会发生这样的现象:按公式计算的方差阵可能逐渐地趋于0,而实际滤波的均方误差会随着观测人数的增加而增大,这种现象称为卡尔曼滤波的发散现象。

产生发散的原因很多,其中信号模型不准确是重要原因之一。下面先看一个例子,考虑一个气球高度的估计问题。

设气球以速度 v 垂直从高度 x_0 升高,则高度变化的状态方程和观测方程为

$$x_k=x_{k-1}+v \tag{6-5-1}$$

$$z_k=x_k+n_k \tag{6-5-2}$$

式中,n_k 是白噪声序列,有

$$E(n_k)=0$$

$$E(n_kn_j)=\delta_{kj}$$

设计离散卡尔曼滤波时,如果不了解气球在垂直升高,而选择了状态方程

$$x_k=x_{k-1} \tag{6-5-3}$$

如果初始状态取 $\hat{x}=0$,而 $p_0=\infty$。应用卡尔曼滤波,根据

$$\Phi_{k,k-1}=1, H_k=1, R_{n_k}=1, R_{w_k}=1$$

可求得

$$P_k=\frac{1}{k}, K_k=\frac{1}{k}$$

所以，状态滤波公式为

$$\begin{aligned}\hat{x} &= \Phi_{k,k-1}\hat{x}_{k-1} + K_k[z_k - H_k\Phi_{k,k-1}\hat{x}_{k-1}] \\ &= \frac{k-1}{k}\hat{x}_{k-1} + \frac{1}{k}z_k \\ &= \frac{k-2}{k}\hat{x}_{k-2} + \frac{1}{k}\hat{x}_{k-1} + \frac{1}{k}z_k \\ &= \cdots \\ &= \frac{1}{k}\sum_{j=1}^{k} z_j\end{aligned} \tag{6-5-4}$$

由于观测方程为

$$z_k = x_k + n_k$$

它是对实际气球高度的观测，即

$$z_k = x_0 + kv + n_k$$

所以，状态滤波值为

$$\hat{x}_k = x_0 + \frac{k+1}{2}v + \frac{1}{k}\sum_{j=1}^{k} n_j \tag{6-5-5}$$

在时刻 k 实际气球的高度为

$$x_k = x_0 + kv \tag{6-5-6}$$

这样，实际的气球高度与状态滤波值之差为

$$\begin{aligned}x_{k-1} &= x_k - \hat{x}_k \\ &= x_0 + kv - x_0 - \frac{k+1}{2}v - \frac{1}{k}\sum_{j=1}^{k} n_j \\ &= \frac{k+1}{2}v - \frac{1}{k}\sum_{j=1}^{k} n_j\end{aligned} \tag{6-5-7}$$

可见，随着观测次数 k 的增加，误差 x_k 随着增大。这时状态滤波的均方误差为

$$P_k = E(x_k^2) = \frac{(k-1)^2}{4}v^2 + \frac{1}{k} \tag{6-5-8}$$

显然，状态滤波的均方误差：当 $k \to \infty, E(x_k^2) \to \infty$。

而按所选的数学模型，即式(6-5-3)，认为 $v=0$ 时，算出的 $P_k = \dfrac{1}{k}$，当 $k \to \infty$ 时，$P_k \to \infty$。但实际上，当 $k \to \infty$ 时，$P_k \to \infty$，这就是卡尔曼滤波的发散现象。

卡尔曼滤波发散现象产生的原因，除了信号模型不准外，扰动噪声和观测噪声的统计特性取得不准、计算字长有限产生的量化误差等也是发散产生的原因。

2. 克服发散现象的措施和方法

克服卡尔曼滤波发散的方法归纳起来主要有如下几种：

①自适应滤波器，如果在滤波过程中，利用新的观测数据，对信号模型、噪声的统计特性等实时进行修正，以保持最优或次最优滤波，用这种自适应滤波方法可以抑制发散现象。

②限定滤波增益法在卡尔曼滤波算法中，随着 k 的增大滤波增益将逐渐减小。这样，由于模型等不准产生的误差得不到有效的抑制，容易产生滤波发散现象。

③渐消记忆法卡尔曼滤波具有无限增长的记忆特性，它获得的滤波值使用了 k 时刻以前的全部观测数据。但对动态模型来说，在进行滤波时，需加大新数据的作用，减小老数据的影响。这就是渐消记忆法滤波的基本思想。

④限定记忆法这种方法与渐消记忆法的不同之处在于不是逐渐减小老数据的影响，而是在作 k 时刻滤波时，只利用离 k 时刻最近的 N 个数据，把变更前的数据丢掉，N 的数目的选择与信号模型的类型有关。

⑤自适应滤波法就是在利用观测数据进行滤波时，不断地对不确定的系统模型参数和噪声的统计特性进行估计并修正，以减小模型误差。因此，这种方法也是克服卡尔曼滤波发散的主要途径之一。

除上述克服滤波发散的方法外，还可以在状态方程模型中加大扰动噪声，增加扰动方差，以避免均方误差阵减小太多，也是防止发散现象的一种方法。

6.5.2 卡尔曼滤波的扩展

1. 扩展卡尔曼滤波

前面讨论了线性离散时间系统的卡尔曼滤波，其状态方程和观测方程都是线性的。然而，在实际应用中，如雷达跟踪系统和导航系统中，通常采用极坐标系，因此其状态方程和观测方程是非线性的。离散时间系统的状态方程和观测方程其中之一是非线性的，那么该离散时间系统就是非线性离散时间系统。

(1)非线性离散时间系统的数学描述

一般地，非线性离散时间系统的状态方程可表示为

$$\boldsymbol{x}_k = f(\boldsymbol{x}_{k-1}, \boldsymbol{w}_{k-1}, k-1) \tag{6-5-9}$$

观测方程可表示为

$$\boldsymbol{z}_k = h(\boldsymbol{x}_k, \boldsymbol{n}_k, k) \tag{6-5-10}$$

式中，$f(\cdot)$ 是 M 维的矢量函数，它是自变量的非线性函数；$h(\cdot)$ 是 N 维矢量函数，它也是自变量的非线性函数；$\boldsymbol{w}_{k-1}$ 和 $\boldsymbol{n}_k$ 分别是 L 维的系统扰动噪声矢量和 N 维的观测噪声矢量。适当约束后的非线性离散时间系统的状态方程和观测方程可分别表示为

$$\boldsymbol{x}_k = f(\boldsymbol{x}_{k-1}, k-1) + g(\boldsymbol{x}_{k-1}, k-1)\boldsymbol{w}_{k-1} \tag{6-5-11}$$

和

$$\boldsymbol{z}_k = h(\boldsymbol{x}_k, k) + \boldsymbol{n}_k \tag{6-5-12}$$

其中，$f(\cdot)$ 和 $g(\cdot)$ 对 $\boldsymbol{x}_k$ 时可微的，扰动噪声矢量 $\boldsymbol{w}_{k-1}$ 和观测噪声矢量 $\boldsymbol{n}_k$ 假设是零均值白噪声序列，且它们互不相关，即

$$E[\boldsymbol{w}_{k-1}] = 0$$

$$E[\boldsymbol{w}_j \boldsymbol{w}_k^{\mathrm{T}}] = \boldsymbol{C}_{w_{k-1}} \delta_{jk}$$

$$E[\boldsymbol{n}_k] = 0$$

$$E[\boldsymbol{n}_j \boldsymbol{n}_k^{\mathrm{T}}] = \boldsymbol{C}_{n_k} \delta_{jk}$$

$$\boldsymbol{C}_{w_j n_k} = E[\boldsymbol{w}_j \boldsymbol{n}_k^{\mathrm{T}}] = 0, j、k = 0, 1, \cdots$$

系统初始时刻（$t = 0$）的状态矢量 $\boldsymbol{x}_0$ 的均值矢量和协方差矩阵分别为

$$E[\boldsymbol{x}_0] = \boldsymbol{u}_{s_0}$$

$$\boldsymbol{C}_{x_0} = E[(\boldsymbol{x}_0 - \boldsymbol{u}_{s_0})(\boldsymbol{x}_0 - \boldsymbol{u}_{s_0})^{\mathrm{T}}]$$

对于非线性离散时间系统，在理论上很难找到严格的递推滤波公式，因此目前大都采用近似方法来研究。而非线性滤波的线性化则是用近似方法来研究非线性滤波问题的重要途径之一。下面讨论一种将非线性滤波线性化的重要方法——扩展卡尔曼滤波。

(2)非线性离散时间系统的扩展卡尔曼滤波

假设 k 时刻状态矢量 $\boldsymbol{x}_k$ 的线性最小均方误差估计 $\hat{\boldsymbol{x}}_k$ 已经获得，这样就可以将非线性离散时间系统的状态方程在 $\boldsymbol{x}_k = \hat{\boldsymbol{x}}_k$ 附近展开成泰勒级数，只保留一阶小量（只保留展开式的线性部分），可以近似得到

$$\begin{aligned}\boldsymbol{x}_k \approx{} & f(\hat{\boldsymbol{x}}_{k-1}, k-1) + \frac{\partial f(\hat{\boldsymbol{x}}_{k-1}, k-1)}{\partial \hat{\boldsymbol{x}}_{k-1}^{\mathrm{T}}}(\boldsymbol{x}_{k-1} - \hat{\boldsymbol{x}}_{k-1}) \\ & + g(\hat{\boldsymbol{x}}_{k-1}, k-1)\boldsymbol{w}_{k-1}\end{aligned} \tag{6-5-13}$$

将非线性离散时间系统的观测方程在 $\hat{\boldsymbol{x}}_{k/k-1}$ 附近展开成泰勒级数，同样只保留展开式的线性部分，可以近似得到

$$\boldsymbol{z}_k \approx h(\hat{\boldsymbol{x}}_{k/k-1}, k) + \frac{\partial h(\hat{\boldsymbol{x}}_{k/k-1}, k)}{\partial \hat{x}_{k/k-1}}(x_k - \hat{x}_{k/k-1}) + \boldsymbol{n}_k \tag{6-5-14}$$

离散状态的一步预测变为

$$\hat{\boldsymbol{x}}_{k/k-1}=f(\hat{\boldsymbol{x}}_{k-1},k-1) \tag{6-5-15}$$

至此，可以获得线性化的离散状态方程和观测方程

$$\boldsymbol{x}_k=\boldsymbol{\Phi}_{k,k-1}\boldsymbol{x}_{k-1}+[f(\hat{\boldsymbol{x}}_{k-1},k-1)-\boldsymbol{\Phi}_{k,k-1}\hat{\boldsymbol{x}}_{k-1}]+\boldsymbol{\Gamma}_{k-1}\boldsymbol{w}_{k-1} \tag{6-5-16}$$

$$\boldsymbol{z}_k=\boldsymbol{H}_k\boldsymbol{x}_k+[h(\hat{\boldsymbol{x}}_{k/k-1},k)-\boldsymbol{H}_k\hat{x}_{k/k-1}]+\boldsymbol{n}_k \tag{6-5-17}$$

其中

$$\boldsymbol{\Phi}_{k,k-1}=\left.\frac{\partial f(\boldsymbol{x}_{k-1},k-1)}{\partial \boldsymbol{x}_{k-1}^{\mathrm{T}}}\right|_{x_{k-1}=\hat{x}_{k-1}}$$

$$\boldsymbol{H}_k=\left.\frac{\partial h(\boldsymbol{x}_{k/k-1},k)}{\partial \boldsymbol{x}_{k/k-1}^{\mathrm{T}}}\right|_{x_{k/k-1}=\hat{x}_{k/k-1}}$$

$$\boldsymbol{\Gamma}_{k-1}=g(\hat{\boldsymbol{x}}_{k-1},k-1)$$

利用前面推导线性离散时间系统卡尔曼滤波的方法，可以获得非线性离散时间系统的扩展卡尔曼滤波的一组递推公式。

①计算一步预测均方误差阵：

$$\boldsymbol{P}_{k/k-1}=\boldsymbol{\Phi}_{k,k-1}\boldsymbol{P}_{k-1}\boldsymbol{\Phi}_{k,k-1}^{\mathrm{T}}+\boldsymbol{\Gamma}_{k-1}\boldsymbol{C}_{w_{k-1}}\boldsymbol{\Gamma}_{k-1}^{\mathrm{T}} \tag{6-5-18}$$

②计算卡尔曼滤波增益：

$$\boldsymbol{K}_k=\boldsymbol{P}_{k/k-1}\boldsymbol{H}_k^{\mathrm{T}}(\boldsymbol{H}_k\boldsymbol{P}_{k/k-1}\boldsymbol{H}_k^{\mathrm{T}}+\boldsymbol{C}_{n_k})^{-1} \tag{6-5-19}$$

③计算滤波均方误差阵：

$$\boldsymbol{P}_k=(\boldsymbol{I}-\boldsymbol{K}_k\boldsymbol{H}_k)\boldsymbol{P}_{k/k-1} \tag{6-5-20}$$

④计算状态一步预测：

$$\hat{\boldsymbol{x}}_{k/k-1}=f(\hat{\boldsymbol{x}}_{k-1},k-1) \tag{6-5-21}$$

⑤计算状态滤波：

$$\hat{\boldsymbol{x}}_k=\hat{\boldsymbol{x}}_{k/k-1}+\boldsymbol{K}_k(\boldsymbol{z}_k-h(\hat{x}_{k/k-1},k)) \tag{6-5-22}$$

非线性离散时间系统的扩展卡尔曼滤波是以将非线性的状态方程和观测方程线性化为前提的，由于在线性化的过程中忽略了泰勒展开式中的高阶量(非线性部分)，这样会不可避免地给状态滤波和预测带来误差。因此，非线性离散时间系统的扩展卡尔曼滤波并不像线性离散时间系统的卡尔曼滤波那样是离散系统状态的最佳估计，而是准最佳估计。

2. 无迹卡尔曼滤波

另外一种比较常用的次优非线性贝叶斯滤波方法是无迹卡尔曼滤波(UKF)，该方法是在无迹变换的基础上发展起来的。无迹变换的基本思想是由 Juiler 等首先提出来的。无迹变换是用于计算经过非线性变换的随机变量统计的一种新方法，其不需要对非线性状态和量测模型进行线性化，而是对状态矢量的概率密度函数进行近似化，近似化后的概率密度函数仍然

是高斯的，但它表现为一系列选取好的采样点。

(1)无迹变换

无迹变换用固定数量的参数去近似一个高斯分布，这样做比近似非线性函数的线性变换更容易。其实现原理为：在原先状态分布中按某一规则取一些点，使这些点的均值和协方差等于原状态分布的均值和协方差；将这些点代入非线性函数中，相应得到非线性函数点集，通过该点集求取变换后的均值和协方差。由于这样得到的函数值没有经过线性化，没有忽略其高阶项，因而由此得到的均值和协方差的估计比扩展卡尔曼滤波(EKF)方法要精确。

假设 n_k 维状态矢量 $\boldsymbol{x}$ 的统计特性为：均值为 $\bar{\boldsymbol{x}}$，方差为 $\boldsymbol{P}_x$，$\boldsymbol{x}$ 通过任意一个非线性函数 $f: R^{n_x} \to R^{n_y}$ 变换得到 n_y 维变量 $\boldsymbol{y} = f(\boldsymbol{x})$，$\boldsymbol{x}$ 的统计特性通过非线性函数 $f(\cdot)$ 进行传播，得到 $\boldsymbol{y}$ 的统计特性 $\boldsymbol{y}$ 和 $\boldsymbol{P}_y$。

无迹变换的基本思想是：根据 $\boldsymbol{x}$ 的均值 $\bar{\boldsymbol{x}}$ 和方差 $\boldsymbol{P}_x$，选择 $2n_x+1$ 个加权样点 $\boldsymbol{s}_i = \{\boldsymbol{W}_i, \boldsymbol{x}_i\}\ (i = 1,2,\cdots,2n_x+1)$ 来近似随机变量 $\boldsymbol{x}$ 的分布，称 $\boldsymbol{x}_i$ 为 σ 点(粒子)；基于设定的粒子 $\boldsymbol{x}_i$ 计算其经过 $f(\cdot)$ 的传播 r_i；然后基于 r_i 计算 $\bar{y}$ 和 P_y。

无迹变换的具体过程描述如下：

$$\boldsymbol{x}_0 = \bar{\boldsymbol{x}}, \boldsymbol{W}_0 = \frac{\lambda}{n_x+\lambda}, i = 0 \tag{6-5-23}$$

$$\boldsymbol{x}_i = \bar{\boldsymbol{x}} + \left(\sqrt{(n_x+\lambda)\boldsymbol{P}_x}\right)_i, i = 1,2,\cdots,n_x \tag{6-5-24}$$

$$\boldsymbol{x}_i = \bar{\boldsymbol{x}} - \left(\sqrt{(n_x+\lambda)\boldsymbol{P}_x}\right)_i, i = n_x+1, n_x+2,\cdots,2n_x \tag{6-5-25}$$

$$\boldsymbol{W}_0^{(m)} = \frac{\lambda}{n_x+\lambda}, \boldsymbol{W}_0^{(c)} = \frac{\lambda}{n_x+\lambda} + (1-\alpha^2+\beta), \lambda = \alpha^2(n_x+k) - n \tag{6-5-26}$$

$$\boldsymbol{W}_i^{(m)} = \boldsymbol{W}_i^{(c)} = \frac{1}{2(n_x+k)}, i = 1,2,\cdots,2n_x \tag{6-5-27}$$

式中，$\alpha > 0$ 是一个比例因子，它可以调节粒子的分布距离，降低高阶矩的影响，减小预测误差，一般取小的正值，如 0.01；$\beta \geqslant 0$ 的作用是改变 $\boldsymbol{W}_0^{(c)}$，调节 β 的数值可以提高方差的精度，控制估计状态的峰值误差。α 和 β 的值随 x 分布的不同而不同，如果 x 服从正态分布，则一般取 $n_x + k = 3$。$\left(\sqrt{(n_x+\lambda)\boldsymbol{P}_x}\right)_i$ 是矩阵 $(n_x+\lambda)\boldsymbol{P}_x$ 的均方根的第 i 行(列)，可以利用 QR 分解或 Cholesky 分解得到矩阵 $(n_x+\lambda)\boldsymbol{P}_x$ 的均方根。$\boldsymbol{W}_i^{(m)}$ 是求一阶统计特性时的权系数，$\boldsymbol{W}_i^{(c)}$ 是求二阶统计特性时的权系数。

变换过程如下：

①选定参数 k、α 和 β 的数值。

②按照式(6-5-23)～式(6-5-27)计算得到 $2n_x+1$ 个调整后的粒子及其权值。

③对每个粒子点进行非线性变换，形成变换后的点集 $y_i=f(\boldsymbol{x}_i), i=1,2,\cdots 2n_x$。

④变换后的点集的均值 $\bar{\boldsymbol{y}}$ 和方差 $\boldsymbol{P}_y$ 由下式计算：

$$\bar{\boldsymbol{y}}=\sum_{i=0}^{2n_x}\boldsymbol{W}_i^{(m)}\boldsymbol{y}_i,\boldsymbol{P}_y=\sum_{i=0}^{2n_x}\boldsymbol{W}_i^{(c)}(\boldsymbol{y}_i-\bar{\boldsymbol{y}})(\boldsymbol{y}_i-\bar{\boldsymbol{y}})^{\mathrm{T}} \tag{6-5-28}$$

由于无迹变换得到的函数值没有经过线性化，没有忽略其高阶项，同时因为避免了雅可比矩阵(线性化)的计算，因而由此得到的均值和协方差的估计比 EKF 方法要精确。该算法对于 $\boldsymbol{x}$ 均值和协方差的计算精确到真实后验分布的二阶矩，而且误差可以通过 k 来调节，而 EKF 只是非线性函数的一阶近似，因此，该算法具有比 EKF 更高的精度。如果已知 $\boldsymbol{x}$ 概率密度分布的形状，可以通过将 β 设为一个非零值来减小 4 阶项以上带来的误差。

(2)算法描述

在无迹变换基础上建立起来的 UKF 是 1996 年由剑桥大学的 Julier 首次提出来的，UKF 是无迹变换和标准卡尔曼滤波体系的结合。与 EKF 不同，UKF 是通过上述无迹变换使非线性系统方程适用于线性假设下的标准卡尔曼滤波体系，而不是像 EKF 那样通过线性化非线性函数实现递推滤波。由于 UKF 不需要求导，它比 EKF 能更好地逼近状态方程的非线性特性，具有更高的估计精度，计算量却与 EKF 同阶，因而获得了广泛关注。

假设系统如式(6-5-9)和式(6-5-10)表示，过程噪声和量测噪声均为不相关的零均值高斯白噪声，其协方差分别为 $\boldsymbol{Q}_k$ 和 $\boldsymbol{R}_k$，则 UKF 滤波算法如下所述：

①初始化。初始状态 x_0 的统计特性：$E[\boldsymbol{x}_0]=\bar{\boldsymbol{x}}_0$，$\mathrm{var}[\boldsymbol{x}_0]=E[(\boldsymbol{x}_0-\bar{\boldsymbol{x}}_0)(\boldsymbol{x}_0-\bar{\boldsymbol{x}}_0)^{\mathrm{T}}]=P_0$，且 $E[\boldsymbol{x}_0,\boldsymbol{w}_k]=0$，$E[\boldsymbol{x}_0,\boldsymbol{v}_k]=0$。考虑噪声，扩展后的初始状态矢量及其方差为

$$\bar{\boldsymbol{x}}_0^a=[\bar{\boldsymbol{x}}_0^{\mathrm{T}}\quad 0\quad 0]^{\mathrm{T}}$$

$$\boldsymbol{P}_0^a=E[(\boldsymbol{x}_0^a-\bar{\boldsymbol{x}}_0^a)(\boldsymbol{x}_0^a-\bar{\boldsymbol{x}}_0^a)^{\mathrm{T}}]=\begin{bmatrix}\boldsymbol{P}_0 & 0 & 0\\ 0 & \boldsymbol{Q} & 0\\ 0 & 0 & \boldsymbol{R}\end{bmatrix} \tag{6-5-29}$$

②系统的扩展状态矢量表示为

$$\boldsymbol{x}_k^a=[\boldsymbol{x}_k^{\mathrm{T}}\quad \boldsymbol{w}_k^{\mathrm{T}}\quad \boldsymbol{v}_k^{\mathrm{T}}]$$

$$\boldsymbol{P}_k^a=E[(\boldsymbol{x}_k^a-\bar{\boldsymbol{x}}_k^a)(\boldsymbol{x}_k^a-\bar{\boldsymbol{x}}_k^a)^{\mathrm{T}}]=\begin{bmatrix}\boldsymbol{P}_k & 0 & 0\\ 0 & \boldsymbol{Q}_k & 0\\ 0 & 0 & \boldsymbol{R}_k\end{bmatrix} \tag{6-5-30}$$

选取粒子

$$\boldsymbol{x}_{k-1}^{a} = \left[\bar{\boldsymbol{x}}_{k-1}^{a} \bar{\boldsymbol{x}}_{k-1}^{a} + \sqrt{(n_a+\lambda)\boldsymbol{P}_{k-1}^{a}}\, \bar{\boldsymbol{x}}_{k-1}^{a} - \sqrt{(n_a+\lambda)\boldsymbol{P}_{k-1}^{a}}\right] \tag{6-5-31}$$

且

$$\boldsymbol{x}_{k-1}^{a} = \left[\boldsymbol{x}_{k-1}^{x} \quad \boldsymbol{x}_{k-1}^{w} \quad \boldsymbol{x}_{k-1}^{v}\right]^{\mathrm{T}} \tag{6-5-32}$$

式中，$n_a = n_x + n_w + n_v$，n_x、n_w、n_v 分别为系统状态矢量、过程噪声和量测噪声的维数；$\boldsymbol{x}_{k-1}^{x}$、$\boldsymbol{x}_{k-1}^{w}$、$\boldsymbol{x}_{k-1}^{v}$ 分别为 $\boldsymbol{x}_{k-1}^{a}$ 中对应于状态矢量、过程噪声和量测噪声的分量。

③时间更新。若不考虑有输入作用，由式(6-5-26)、式(6-5-27)可计算得权值 W_i，则有

$$\boldsymbol{x}_{k/k-1}^{x} = f(\boldsymbol{x}_{k-1}^{x}, \boldsymbol{u}_{k-1}, \boldsymbol{x}_{k-1}^{w}) \tag{6-5-33}$$

$$\bar{\boldsymbol{x}}_{k/k-1} = \sum_{i=0}^{2n_a} \boldsymbol{W}_i^{(m)} \boldsymbol{x}_{i,k/k-1}^{x} \tag{6-5-34}$$

$$\boldsymbol{P}_{k/k-1} = \sum_{i=0}^{2n_a} W_i^{(c)} \left[\boldsymbol{x}_{i,k/k-1}^{x} - \bar{\boldsymbol{x}}_{k-1}\right]\left[\boldsymbol{x}_{i,k/k-1}^{x} - \bar{\boldsymbol{x}}_{k-1}\right]^{\mathrm{T}} \tag{6-5-35}$$

$$z_{k/k-1} = h(\boldsymbol{x}_{k/k-1}^{x}, \boldsymbol{x}_{k/k-1}^{v}) \tag{6-5-36}$$

$$\bar{z}_{k/k-1} = \sum_{i=0}^{2n_a} W_i^{(m)} \boldsymbol{z}_{i,k/k-1} \tag{6-5-37}$$

式中，$\bar{\boldsymbol{x}}_{k/k-1}$ 为所有粒子点的一步预测加权和。

④测量更新。

$$\boldsymbol{P}_{z_{k/k-1} z_{k/k-1}} = \sum_{i=0}^{2n_a} W_i^{(c)} \left[\boldsymbol{z}_{i,k/k-1} - \bar{\boldsymbol{z}}_{k/k-1}\right]\left[\boldsymbol{z}_{i,k/k-1} - \bar{\boldsymbol{z}}_{k/k-1}\right]^{\mathrm{T}} \tag{6-5-38}$$

$$\boldsymbol{P}_{x_{k/k-1} z_{k/k-1}} = \sum_{i=0}^{2n_a} W_i^{(c)} \left[\boldsymbol{x}_{i,k/k-1} - \bar{\boldsymbol{x}}_{k/k-1}\right]\left[\boldsymbol{z}_{i,k/k-1} - \bar{\boldsymbol{z}}_{k/k-1}\right]^{\mathrm{T}} \tag{6-5-39}$$

$$\boldsymbol{K}_k = \boldsymbol{P}_{x_{k/k-1} z_{k/k-1}} \boldsymbol{P}_{x_{k/k-1} z_{k/k-1}}^{-1} \tag{6-5-40}$$

$$\hat{\boldsymbol{P}}_k = \boldsymbol{P}_{k/K-1} + \boldsymbol{K}_k \boldsymbol{P}_{Z_{k/k-1} z_{k/k-1}} \boldsymbol{K}_k^{\mathrm{T}} \tag{6-5-41}$$

至此，得到了 UKF 在 k 时刻的滤波状态和方差。

如果系统的状态噪声和量测噪声为加性噪声，则无需像式(6-5-30)那样增广状态向量，算法中的时间更新和状态更新方程得以简化。当量测方程和状态方程均为线性方程时，由 UKF 得到的滤波结果和标准的线性卡尔曼滤波得到的结果相同。

参考文献

[1]甘俊英，孙进平，余义斌．信号检测与估计理论[M]．北京：科学出版社，2015．

[2]赵树杰，赵建勋．信号检测与估计理论[M]．北京：电子工业出版社，2013．

[3]王丽霞．概率论与随机过程：理论、历史及应用[M]．北京：清华大学出版社，2012．

[4]张跃辉．矩阵理论与应用[M]．北京：科学出版社，2011．

[5]张卓奎，陈慧娟．随机过程及其应用[M]．2 版．西安：西安电子科技大学出版社，2012．

[6]罗鹏飞，张文明．随机信号分析与处理[M]．2 版．北京：清华大学出版社，2012．

[7]梁红，张效民．信号检测与估值[M]．西安：西安工业大学出版社，2010．

[8]张明友．信号检测与估计[M]．3 版．北京：电子工业出版社，2011．

[9]齐国清．信号检测与估计原理及应用[M]．北京：电子工业出版社，2010．

[10]羊彦，景占荣，高田．信号检测与估计[M]．西北：西北工业出版社，2014．

[11]张立毅，张雄，李化．信号检测与估计[M]．2 版．北京：清华大学出版社，2014．

[12]沈允春，田园．信号检测与估计[M]．哈尔滨：哈尔滨工程大学出版社，2007．

[13]罗鹏飞．统计信号处理[M]．北京：电子工业出版社，2009．

[14]常建平，李海林．随机信号分析[M]．北京：科学出版社，2015．

[15]吉淑娇，雷艳敏．随机信号分析[M]．北京：清华大学出版社，2014．

[16]郑薇．随机信号分析[M]．3 版．北京：电子工业出版社，2015．

[17]张明友．信号检测与估计[M]．3 版．北京：电子工业出版社，2011．

[18]曲长文．信号检测与估计[M]．北京：电子工业出版社，2016．